酒的科學

從發酵、蒸餾、熟陳至品酩的
醉人之旅

PROOF
THE SCIENCE OF BOOZE

Adam Rogers
亞當・羅傑斯

丁超————譯

推薦序

嗜酒的真菌

梁岱琦

那一年到艾雷島波摩（Bowmore）蒸餾廠，走進可能是世界上最古老的威士忌酒窖裡，牆外是波濤洶湧的大海、牆內靜謐得彷彿另一時空。威士忌酒液在橡木桶裡靜靜地睡著，那一堵阻隔了海洋與威士忌的牆，上頭黑抹抹一片，本以為是歲月的累積，後來才知道，上頭附著的原來是種真菌，還是種專門吃乙醇、識貨的真菌！

許多蒸餾廠的牆上、天花板裡，常會長出黑色、不甚美觀的黴菌，對製酒沒什麼影響，但對酒廠的外觀和住在酒廠附近的居民可是一大問題。威士忌在橡木桶中熟成時，酒液會從木桶的孔隙中，揮發至空氣裡，這些隨著時間而蒸發的酒，稱為「天使的分享」（The Angels' Share），橡木桶裡少掉的威士忌，本以為只是被貪杯的天使給喝掉，沒想到還有真菌來分一杯羹。

《酒的科學》作者亞當・羅傑斯身為雜誌編輯，發揮他對新聞和酒精同樣敏銳的嗅覺，挖掘到當初本只為了解決蒸餾廠遭汙染的外牆，結果竟意外發現全新「菌屬」的故事。在驗證菌種的過程裡，真菌專家遭遇挫折，後來發現只要在培養皿裡倒些加拿大會所威士忌（Canadian Club），原本奄奄一息的真菌就長得飛快，證明威士忌酒廠裡不但藏有佳釀，還有全新不為世人所認識、專吃空氣中因「天使的分享」散發出酒精的真菌。

這樣意外的發現，常在閱讀《酒的科學》過程中出現。

炎熱的夏季裡，喜歡來上一杯白酒消暑，尤其偏愛白蘇維濃，如果是來自新世界產區紐西蘭就更棒了。本只是單純喜歡白蘇維濃裡與眾不同的芭樂香氣，看了《酒的科學》才知道，原來是白蘇維濃葡萄品種裡含有「硫醇」這種化學物質，才造就獨一無二、充滿異國風情的滋味。

「這種葡萄富含稱為硫醇的化學物質。在葡萄汁裡，硫醇會與半胱胺酸這種氨基酸連結……但是酵母能將少量的硫醇與半胱胺酸分離，這樣可以為你帶來白蘇維濃所特有的『百香果』或『熱帶水果』的果香味。」這段文字對離開高中後，就再也不曾碰觸過任何生物或化學知識的人，譬如我，其實有些難懂，不過重點是，有像亞當・羅傑斯這樣的作者幫忙，他用最淺顯的方式將複雜的過程簡化，讓即使懼怕理科的人也能立即看懂重點。

《酒的科學》告訴我們，杯中的世界大有來頭，酒的學問不只是好喝與不好喝，構成風味的元素極為複雜。喝酒有「理性與感性」一體兩面，當我們一再探究風土如何影響酒的滋味，有一群人以純然理性的角度，運用科學的方法分析解構酒的本質，我們只需要感性地將酒杯倒滿，慢慢地啜飲即可，「酒的科學」交給科學家們，喝酒這辛苦的差事，就由我們代勞吧！

（本文作者著有《到艾雷島喝威士忌：嗆味酒人朝聖之旅》）

目錄

推薦序　嗜酒的真菌　梁岱琦　003

序曲　009

酒的故事訴說著一次又一次微妙的觀察與圓滿的體悟，形塑出、亦塑形自我們最普遍的共同經驗與集體記憶。人類與酒精的關係，就像是為我們與自然界攝製的一部全景立體投影，影像中的人類與世界相映生輝。

●兩個奇蹟●酒的科學之旅●從酵母到宿醉

1 酵母　031

即便酵母的生態與運作原理無人知曉，卻能創造驚世之作——背後那群來歷不明的創作者可謂奇葩或術士。到了謎題揭曉，世人終於明瞭糖分變成酒精是靠著一種肉眼看不見的生物催化時，科學界爆發了一場革命。

●英國酵母菌種中心應運而生●化學家與生物學家的激烈論戰
●酵母的身世之謎●酵母與文明

2 糖　065

如果你將這些葡萄糖結構的鍵結稍做調整，會得到完全不同的物質。大自然的手腕真是無比優雅，一次又一次的利用相同的樂高方塊堆疊出萬千變化——從能量與結構體，到燃料與磚牆。這就是糖的地位至高無上的理由。

●糖的奧妙●葡萄界霸主誕生●開啟製酒新時代
●能量炸彈：大麥●百變清酒麴●無麥芽蒸餾能否實現？

序曲

這店鋪藏身於紐約唐人街的巷弄深處，外觀巧妙地融入附近街景，看來毫不起眼，也難以分辨。按照店面招牌所寫，應該是一家室內設計坊，可是，似乎又不太像；不過倒也無妨，反正上面的文字都已被鷹架遮住，只剩旁邊標示著中文。門牌也放錯位置，貼在一扇通往樓上公寓的門上，看來連地址也是僅供參考。這地方真的很不好找，除非你仔細尋覓，不然多半都會錯過。

倘若你是前來赴約，並且終於通過折騰人的門牌地址猜謎遊戲，或許現在可以低頭欣賞你的獎品，那是一張寫了字的小紙片，黏在窗上及腰的高度。上面寫著：「布克與達克斯（BOOKER AND DAX）。」

在熟門熟路的紐約客眼中，「布克與達克斯」是一家洋溢著居家風格的酒吧，外牆用紅磚砌成，位於離此處北方差不多二十條街的下東城區（Lower East Side）。飲酒人士皆以虔敬之心看待這間酒吧，而毫無疑問的，它可是世上數一數二的科學調酒創作大本營。酒客們在這兒喝下肚的雞尾酒全部加起來，恐怕還遠不及調酒魔法師大衛・阿諾德（Dave Arnold）所耗費掉的研發用酒；他在精心研製的過程裡採用特選酵素來純淨酒品，搭配特製的實驗器材，以嚴格的標準進行改造，各款傳統雞尾酒於是逐一變身為創意的傑作。

他的工作室就在唐人街的這間店鋪。

說起多才多藝的阿諾德，原本是畢業於哥倫比亞大學的雕刻家，之後，他的傳奇經歷包括曾在紐約法國烹飪學院（French Culinary Institute）擔任烹飪技術系主任，為許多世界知名的創意料理廚師們提供技術指導，接著還成為一個討論烹飪技術的熱門電台節目主持人與部落客。看他手中操弄著各式各樣新奇的器具與設備，沒錯，他絕對稱得上是發明家，更是引領調酒創新的先驅。各種傳統調酒只要經他之手，就會美味得讓人瞠目結舌；而原本就相當瘋狂的飲品，則因為有他加持而變得更加精彩。

才剛走進門，阿諾德就打開了話匣子說個不停。眼前這名男子體格相當結實，留了個刺蝟頭，略顯灰白的頭髮或許是歲月留下的痕跡。工作室裡有條為他量身打造的二氧化碳管，他打開開關，為自己噴出一杯氣泡水——他對氣泡的大小很是講究——然後又匆匆回去關注他正在進行的實驗。這位術士正在施法當中。

工作室相當狹窄，寬度只有六公尺左右，地下室接了二百二十伏特的高壓電源，裡頭擺滿各種電動工具；一樓的牆上掛了張白板，上面寫滿實驗摘要，白板旁剩下的牆面勉強擠進一個實驗室專用的玻璃器皿晾乾架；另一邊的牆上則是一層一層的置物格，書本都是靠右擺放，緊接著塞滿了各式各樣的酒瓶。阿諾德做試驗時，會重複使用這批酒瓶來裝東西；他會用藍色膠帶蓋掉酒瓶上原有的標籤，然後往裡頭灌注不同的玩意兒。譬如說，有支英人牌（Beefeater）的方肩琴酒，裡頭半滿的液體不是清澈的，而是褐色，這個畫面足以顛覆任何常年坐在吧台盯著酒架的人所習以為常的印象。阿諾德把這支酒瓶拿下來擺在我面前，並為我準備一只小酒杯，然後說嘗一點看看。標籤上手寫著「西洋松二十五％」幾字。我在杯中倒入少許，啜了約四分之一盎司。這味道就像是燉煮過的屋頂瓦片。阿諾德端詳著我困窘狼狽的表情，鼻中發出了悶哼聲。這是他還沒搞定的一項試驗品。

這批酒瓶的左手邊再過去些，有一堆白色的塑膠容器和一罐罐化學原料。「這裡有些東西連我都不知道是什麼，」他邊說邊從架上拿下一個容器，唸著上面的標示，「『凱爾妥強效劑』（Keltrol Advanced Performance），這又是啥玩意兒？」

那玩意兒其實是玉米糖膠（Xanthan gum），一種乳化劑，很適合用在混搭液體與固態物質時，使兩者調勻並保持濃稠度。阿諾德用到的大部分化學材料不外乎三種——分別是類似凱爾妥的增稠劑、用來分解蛋白質的酵素，以及澄清劑，那是可以把固體雜質從液體中濾出的化學藥劑。「當我接觸一種新水果或口味時，我的標準反應是先將其成分單純化，然後研究口感的變化，」阿諾德說道。明膠和魚膠可以有效地去除丹寧；甲殼素（提煉自甲殼類動物的外殼）和二氧化矽可以過濾牛奶中的固態懸浮物。不過素食者是不吃甲殼素、明膠或魚膠的——因為這些東西全來自動物。

阿諾德想為酒吧找到替代物。他說曾經試用真菌細胞壁來提煉甲殼素，如此一來或許素食者無話可說，只可惜澄清效果欠佳；另外，還用過一種叫膨潤土（bentonite）的礦物質，效果也不理想。有時，阿諾德也使用提煉自海藻的瓊脂（agar）。「我喜歡用瓊脂來做淨化處理，而不是明膠。」他說，「它們的風味不同。但是結果可能時好時壞，要看是否運用得當。」

這裡用到的各種尖端化學技巧與實驗手法，都只為了促成那完美無瑕的神奇時刻：調酒師獻上酒品，客人開始啜飲的那一剎那。

就好比說，布克與達克斯推出了一款名叫「飛行員」（Aviator）的調酒，這件即興之作堪稱經典，令人聯想到禁酒時期之前，美國流行的一款雞尾酒：「飛行」

(Aviation)——那是以琴酒為基酒，加上檸檬汁、馬拉斯奇諾利口酒(maraschino liqueur)和少許紫羅蘭酒調成。若能調配得恰到好處，這杯酒會呈現亮乳白色，光影之中隱約透露出淺藍色暈，碎冰裡微微傳遞著橘皮的刺辣口感。阿諾德的改版作法則是使用澄清的葡萄柚汁及萊姆汁，成功為原創配方增加了濃郁的琴酒加草本風味的柑橘口感，同時還能維持酒體的通透感。酒精飲料都有自己的風格，就複雜度來說，完全不亞於任何頂級料理；正是這般深刻的感觸，使得布克與達克斯絲毫不敢懈怠而不斷創新。倒是阿諾德並不這麼認為。「我並不想改變人們習慣的口味。我只是努力變化我們的調酒方式，」他說，「而不是讓客人們變得無法輕鬆自在。」

不過，話說回來，阿諾德又表示，他在研究中所做的各種改善與調整，包括他使用旋轉蒸發器(rotary-evaporator)做蒸餾處理，以及用甲殼素澄清酒品等所有努力，目的都是為了讓客人們變得輕鬆自在。他致力於透過嚴格的科學方式，期許每一次的品酒經驗都能同樣圓滿。

雖說在客人享用阿諾德的神奇創作之餘，並不需要了解箇中奧秘，但是讓客人有機會欣賞一點奇幻手法，或許對雙方都有好處。「有時候，」阿諾德說，「因為客人完全不清楚我們在做些什麼，反而有點麻煩。」在布克與達克斯剛開始營業的那些日子裡，阿諾德每晚都會親上火線。有一次，店裡來了位客人要點一杯伏特加蘇打。它可說是有史以來最蠢的一種調酒；在大多數酒吧裡，酒保會拿出平底杯，先裝滿冰塊，然後倒入少量廉價伏特加——不是從後面的酒架上拿下來，而是取自吧台下的「雜物櫃」，那裡頭放的都是些庶民百姓喝的普通品牌——接著，他會拿起收銀機旁的塑膠噴頭，漫不經心地朝杯裡噴些碳酸水。

但是，在「布克與達克斯」可不能如此馬虎。阿諾德心中盤算片刻之後，告訴那位酒客可以為他做一杯，但得花上十分鐘，並客氣地詢問是否可以具體告知想要嘗到的烈度？阿諾德要計算好冰塊及蘇打水通常會造成的稀釋度，然後按照這個比例，使用「滴定」（titrate）裝置一點一滴慢慢調整伏特加的占比，或許會用少許純淨的萊姆汁及純水來增減濃度，調和勻稱後，再使用酒吧裡的二氧化碳噴管為整杯飲料製造出氣泡。

聽起來，這真是煞費苦心的伺候這種不知好歹的酒客味蕾。「幹嘛這麼麻煩呢？」我問道，「伏特加蘇打分明就是垃圾。」

「我認為伏特加蘇打之所以會成為垃圾，都是因為沒有好好的加入氣泡，」阿諾德回答，「只要我能讓它的二氧化碳氣泡密度達到一定要求，就不會變成垃圾。我絕對不會端出一杯難喝的雞尾酒。」

我有點想找碴：「可是客人要的就是一杯很粗獷的伏特加蘇打，他想要噴槍噴出來的蘇打水，因為那是他習慣喝的東西。」

「請你搞清楚，我們並沒有立場去批評別人的品味。但是我不會賣給你垃圾。」阿諾德說完停了下來，啜飲一口自己調製的氣泡水。「我還沒碰過有人不喜歡改良版的。」

兩個奇蹟

我曾在酒吧中享受過許多令人陶醉的絕美時光，這本書才得以誕生。說到其中一次經驗：在一個酷熱溼黏的華府夏日午後，我跟友人相約下班後一起喝上一杯，然而因事耽擱，眼看就要遲到。於是，我急忙穿越街道奔向酒吧，抵達時，整個人狼狽不堪，汗水從腋下滲透了身上的襯衫，額頭上沾著凌亂糾結的頭髮。

走進酒吧時，迎面而來的是一陣清涼乾爽——那不只是空調冷氣的效果，那分涼爽宛如深秋傍晚時分的微風輕拂。當外頭仍處於烈日肆虐，窗內的深色木質帷幕卻已為酒吧營造出夜晚十點的氣氛。在一家好的酒吧裡，時間永遠滯留在晚上十點。

我點了杯啤酒；但我已不記得是哪個牌子。只見酒保向我點了點頭，時間開始慢了下來。他先為我鋪好一紙方巾，隨手取出一只啤酒杯，走向供酒閥。眼見他推開拉桿，啤酒從桶中流出。不久後，啤酒送達，只見杯子外緣結了一層薄霜。我緊緊握住杯子，用心感受滿手沁涼，舉起杯子，仔細覺察它的重量，然後啜飲一口。

時光瞬間停止。世界為之翻轉。看似如此微不足道的舉動——不就是某人走進一間酒吧這麼簡單嗎？——然而，正是這看似簡單的行為構築了本書的核心基石，敘述一件人類有史以來無與倫比的盛事。在世界各地，每天都發生成千，甚至數百萬次的這件事，看似尋常，卻是人類成就、科技文明達到極致的表徵，反映出人類在自然環境與工藝技術間領悟的奧義。曾有考古學家及人類學家的論述主張，啤酒的出現使得人類願意安家落戶，開始以務農為生——認真地定居下來，栽植穀物，從而停止了四處遷徙游牧的生活方式。

另外，當「智人」（*Homo Sapiens*）創造了酒精飲料，毋庸置疑的也對社會與經濟帶來了革命，促使其自身演進成為更具文明的人種。地球上人類的生活方式於焉達到頂峰。這著實是不折不扣的奇蹟。

其實總共有兩個奇蹟。第一個奇蹟是經過二億年的演進才發生的。發酵，這是個極其複雜而又驚人的奈米技術之作，過程中，一種我們稱為酵母的真菌，讓單純的糖類轉化成二氧化碳及乙醇。早在人類出現之前，發酵和乙醇就已存在。微生物與人類共生共存於地球；然而，微生物的世界裡不斷進行著我們看不見、永無休止的戰爭，戰爭中使用乙醇做為武器，對人類大腦造成的愉悅效應，則僅為其副作用。

發酵的生化作用在各種化工產業中都相當受到倚重，但它至今仍是寶貴的研究題材。畢竟就在不久之前，世上一些了不起的化學家和生物學家還不曉得它是什麼，並為此爭論不休。路易・巴斯德（Louis Pasteur）證明了釀酒酵母（*Saccharomyces cerevisiae*，啤酒酵母）具有生命，並會引起發酵作用，因此功成名就，也順勢帶動了細胞生物學的發展。從遺傳學的角度看今天的改良菌種，則仍存在不少待解謎團：它是在何時發展出製造乙醇的能力，以及人類是基於什麼原因，又是在何時才將它馴化為己所用？

人類直到大約一萬年前才開始擁有控制發酵的能力，隨即便與真菌建立起合作關係，而等到認清這位合作伙伴的真實身分時，又已經是許久之後的事了。我們的先人使用了與馴養狗與牛一樣的方法來馴化這種微生物，只為了一件事，就是製作發酵飲料。

據信，在距今二千年前左右，我們人類自己創造了第二個奇蹟：蒸餾法，混沌之初的科學家所使用最古老的設備之一。當時的煉金術士亟欲採集天地萬物菁華（spirits，靈魂）做為煉丹靈藥；然而，在冶煉過程中收集起來的蒸汽，卻意外提供了濃縮味道與香氣於液體（spirits，烈酒）的絕佳途徑，產生的液體也發展成為人類日常消耗的各種飲品。現代化學就是從蒸餾法衍生而出，為人類奠定了石油經濟的基礎。

多虧了這些奇蹟，才能造就出酒吧裡的美妙時刻；從屏氣凝神輕啜的第一口起，每分每秒都感受無比快樂，在享用第二杯雞尾酒當下，歡欣之情依然無可挑剔。乙醇的口感絕無僅有，當它放送出其他風味時更是別具特色。製酒是一門工藝——然而製酒師們，無論是在野火雞波本威士忌（Wild Turkey）、阿比塔啤酒（Abita）或是嘉露（E. & J. Gallo）的酒廠工作，都不需要了解分子生物學、酵母酶運動學、冶金學，或是多環芳香烴（Polycyclic aromatic hydrocarbons）屬有機化學。（不過他們往往具備這些名詞背後的知識。）他們知道，蒸餾器的造型及金屬材質，與產出的酒品口感息息相關；他們也相當清楚，揀選不同木材所製的熟陳用酒桶，對最後的成品風味具有關鍵影響。（比起用美國橡木桶熟陳的波本酒及蘇格蘭威士忌，日本橡木桶熟陳的威士忌在口感上要來得更為辛辣。很有意思，對吧？）

眾人多半以為，所謂科學就是發現新的事物。其實，科學饒富趣味之處並不在於最後的答案，而是在探討諸多仍然存疑的問題、親身參與（或閱讀）解答的過程中。在製作發酵飲品、接著加以蒸餾成為烈酒的過程裡，每一個環節背後都藏有高深的科學知識，讓許許多多的研究者想方設法努力探究。

這便是本書的主題。酒吧裡的歡樂時光，代表了人類與身處環境之間至高無上的共鳴、科技的登峰造極，以及我們對自己身體、心靈與行為進行反思的重大時刻。威廉・福克納（William Faulkner）應該說過：「人類文明始於蒸餾。」我認為尤有甚者——還要納入蒸餾酒、葡萄酒、啤酒、蜂蜜酒、清酒……無所不包。這是屬於杯中之物的文明。

酒的科學之旅

母親與我都很愛看黑色電影，對洛杉磯的滄桑往事也相當著迷。有一晚，我們來到好萊塢大道上的穆索法蘭克餐廳（Musso & Frank Grill，以黑色電影風格的裝潢聞名）用餐。餐廳的歷史相當悠久，足可追溯至一九一〇年代，是洛杉磯現存最古老的餐廳之一。那時我還年幼，父母親平時喝的多半是葡萄酒，不過母親從外祖母那遺傳了偶爾來上一杯馬丁尼（Martini）的癖好。當晚，她就點了一杯來配她的牛排——要加冰塊和兩顆橄欖。（有點令人傻眼！不就是琴酒嗎？）

侍者不想照母親吩咐的做，他說冰塊會糟蹋了那杯酒。結果母親自己取來馬丁尼——加了冰塊後又搖又攪的，再將酒濾入一只雞尾酒杯。此情此景給了我震撼的一課：喝酒是有規矩的；儘管大家的規矩不盡相同，但是有些喝法的滋味就是比較好。酒吧所堅持的方式與偏好，來自其奉行的法則。談到法則呢……只能說，每個人都有辦法創造自己的法則。

我念研究所時，手頭很緊，但還是三不五時想辦法湊個幾塊錢，光顧波士頓市中心的一家時髦餐廳，吃些點心。那家餐廳設有酒吧，而且在當時來說，它的單一麥芽蘇格蘭威士忌的酒藏量相當可觀，所以當父親帶著信用卡來看我時，我就帶他來到這間酒吧，並提議品嘗一下單一麥芽蘇格蘭威士忌。我們兩人都還從沒喝過。

我們是在某個上班日的晚上前去，人不太多，調酒師頗為樂意的對我們炫耀了一番。父親和我各自隨意挑了不同酒標的威士忌，然後詢問最佳的品嘗方式。他回答說純飲最好，旁邊伴上一杯水。於是，我們就照他說的做了。當我們點的威士忌送來時，兩人各自將鼻子湊近，先深嗅了一口酒的香氣，然後再啜上一口。緊接著，我們不約而同地說出：「啊，慘了。」因為我們突然發現，這會成為一項昂貴的嗜好。

我們擔心的事情也確實應驗了。事實上，在那之後又過了幾年，我跟父親說我書已經念得夠多了。我打算去蘇格蘭一週，來一趟蒸餾廠巡禮。他說要跟我一塊去。「好啊，」我說，「但這純粹是蒸餾廠之旅，可不去什麼博物館或城堡。」他一口答應，而且旅途中也真沒嘮叨過想去打一輪高爾夫球——不過，我們倒是造訪了一座城堡。我的計畫是：直接開車前往蘇格蘭西南端的坎培爾鎮（Cambeltown），那裡生產世上最好的威士忌。一個世紀前，那裡蒸餾廠林立，鼎盛時期有好幾十家在運作；而今只剩下一家依然屹立不搖，那便是家喻戶曉的雲頂（Springbank）蒸餾廠。

如同其他單一麥芽威士忌製造商，雲頂自己為麥芽漿發酵（基本上就是啤酒），並自行蒸餾。在全蘇格蘭，雲頂又身為少數幾家依然堅持自行製作麥芽與儲藏酒桶，還自設生產線將成酒裝瓶的酒廠，而這正是製酒工藝的三大要素。老城區高牆後的灰色建築便是蒸餾廠，裡面有三座閃閃發亮的銅製蒸餾器，每座都有房子般大小，而其中一座的外觀，與另外兩座略微不同——蒸餾器的造型和其產出烈酒的風味關係重大。

蒸餾廠中可以買到的最陳年的酒，是一瓶十八年的雲頂，口感層次豐富，釋放出蜂蜜、香草、菸葉、檸檬皮，以及皮革的風味。他們也賣過二十五年的陳釀，到達這般酒齡，當中的皮革味已化為柔滑的油脂香氣。今天，你得花上六百塊美金才能買到一瓶；我在自己的婚宴上曾經喝過，不過當時還沒那麼貴。

以上對於雲頂這瓶威士忌的品後感言（當然完全出自肺腑），可能是所有蒸餾廠都會希望得到的酒評。我的描述並非節錄自任何書籍或酒標，不過既然你已讀到，勢必也會想從這支酒中找尋我所提到的各種風味。酒評在飲酒界具有強大的暗示力，尤其是對業界稱為「超頂級」（super-premium）價位的商品而言。當你所費不貲，自然企盼得到非比尋常的感官經驗。

這只是一種行銷手法，與真正裝在瓶內之物的關係微乎其微。如雲頂這般的單一麥芽威士忌，是秉持了百年傳統、經驗，近乎手工作坊的精巧產物。昔日的蘇格蘭人從巨大如牛的陳年釀桶中舀出樣本，透過上天恩賜的非凡嗅覺，他們能夠判斷，嗯，這桶可以再放個十年、那桶已經好了，就讓婦人們動手裝瓶吧。然而，威士忌的行銷手法——也同樣發生在大部分酒品——卻是挾傳統之名，加諸於商品以吸引客源，全然成為一場金錢遊戲。許多世上最大的企業會講得天花亂墜，把他們每年賣出好幾百萬加侖的東西，向你吹噓成那是如何根據代代相傳的純正配方、如何在蘇格蘭高地使用古老蒸餾器精製，孩子，你想嘗一點嗎？

行銷人員急於編造故事，企圖強調歷史血統的純正，反而忽略或遺漏了酒類最重要的精神——那些一開始就真正讓我著迷的東西。琢磨於討論成分與品嘗方法自然頗具樂趣。不過若要細說酒的故事，則還需要另外一項鑑賞能力，而這正是行銷人員所望塵莫及，因此，只能乖乖將話語權還給製酒人與品酒人。破題的第一個問題是：「他們是如何把酒做出來的？」

飲酒人口眾多。根據疾病控制與預防中心（Centers for Disease Control and Prevention）的調查，十八歲以上的美國人中，有超過百分之六十五表示，他們在過去一年內至少喝過一次酒。一九九九年時，酒精飲料消費的全年營業額為三百八十億美元；到了二〇一〇年，數字攀升到五百八十億美元。在二〇一一年，美國人全年一共喝掉了四億六千五百萬加侖的蒸餾酒、八億三千六百萬加侖的葡萄酒，以及六十三億加侖的啤酒。每杯啤酒或波本調酒的熱量，大約是一百二十五卡路里；換句話說，一位定期參加社交活動的飲酒者，每天攝取的卡路里中，可能有高達百分之十來自乙醇。然而無論飲酒與否，很少人對酒精飲料具備清楚的認知，包括它從何而來、為何口感如此，或是會對自身造成哪些影響。這對飲酒者來說或許是個謎，但酒商可是一點都不在乎。然而，這些謎題其實都已解開，只不過是發生在酒莊和釀酒廠的高牆後、蒸餾廠裡，以及世上許許多多的研究實驗室中。與其讓酒商牽著鼻子灌輸我們杜撰的故事，不如自己以科學的方法去了解我們喝的酒精飲料。

時下許多大都會的酒吧，都高調主打以全新素材重新調製封藏已久的古早雞尾酒配方——或是由調酒師推出令人耳目一新的自創配方。歷史學家與法醫般的化學家聯手揣摩，勉強還原出一些禁酒時期前的雞尾酒，然後經由令人乏味的貝莫（BevMo!）鋪貨通路，賣給口渴的大賣場顧客。一些啤酒貿易商則是收購小型釀酒廠，或推出自己的限量精釀啤酒。如果你不缺錢、熱衷此道，又有著不屈不撓的毅力，飲酒的確可以當作嗜好。掂量一下自己的荷包，看來我還算得上是酒商歡迎的客戶。

鑑賞家的作風，恰巧和我不太上道的行徑不謀而合：我的理論是，既然你鍾情於一項事物，就理當對它追根究柢。而當你坐在吧台前，可不能只顧著欣賞架上裝了五顏六色液體的酒瓶。你應該勇於提問——那都是些什麼？為什麼看起來不同？它們又是怎麼做出來的？不過，在這般窮追猛打的提問之後，恐怕只有三種人能夠全身而退，那就是記者、科學家，還有三歲小孩。可是，三歲小孩是不准進酒吧的。

從酵母到宿醉

接下來的章節，將是針對啜飲下肚的酒精飲料所做的一場由生至死的編年記述。首先我們要探討酵母菌，這是種會產生酒精的微生物，隨之而來的是分子生物學與有機化學的研究領域。然後，我們討論一下糖，也就是酵母菌的食物——而且，我會說它是全宇宙最重要的分子。所以在聊到糖的時候，我們會探討農作法以及人類與植物之間的關聯，回顧一下人類是如何從野生植物裡揀擇，將某些植物特別育種成農作物。再來，在糖的話題上，我還會回頭提到一個不太討喜、不太知名的微生物種，然而這物種的重要性比起酵母菌來毫不遜色。我個人特別偏愛、稱為清酒麴（koji）的真菌，若非遭逢命運反覆捉弄，很可能會是更重要的菌種。

明瞭酵母與糖的關係後，我們就可以討論發酵了，這是一堂關於酵母菌吃了糖之後排放酒精的基礎生物課。但話說回來，這裡也訴說了一個人類最早開始利用自然現象，加以操控後為己所用的例子。

接下來會談到蒸餾，人類別具匠心的創意巧思在此顯露無遺。蒸餾過程對發酵後的產物施以技術與工藝的魔法去蕪存菁，使其搖身一變成為精煉的佳釀。發明蒸餾法之際，正值人類利用技術改善生活條件的時代開啟，因此絕非偶然。這項源自古埃及煉金術士的新技術持續發光發熱、開枝散葉，廣泛應用在製藥、物理與冶金。

酒精飲料製造出來後，到達你準備享用的那一刻前，它的生命通常是在一個木桶中度過——行家稱之為「熟成」（maturation）。其間又隱藏了另一套截然不同的化學，酒桶木質中各種基本元素引起的化學反應，與桶中盛裝的液體同樣驚人。對於製酒人來說，酒品的熟陳過程會影響經濟效益——因此，他們也嘗試運用科技手段來加速熟陳以利銷售，其中有些作法還不錯，有些則讓人不敢領教。

接著我們言歸正傳，繼續談談我剛才說個不停的酒吧時刻，只是，討論的話題從外在環境，來到了人體內部。首先，我們會提到人類感官如何面對酒精飲料這門神奇科學，這個主題引發了神經學家與心理學家之間的終極論戰。蒸餾而來的烈酒裡有數百種氣味分子構成它的風味，然而至今還無人能夠將它們全部歸納清楚。泥煤（peat），是經由部分腐化分解的泥煤苔蘚夾雜其他植物的不完全碳化而形成，為蘇格蘭威士忌帶來煙燻和泥土的味道，但會因為開採地點的不同，而生成不同的化合物——法國葡萄酒商按照生物分子學觀點，稱其為酒的風土（terroir）。在二〇一〇年，美國辛辛那提州立大學的化學家（當然也是在莫斯科國立大學物理學家協助下）對幾種純度最高、成分只有乙醇及水的伏特加進行口感差異研究，結果發現乙醇與水分子間的氫鍵（hydrogen bonds）強度是造成不同口感的主因。所以，當我們從鐵錨牌荷蘭琴酒中聞到、嘗到杜松子酒的味道（就舉個令人驚訝的例子），其實背後藏有極其深奧的生物學與遺傳學玄機，而發現者還因此獲得了諾貝爾獎。

再來，要想弄清楚酒精飲料對身體與大腦產生的影響，則需要面對更加複雜的神經生物學，而在抽絲剝繭之際，還要為這杯雞尾酒加上一、兩份社會學與人類學研究當做輔料。舉個例子：我們都知道人會喝醉，還有人會成癮；然而，經過一個世紀以來的研究依舊是個謎，沒人真的明白為什麼喝醉後會有那樣的感覺。

本書最後（你不妨當成餐後酒）會談到宿醉，是指當你不是小酌，而是喝了很多、很多，非常大量的酒後，會發生的事情。宿醉背後的科學其實不痛不癢，遠非你想像中那種會殃及許多人、感覺很惡劣的事情。事實上，直到過去這幾年才有研究人員勉強同意對宿醉做個正式的定義，所以別指望有人會真心替它尋找原因（及解方）。終於，好不容易有幾位勇氣十足的研究人員（研究主題更是英勇得令人感動）對宿醉做了研究。研究結果顯示，你在大學時對於宿醉的所見所聞都不正確。

製酒人與研究酒的人都清楚知道，儘管他們投入大量心力進行研究，仍然無法完全掌握其中玄妙。酒的世界依舊存在不少神秘領域，而這正是令人敬畏之處。在科學上，酒精飲料永遠站在一個無法攻克的據點——主觀經驗不斷與客觀事證在此交鋒。儘管研究人員使用分析儀器探索了發酵作用與蒸餾過程，並且從中獲益頗豐，然而在某些情況下，仍然無法回答一些基本問題。乙醇是少數幾種遭到濫用的合法藥物，也是唯一在功能上人們無法充分了解的藥品。然而，整個商業環境（在流行文化推波助瀾下掀起整個風潮）卻沉溺於包裝、美化酒品風味、引誘人們擇類消費的氛圍中。

有些科學家想要讓兩條分道揚鑣的平行線有所交集。他們想將那些影響口感的分子逐一造冊，因為這些分子在酒中的分量舉足輕重，拿捏恰當可讓口感變好（也就可能賣得更好）。另外，他們也希望找出酩酊大醉時的大腦狀態，以及乙醇對人的外在行為所造成的影響，並嘗試為此提出經得起反覆驗證的解說。至今，兩個目標都還沒有達成。

這不是一本教科書。若你想看教科書也不難找；學術界有許多人鑽研於酵母、啤酒、葡萄酒和烈酒。這本書不會教你如何打造一具蒸餾器，或是指導你自己製作蜂蜜酒，也不會提到太多雞尾酒配方（我只放了幾個自己最喜歡的）。順便提一下個人習慣：人們對於從穀物蒸餾而成的威士忌的英文拼法有點爭執，到底該依循蘇格蘭的拼法 whisky，還是按照美國及加拿大的拼法 whiskey。我在書中用的威士忌英文拼法是沒有那個 e 的。沒什麼大不了的。

從酵母談到宿醉，這個故事訴說了自有文明以來，人類花了一萬年的歲月，欲罷不能精煉著的一種元素，那是儀式及慶典中不可或缺的一部分。而故事背後的隱喻，則悄然道出人類內心的狡黠。

人類經常遭逢無法理解的力量；偶爾，我們能夠從中受益，將之昇華為自己可以掌控的技能。一旦我們明瞭自身與酒精的關係，也就洞悉了生命的一切玄機——包括周遭的種種變化、人體的生物機制、各種繁文縟節，以及人與人間的相互了解。酒的故事訴說著一次又一次微妙的觀察與圓滿的體悟，形塑出、亦塑形自我們最普遍的共同經驗與集體記憶。人類與酒精的關係，就像是為我們與自然界攝製的一部全景立體投影，影像中的人類與世界相映生輝。

1 酵母

所謂的「商業釀酒坊」(commercial brewery)其實就是間工廠。做為原料的穀物和水從一端進入，中間通過一些管道與容器，然後啤酒就從另外一端流出。這麼說吧，你可以換掉所有管道與容器、選擇另一家穀物供應商供貨，再把機台面板與控制器更新，然後龍頭裡還是會流出一樣的啤酒。

但是，啤酒廠絕對經不起某位嬌貴微生物身上出的半點紕漏，即使這位嬌客在整齣戲背後施展的魔法相當通俗。如果你是位釀酒師，想釀出大家喜歡的酒品，而且打算永遠釀得同樣美味，那麼請千萬照顧好你的酵母。同理也適用於葡萄酒莊和蒸餾廠——蒸餾烈酒前，必須先製出發酵液。如果酵母不見，那就死定了。

「我們死定了！」瑞貝卡・亞當斯(Rebecca Adams)腦海中浮現的正是這句話，當時是二〇〇九年十一月下旬某一天，她正趕到工廠。亞當斯是英國湖區(Lake District)詹寧斯啤酒廠(Jennings Brewery)的實驗室主管，她艱難跋涉好不容易才抵達工廠，因為當地剛經歷了一場洪災——二十四小時內的總雨量竟高達三百毫米，使得科克河及德文特河（River Cocker and Derwent）的水位越過河堤氾濫成災。頓時之間，位於兩條河流交會所在的中世紀古鎮科克茅斯（Cockermouth）漲起了三公尺高的大水，城內到處可見淹在水中的石牆、拱橋與刷白的建築物。亞當斯趕到詹寧斯廠房時，驚覺大部分的生產機具都已損毀——鍋爐、空氣壓縮機，還有冷卻設備。但是更糟的還在後頭。詹寧斯酒廠生產「正宗愛爾」（real ale）啤酒，現今生產這種啤酒的地方已經不多，可謂面臨滅絕的啤酒物種。在技術層面，釀製正宗愛爾啤酒需要一種很特別的酵母菌種，發酵時會浮在含糖麥芽汁的頂層，不會沉到底部。愛爾啤酒的口感濃郁，酒體厚實，甚至帶有嚼勁，喝起來與源自德國的「拉格」（lager-）和「皮爾森」（pilsner-）啤酒的味道非常不同。對英國人來說，愛爾啤酒等同於一項文化標誌，而酵母則是讓愛爾啤酒與眾不同的重要因素。在這場大洪水後，詹寧斯啤酒廠的酵母消失了，溺斃了。

「我和大部分的作業員在六點半前都已趕到，」亞當斯說著，「老實說，我們真的不曉得未來是否還有機會復工。」機器壞了可以換新；酵母丟了可就沒戲唱了。

酵母菌的傳奇事蹟不勝枚舉，每每令人難以置信。它是真菌的一種，具有將糖轉化成酒精飲料的能力，可說是一部渾然天成、擁有奈米技術的機器。它的繁殖能力強，幾乎無所不在，是科學家致力研究的有機物種之一，而廣泛的研究成果亦為我們解開了許多生命運作之謎……另外，順帶一提，我們能夠烘焙麵包也是拜其所賜。然而，儘管它好用卻讓人不大放心，時而又反覆無常得令人震驚——酵母簡直是部活生生的科幻小說。道格拉斯・亞當斯（Douglas Adams）的科幻作品《銀河便車指南》（*Hitchhiker's Guide to the Galaxy*）中有段情節描述，當有種相當神奇的生物技術成功發明時，隨侍左右充當翻譯的寶貝魚（Babel fish）驚呼：太棒了，這下證明了上帝並不存在（上帝存在的隱喻便是只能有一位仁慈的造物主，而具體事證卻與信仰相互牴觸，當信仰被證明為虛假後，自然也就沒有上帝了。天靈靈，地靈靈！上帝消失在一陣「神奇魔術邏輯」煙霧裡）。不過呢，酵母還在。繼續吃糖，排放乙醇。

我並不是奉酵母為神明……剛好就在亞當斯的書出版前二百年，班傑明・富蘭克林（Benjamin Franklin）也開過類似的玩笑，而且講得更加直白。他說雨水落在葡萄上，於是形成了葡萄酒：「這正是神愛世人的恆證，樂見祂的子民歡欣愉悅。」可以確信，當時他一定不知道自己正在描述酵母的神蹟，因為直到大約距今一百五十年前，才有人知道什麼是酵母。不過，人類在還不認識酵母之時，就已經開始仰賴它了。所以，我們是在毫不知情的狀況下與酵母結成盟友的。即便酵母的生態與運作原理無人知曉，卻能創造驚世之作——背後那群來歷不明的創作者可謂奇葩或術士。到了謎題揭曉，世人終於明瞭糖分變成酒精是靠著一種肉眼看不見的生物催化時，科學界爆發了一場革命。

酵母是一種單細胞有機體的生命形態，不屬於植物或動物，也不是細菌或病毒。這種真菌的家族成員裡，有你我見過的各種蘑菇，另外，還包括了地衣、鏽菌、黑粉菌、腳癬（香港腳），以及侵擾人類私處的念珠菌（*Candida*），還有荷蘭榆樹病（Dutch elm disease）真菌、造成頭皮屑的芽孢菌，以及黏菌（slime mold）這種世界上最大的單細胞生物。如同動物般，各種真菌屬將它們的遺傳物質——ＤＮＡ（去氧核糖核酸）——藏在細胞深處一個稱為「細胞核」的結構中。但真菌屬又像是植物，因為它的細胞外圍長有細胞壁，可以強化結構並提供屏障。一般植物的細胞壁是由纖維素及木質素組成——你可以管這個堅硬的東西叫「木頭」，這樣比較好懂。真菌屬則又混入一點構造幾乎與纖維素完全一致的甲殼素，因此還多出了含氮有機物——這是構成昆蟲外體骨骼與章魚喙的主要成分。大自然就是如此這般的張牙舞爪，令人叫絕。

酵母菌是第一種被人類基因定序的真核生物（eukaryote）——也就是說，它是人類首次對擁有細胞核的生物體做基因定序的對象。時間是一九九六年；生物學家迫不及待想觀察它的ＤＮＡ，因為就某方面而言，酵母菌是細胞生物學的研究基礎。在實驗室繁殖酵母菌不僅相當迅速、簡單，也因為它們和人類一樣擁有細胞核，正好是研究人類生命架構的絕佳模型。多虧了這些小生靈，我們才能在細胞領域中取得豐富知識，這也讓它被形容為如某文獻所敘述的，「負有盛名且不同凡響……是做為研究真核生物基本形態與實驗時最佳的模型，不過反倒不太適合用來研究其他真菌。」

除此之外，它們還會發酵。如果說燃燒（火）是人類文明最重要的化學作用，那麼在這門化學中，酵母理應排名第二。

英國酵母菌種中心應運而生

科克茅斯的那場洪災過後，詹寧斯啤酒廠開始進行善後。公司買了新的設備，然而釀酒師最迫切需要的物品，此刻正放在酒廠西南方四百六十多公里處的諾里奇（Norwich），那裡的一個小鎮上一棟四層樓建物中，有個為了因應此般緊急情況而準備的鐵槽，裡面裝滿了液態氮。英國酵母菌種中心（National Collection of Yeast Cultures）就在那棟建築物裡，除了做為實驗機構，它也兼營副業，協助保存英國啤酒廠使用的酵母菌株——提供異地備份，應付各種不可預期的狀況，譬如說，一場洶湧的洪水。

詹寧斯啤酒廠與許多其他酒廠都隸屬同一集團；當公司高層決定重新開張時，大家都曉得生產不能中斷。「你承擔不起品牌在酒吧消失的後果。一定要繼續讓人們買得到詹寧斯啤酒，」瑞貝卡・亞當斯說。「所以在那段期間，南部的其他酒廠打著我們的名號，使用我們的配方繼續生產。」他們聯絡了英國酵母菌種中心，然後收到一份詹寧斯酵母菌樣本，那是以一種稱為「斜管」（slope）的封裝方式，讓酵母菌懸浮於一個裝有瓊脂膠的玻璃瓶裡。接著，在其他酒廠繁殖出足夠的量以供釀酒後，便按照配方購買大麥與啤酒花，於是，「他們開始用詹寧斯酵母來釀製詹寧斯啤酒了。」亞當斯說道。

詹寧斯啤酒廠在二〇一〇年二月恢復營運，廠裡安裝了全新的生產設備——大部分都被移置到較高樓層，以免又因洪災受損。

但是對亞當斯來說，唯有當酵母回家的那一刻，才真正宣告了啤酒廠重新開始運作。「我們重返崗位那天，收到他們送回一個裝滿酵母的五桶份貯槽時，所有人都樂壞了，」她說，「這讓我們覺得人生再度有了希望。」

英國食品研究所（英國酵母菌種中心的上級單位）一度有過二千名員工，如今只剩下一百人。我造訪那天，進入大廳便感受到有如教堂般莊嚴肅穆的氣氛，並一路伴隨著我走到一扇藍色的門，裡面的實驗室已經改裝成機器人操控的酵母處理設備，負責酵母菌收藏的管理員伊恩・羅伯斯（Ian Roberts）的辦公室就在那後面。羅伯斯看來有點神似灰髮版的美國副總統約翰・凱瑞。「英國酵母菌種中心是從收集啤酒酵母樣本起家的，」羅伯斯說，「我相信它的大部分樣本都來自英國愛爾啤酒業者。」他目前管理四千種不同樣本，其中有近八百種屬於啤酒酵母。（其他則是隨機採樣的野生品種，和那些讓食物腐敗，以及會破壞人體免疫系統、使人染病的有害酵母菌種。）在一九二〇年代，先是由一個啤酒業組成的團體負責保管；一九四八年，政府將機構收歸國有。「我們現在服務的對象包括啤酒廠、製藥公司，以及社會大眾，」羅伯斯說，「基本上，就是任何需要使用酵母的人。」

大廳走到底後，還有另一扇藍色的門，裡面是個狹窄的房間，牆壁塗上了薄荷綠。低矮的鐵閘欄圍著高約及胸的超低溫液態氮貯存槽，在那後方有一座矮櫃，外形和大小跟洗衣機差不多，頂部有個圓形開口。果不期然，是個冷凍櫃。「那就是英國酵母菌種中心。」羅伯斯說。那裡面除了收納幾千種研究用的品種和菌株，另外還有大約六百五十種被歸類在R樣本區，也就是啤酒酵母保存區——詹寧斯酵母也在其中。「我們的任務是要維持生物多樣性，」羅伯斯說，「因為我們意識到市場力量對生物多樣性造成的傷害。那裡頭搜羅了一百多年來的微生物學寶藏。」羅伯斯的工作團隊就透過一張張三乘五大小的索引卡，和一部麥金塔電腦裡的資料庫，來管理追蹤這諸多不同的酵母菌。

冷凍櫃中的樣本貯存在一截截兩端封住、長約半英寸的紅色吸管內，分別插在一支支稱為冷凍管的玻璃瓶中，瓶身極小，瓶口帶有螺旋蓋。因為酵母菌的突變能力實在太強了，所以，只能讓它們處於冷凍狀態。酵母菌會與周遭的生物交換基因，往往無法保持安定。對於釀酒人而言，尤其是當他想不斷地釀造出相同口感的限量啤酒時，如果發現最初使用的菌種在經過二十代繁殖後已經突變，絕對不會是件好事。若是這裡處置得當，就能透過冷藏永續保存酵母——隨時能夠「復活」，再送交到如同詹寧斯酒廠這類客戶手中。

英國酵母菌種中心也為自己做了一個收藏備份，那是密封在玻璃安瓶內、急凍乾燥下形成的酵母菌粉。儲存位置就在冷凍櫃的樓上，入口處有一道厚達六英尺、木質與金屬共構的門，上頭有著大型門鎖和門閂。裡面很冷——羅伯斯將門帶上，但是沒有拉上門閂。雖然他知道這道門無法從裡面鎖上，但他出自本能的格外謹慎。

眼前出現了另一道冷藏門，打開後進入一間內室，裡面堆放著一個個檔案櫃。羅伯斯拉開一個抽屜，向我展示一缽缽裝滿長二英寸、貼了標籤的密封安瓶。所有安瓶的頂部看來都經過本生燈燒灼，熔化後再度凝結的玻璃封口形似拉扯後的太妃糖。每個瓶中都有一點棉花和一小撮白色粉末。裡頭裝的就是酵母。

「我們這些安瓶的年代都非常久遠。」克里斯・龐德（Chris Bond）說著，他是收藏室的經理。二十四年來，每當人們要求取得樣本時——無論是用於測試防腐劑的敗損酵母，或是用來釀造啤酒的菌株，都是由龐德負責提供服務。「一些小酒廠、私人作坊來這裡挖寶，讓歷史上的知名啤酒再度問世，譬如一九四〇年代的一些口味。」羅伯斯說。諸如華特尼斯（Watneys）等大名鼎鼎的啤酒廠，一度雄踞於諾里奇；那是一個城牆環繞的中世紀城市，城裡的酒館一度超過三百家。收藏中就有一些當時華特尼斯的釀酒者停業後留下來的酵母。現在，還有些釀酒業者打算追溯至更久遠以前。「我們還真的碰到有人試著讓南美洲印加文明時期的啤酒重見天日。」羅伯斯說道。

在龐德的實驗室裡，值得一提的是：完全沒有氣味。過去我曾造訪過不少研究酵母的實驗室，每間都會冒出像是麵包烤壞了的怪異味道。龐德的實驗室裡，空氣清新。研究人員跟我說，那是因為在這裡他們不進行發酵。他們也不做酵母培育——繁殖酵母。他們只負責保存。「如果你倒些出來，聞起來會像啤酒，因為我們都是從釀酒麥芽汁萃取。」龐德說。還有別的成分嗎？完全沒有。

R樣本區提供的是保管服務，與研究工作無關。每家公司一年只要支付大約二百五十英鎊，就能在這裡做一份酵母菌株備份。然而，不得不提的是，不是每家酒廠都跟詹寧斯啤酒廠的觀點一致，同樣視酵母為攸關生死的大事。整個製酒業對此也莫衷一是。羅伯斯想起一場啤酒業者的商貿會議：「你可以看出他們分成兩派，其中一派覺得酵母不過是種化學成分，沒有多了不起，另一派則認為酵母主宰一切。」羅伯斯說，他的職責只是保存與隔離酵母（有需要時讓它甦醒）。他和他的團隊平常甚至不會去享用客戶們所生產的啤酒——請恕我冒昧直言，他的日子真是悲慘。

參觀完實驗室，我們走回會議室享用午餐，那裡已為我們備好精緻可口的英式三明治——夾有起司、布蘭斯頓醃菜、火腿片及芥末，還有雞蛋沙拉和大蝦——羅伯斯看來卻有點不好意思。「不曉得你在實驗室裡有沒有摸過什麼東西，」他說，「我看你最好洗個手。酵母通常是無害的，不過……」他愈說愈小聲，無奈地聳聳肩，露出善意的微笑。我急忙衝向廁所的洗手台，把水龍頭的水開到最燙，然後開始洗手，直到燙到受不了為止。

化學家與生物學家的激烈論戰

英國酵母菌種中心這樣的收藏中心之所以能夠每天順利運作，都要仰賴羅伯斯等人善盡職責。遙想二千五百年之前，一切大為不同。當時的科學家兼哲人亞里斯多德對於含糖飲料經過一段時間後會轉變成酒感到納悶，他研判應該是「活力」（*vis viva*）在發揮作用；在他的理解裡，這種力量為萬物注入生機與活力，因此可以完成各自的使命。例如，葡萄是因「想要」熟成為葡萄酒而生，而衰敗後變成醋則等同它的死亡。轉眼來到距今不久的西元一五一六年，德國已出現專為啤酒頒布的法規《啤酒純釀法》（*Reinheitsgebot*）——世界上第一部食品安全法——規定只能使用大麥、水及啤酒花來釀造啤酒。裡面沒有提到酵母，因為那時還沒人知道它的存在。當時通過這條法規的巴伐利亞公爵們，根本不知道手中擁有的這件神妙之物。

長久以來，每當完成一次成功的發酵——換言之，當果汁、蜂蜜或任何東西變成了可口的酒精飲料，沒有發酸、發臭時——液體中總有一層雲霧狀的東西聚集，沉澱之後可以用來產生下一次成功的發酵。當時人們按其行為特徵，將此沉澱物取名為「yeast」（即酵母，字義中有「動盪不安」的意味）。法國人和德國人分別將它命名為levure及Hefe，若以字根追溯其詞源，兩者都有「升起」（to lift）之意，正如麵包發酵時會膨脹一般。英文中的「酵母」（yeast）又是從荷蘭文中的「要旨」（gist）這個字衍生而來，其希臘文原意帶有「熬煮成精華」的意思。所以，當我們說「擇其要旨」（getting the gist）時，意思與「取其精華」（boiling it down）是一樣的。

史上一些重量級的研究者，亦即開啟現代科學之門的人，他們奉獻了大半生致力研究發酵作用。《啤酒純釀法》頒布後，過了一個半世紀，顯微鏡的發明人安東尼・范・雷文霍克（Anton van Leeuwenhoek）在他的全新鏡片上滴了發酵中的啤酒，觀察到了一個個的酵母細胞。他將看到的這些橢圓形球狀生命體描繪下來並加以摘要，然後送到英國皇家學院（Royal Society of London），結果卻令學者們一頭霧水，研究隨即中止。接下來的一個半世紀裡，人們對此依然意興闌珊。

這項發現，要到一七八九年才能再次引起注意——儘管研究主題截然不同。安東萬・拉瓦節（Antoine Lavoisier）是發現氫和氧的化學家，他率先對糖分轉換成乙醇及二氧化碳發表了定量分析。正如某些作家指出，或許是他任職於一間大型稅務機構的緣故，拉瓦節對於化學計量會計極為拿手。他領悟到，不論經過任何化學反應，初始物質應該會與總產出物等量。這便是物質不滅定律的起源，指出了物質不會被創造或消滅，但是可以被轉換。

當拉瓦節看到葡萄汁的含糖量高達百分之二十五時，他就做了項假設，研判葡萄中的糖分可以透過某種方式轉換成乙醇。接著，他透過一個巧妙的實驗來證明他的論點。拉瓦節先將一批純糖發酵，同時又將另一批等量的糖碳化，然後使用自己精心製作的計量器與另一邊產出的乙醇比對。結果顯示，實驗開始前有二十六・八磅的碳（也就是碳化的糖），實驗結束後共有二十七・二磅的碳化合物（發酵產生的乙醇與二氧化碳）。在實驗容許的誤差範圍內，兩邊的重量基本上一致。由於實驗中酵母的重量顯得微不足道，拉瓦節並未將之納入計算。

著名的化學家約瑟夫・路易士・給呂薩克（Joseph Louis Gay-Lussac）發表了更為精確的實驗結果與計算公式；然而，連他也沒把酵母當回事兒。法國大革命後，新政權在一七九四年把拉瓦節送上了斷頭台；九年後，也就是一八〇三年，法國法蘭西學會（Institut de France）亟欲找出發酵的原因，並且願意提供一枚重達一公斤的金牌給任何發現者，但是從未有人得到這面金牌。

又過了二十年，法國的製酒業中，光是葡萄酒一項的市值就已高達二千二百五十萬英鎊——這是以一八二〇年代的英鎊幣值計算，相當於今天的二十五億美金，這還不含啤酒、蘋果酒，或任何蒸餾酒。

終於，到了一八三七年，一位名叫泰奧多爾・許旺（Theodor Schwann）的德國生理學家認真看待了這個課題。他斷定雷文霍克發現的那些微生物便是促成發酵的推手。許旺是細胞生物學的先驅，他相繼歸納出一些與神經系統關係重大的細胞，今日我們稱之為「許旺細胞」。他堪稱史上第一位洞察酵母菌種種特徵的人，包括它們是以無性生殖方式繁衍、以糖為食、只能存活於含氮環境，並會排放乙醇等。他把它們叫成「糖蘑菇」（Zuckerpilz），這是他的同事弗蘭茨・邁恩（Franz Meyen）在為此菌屬取名時的創意來源。在德文中，Zuckerpilz有「糖菌」的意味；邁恩的拉丁文翻譯則是*Saccharomyces*。後來，這種用在釀酒與烘焙的菌種就被稱為*Saccharomyces cerevisiae*（即啤酒酵母），而西班牙文中cerveza即意指啤酒。

問題看似已有解答，對嗎？這些人理當得到一公斤黃金。可是……化學家這時跳了出來，提出他們的質疑。

化學家與生物學家的看法始終南轅北轍；化學家認為，生物學家所標榜的論點過於武斷，相較之下，化學家的論證方式要來得更為仔細。（物理學家呢？可別讓他們發難。）兩位德國化學家——斐德列希・維勒（Friedrich Wöhler）、尤斯圖斯・馮・李比希男爵（Justus von Liebig），連同他們的瑞典籍老師永斯・雅各布・柏齊流斯（Jöns Jacob

Berzelius）相繼加入論戰，強烈駁斥微生物可以產生酒精的想法。不容分說，化學家們必定認為發酵是一道化學程序——只要讓果汁放久了自然就會發生的化學反應。他們認為微生物無關痛癢。

這幾個人可非等閒之輩；他們都在自己的領域中建立了一定聲譽。根據歷史記述，柏齊流斯是首位宣稱分子結構僅包含碳、氫、氧及含氮「有機物」的科學家，由於他是從生物中發現這些分子，因而創造了「有機化學」這門大學科，並且讓許多原本立志當醫生的孩子喪失信心。李比希男爵的貢獻則是，建立了讓化學系學生走進業界實驗室實習的風氣。這三位化學家又聯手發現同分異構物的存在，這是指成分元素相同，但因其結構不同，而性質各異的化合物。就好比說，你準備的是做蛋糕的材料，但因調理時先後順序錯亂，結果做出了臘腸。

此外，這幾個人也頗為風趣。維勒意外合成出尿素，也就是尿液的主要成分時，寫了封著名的信給柏齊流斯：「以後當我內急時，這麼說吧，就是憋不住的時候，你一定要知道，我現在不需要腎就能產生尿液了。」

李比希男爵認為，酵母菌死亡分解時，會產生某種震盪效應，先將糖裂解，再重組成為乙醇。現在看來或許可笑，其實當時還有不少更怪異的想法大行其道。所以，當後起之秀的生物學家許旺不留情面地戳破這些謬論時，李比希男爵與維勒難以忍受，於是指使同夥發動了包括科學上的惡意攻訐、冷嘲熱諷等手段予以詆毀。他們在自己主辦的科學期刊《化學與製藥年報》（*Annalen der Chemie und Pharmacie*）上撰文（以匿名方式）揶揄發酵中的酵母（「貌似一個本多夫牌蒸餾瓶」）出現在顯微鏡下的形象：「簡單來說，這條草履蟲把糖吃掉，然後從肛門排出酒精，從泌尿器官排出二氧化碳。」將如此渺小的神奇生物說成會尿出二氧化碳，排出啤酒糞便？真是誇張。

現在我們大概覺得這些化學家居心叵測，然而當時他們自有一套說詞。早期的顯微鏡製造粗糙，經常因為讓人觀察到不實之物而招來罵名。這場科學論戰一直延燒到一八五〇年代仍是欲罷不能，顯然對釀酒師的燃眉之急完全沒有幫助，整個製酒業建立在充滿謎團的薄弱基礎上。發酵過程一切順利時無人在意；出紕漏時則無人救急。

舉例來說，英國在一八〇〇年到一八一五年之間與法國交惡，封鎖了來自西印度和亞洲地區的蔗糖。無奈之下，法國只好尋求替代品：甜菜，這是唯一比較容易榨出糖的替代植物。約莫在一八五〇年代中期，法國北部的里爾地區（Lille）成為甜菜榨糖、發酵釀酒的主要產地——儘管利潤頗豐，這裡的人們也同樣經常遇到釀造葡萄酒及啤酒時出現的問題。

畢戈（Bigo）是里爾地區的製酒業者之一，在某批釀製的酒中，有幾桶相當不錯，但其餘的都變酸了，渾濁得像是敗損的牛奶一般。畢戈把事情告訴他的兒子後，這位年輕人對父親說他在里爾大學有位教授或許能幫得上忙。

這位「小」畢戈所提到的是位不苟言笑的「保皇黨人」（Royalist），知名的晶體學研究者，年方三十，當時正致力於研究同分異構物——即柏齊流斯發現的具有相同化學成分，但是分子結構不同的物質。他的名字叫做路易・巴斯德。

巴斯德發現平面偏極光（polarized light）通過同分異構物時會出現旋轉效應；平面偏極光指的是因透鏡阻擋，只允許在某一平面上震盪的波長通過，其他任意光波無法穿透，有些太陽眼鏡便具有此效果。這項「光學異構物」的偉大發現，在一八五四年為巴斯德贏得了里爾大學的教授職；次年，他對甜菜發酵的酒精展開同分異構作用的研究。在實驗中，他發現了兩種實為「光學異構物」的相反分子結構，他也從此加入了這個怪異、人們一知半解的發酵化學的研究陣容。

巴斯德接受了畢戈的請託前去查看酒槽。這時的巴斯德尚未成為大人物。那是「巴斯德氏滅菌法」之前的巴斯德；發表「細菌致病說」之前的他；發現鼠疫之前的他；早於他的所有偉大發現之前的他。巴斯德對發酵萌生興趣前，世上幾乎無人確知其為何物。當時，產生酒精的發酵作用被世人稱為所謂「富含酒精的發酵」（spirituous fermentation）。可是醋酸（醋）和乳酸（製作泡菜或讓牛奶敗損）看來也是形成於發酵物中。因此，有些研究人員便借題發揮，提出腐敗（敗損及腐爛）也是另一種發酵形態的論述。以上提及的各種作用，都與這神秘的、將「此種」物質轉變成「彼種」物質的發酵脫不了干係。

這個故事的出處其實已不可考。巴斯德本人從未提過自己造訪「畢戈先生」這位甜菜發酵業者的外傳；這段軼事其實出自後來一本美化過的巴斯德傳記。在正史中，巴斯德早在來到里爾前就曾對發酵成因表示好奇，不過他本人不太喝酒。另外，他的早期研究和酒石酸有關，那是製酒的副產物。因此，他或許早已懷疑會從發酵研究裡找到具有生機的微生物。（如一位巴斯德的傳記作家傑拉德・傑森〔Gerald Geison〕所言：「我相信巴斯德在展開以實驗為基礎的研究時，已預料到自己會找出不對稱結晶體、光學作用，以及生命之間的相關性。」）

無論真相為何，傳奇同樣動人：抵達畢戈的工廠後，巴斯德發覺那些冒出怪味的釀液形貌有些不同，看起來像是已被弄髒或受到汙染。於是，他採集了一些樣本。在顯微鏡下，可以看到那些正常發酵的甜菜糖液中，有許旺等人曾觀察到的圓形結構物體；冒出怪味的樣本中，則有長棍形的黑色物體。而且這些敗損的樣本中充滿了乳酸，而不是酒精。

巴斯德推斷，那些圓形細胞，亦即酵母菌，可以透過某種方式製造酒精，至於那些不知名的黑色長棍則會產生乳酸。他設計了一個相當出色的實驗來支持自己的論點，後來巴斯德就是因其獨到的實驗手法聞名於世。他將糖及礦物質滋養液分別倒入幾個瓶子內，然後在其中一瓶添加成功發酵樣本的沉澱物，再將發酵成乳酸的樣本沉澱物加到另一個瓶內。結果，第一瓶中產生了酒精；第二瓶內則沒有。這個實驗的可信度，遠遠超越許旺的關聯性推論；它提供了充分的實證。

然而，巴斯德無法排除甜菜糖液微生態中的不良競爭對手，甚至不知其為何方神聖，不過他還是給了建議：清洗發酵槽。槽內絕對不可殘留任何一滴受到汙染的發酵液，清洗後從頭來過。

從一八五七年開始，巴斯德在他所發表的文獻與書籍中，更深入地構築出發酵作用的全貌。他理解乙醇並不是發酵作用的唯一產物——視用來發酵的物質而定，還可能產生甘油（丙三醇）、琥珀酸，或酪酸。這是史上首次有人主張微生物會吸收周遭化合物，發生一些作用，然後釋放出其他物質。新陳代謝的論述也在此時誕生，那是關於生物如何產生能量的生物學研究。巴斯德在一八六六年出版了《葡萄酒研究》（*Etudes sur le Vin*），這是他有關酒的主要著作；十年後，他又出了另一本以啤酒與發酵為主題的書。

不過，李比希男爵從來不買他的書。他仍強硬主張酵母在發酵過程中並非全然必要，即便酵母中存在某種讓糖發酵成酒精的物質；巴斯德認為只有活的酵母才能發生作用。李比希男爵則又舉出幾個絕妙的反證堅持己見。譬如，法國化學家在一八三三年精煉出一種可將澱粉轉換成糖的化學物質，過程中就不需生物插手。三年後，許旺自己也分離出一種他稱為「胃蛋白酶」的化學物質，可以溶解肌肉、血塊和凝固的蛋白。當時化學家將這些物質稱為「可溶性發酵劑」；今天我們稱之為「酵素」，是一種能夠加速生物反應的蛋白質（我會在後續幾章中詳細討論）。雙方僵持不下，在各種公開場合及期刊中你來我往。巴斯德也從來不甘示弱，直到李比希男爵過世後，這場持續多年的學術論戰才終告落幕。

轉眼來到一八九七年，紛擾中的要角均已作古，終於可以繼續進行正事。就在這一年，有位名叫愛德華．布希納（Eduard Buchner）的德國化學家休假時探訪他在慕尼黑實驗室工作的弟弟漢斯，一位微生物學家。漢斯當下正忙著破壞酵母的細胞壁、從中抽出萃取物，並想辦法讓它們仍能保持幾小時的活性。而他嘗試的作法之一就是：把從酵母中取出的膠黏物質，放到濃度高達百分之四十的糖水中。

操作過程裡的某個現象，吸引了愛德華的目光。起泡了，他知道這代表正在發酵。於是兄弟兩人忙了起來，希望弄清楚前因後果。豈知，竟然就此創造了能夠讓酵母萃取物永保活性的作業方式：他們先將釀酒酵母摻入砂子碾碎，然後加水調成膏狀，再使用液壓機擠壓膏狀物質。接著，他們以紙網過濾液壓機榨出的汁，產生了最終萃取物。然後，如布氏兄弟所記載，「榨出來的汁液可以讓碳水化合物發酵，這是它最有趣的特性。」他們將這種萃取物——他們當時還不知道已經提煉出許多純淨酵素——命名為「酵酶」（zymase）。

換句話說，巴斯德與李比希男爵都沒有錯——發酵是由活酵母菌細胞內的一種或多種物質促成，但酵母絕對是過程中不可缺少的要角。另外，布氏兄弟的成就也微妙地傳遞出一分優雅，因為這項成就是由生物學家和化學家合作無間完成的，化解了兩造間長達一世紀的嫌隙。至於要想了解酵母菌細胞內究竟如何運作，則要再等個幾十年，彼時將會激盪出另一個全新的科學領域——生物化學。

酵母的身世之謎

了解酵母菌是促成發酵的幕後推手後，思考的方向開始有所改變，也引起了不同的疑問：為什麼發酵的結果有好有壞？哪種酵母最好用？到了一八八〇年初期，酵母引發的爭論已然接近尾聲，但尚未結束。此時，羅伯・科霍（Robert Koch）正專注於細菌的研究。他率先使用大量創新的實驗方式，並以瓊脂做為培養基液，讓細菌在培養皿中繁殖生長。這個作法在今天的業界習以為常，在當時卻是非常先進的技術，而科霍更藉此締造了包括分離出炭疽菌和肺結核菌等許多偉大的成就。接著，科霍進一步制定了一系列沿襲至今的推論法則，用來驗證各種疾病的致病微生物。

愛彌兒・克里斯提安・韓森（Emil Christian Hansen）是丹麥的微生物學家，他在一八八二年秋天拜訪了科霍的實驗室。韓森當時任職於嘉士伯釀酒廠（Carlsberg Brewery），這是一家經典拉格啤酒（lager，淡啤酒）的供應商，可是生產的啤酒不但口感太苦而且還有異味。韓森認為科霍的方法可以用來處理啤酒中的微生物，於是著手進行研究，最後得以運用科霍的技術分別培養出酒廠釀造中使用的四種不同酵母菌種。韓森逐一檢驗並排除每個菌種，終於找到問題的癥結；事實上，他發現只有「嘉士伯一號底層酵母」可以用來釀造出優良的啤酒。於是，酒廠開始使用此單一菌種來釀造啤酒；

韓森並在一九〇八年將該菌種命名為「嘉士伯釀酒酵母菌種」（*S. carlsbergensis*）。（生物學家格外在乎命名；早在基因定序法出現之前，生物分類學者們便為每一種真菌的細微特徵及行為爭論其歸屬。韓森認為自己發現的不是一個相似菌株，而是一種完全不同的酵母菌種，所以必須與懸浮於釀液表面、比較像是用來製造濃稠愛爾啤酒的釀酒酵母有所區別。）嘉士伯菌株，或是乾脆認同韓森的分類，稱之為「菌種」，是一種拉格啤酒的釀造酵母，在釀製過程中會沉積於釀液底部。

某些酵母在釀造過程中會凝結並下沉——稱為「絮凝作用」，其實這在今天仍然是釀酒商與研究人員面對的問題之一。愛爾啤酒的酵母不太容易凝聚，所以會懸浮於發酵物的頂層；而拉格啤酒的酵母凝聚性很強，往往會凝結並沉積於底部。當使用酵母來研究癌症或人體新陳代謝時，絮凝作用會是令人頭痛的問題。高黏度的酵母使用起來並不方便，但是在釀造特別口味的啤酒，或打算釀造完成後回收酵母，你便會希望能夠掌握這些凝聚物的位置。

我們知道，頂層發酵的酵母菌細胞壁是水分難以穿透的，理論上比較容易附著於二氧化碳氣泡而隨之浮起。底層發酵的酵母菌表面會形成糖蛋白複合物的枝芽，使得它們能夠發揮「魔鬼氈」一般的效果彼此沾黏。酵母菌經過攪拌器處理後，表面的髮狀枝芽

（業界稱為「菌毛」〔fimbriae〕）會被剝離，如此一來，原本的絮凝體也就不再絮凝了。

釀造拉格啤酒使用的底層發酵酵母，例如韓森的嘉士伯釀酒酵母菌種（目前又稱為巴氏酵母〔*S. pastorianus*〕，在命名上更加混亂了），已經成為全球釀酒業使用的主要酵母菌種。然而，啤酒及葡萄酒的釀酒師們並不在意絮凝作用，因為酵母將糖全部分解後，保持絮凝狀態比較容易移除。這或許可以說明，為何經過幾個世紀的菌種篩選，釀造者使用的菌種會產生絮凝作用，野生菌種則往往不會。不過，巴氏酵母是靠著人類才能長存茁壯，它只存在於釀酒的世界。沒人知道它從何而來，也沒人真正曉得任何一種酵母是如何來到人類的世界——它們的原生起源為何？另外，人類又是怎麼發現這些可以用來做出可口麵包和啤酒的酵母菌呢？

這些問題引起了遺傳學家賈斯汀．費伊（Justin Fay）的興趣。他從二〇〇〇年初便開始向人們收集各種酵母菌樣本，在轉任至華盛頓大學進行研究工作後，他發現可以利用基因定序技術來找到一些答案。「儘管來自實驗室有關釀酒酵母的資訊多到目不暇給，我們卻真的不太清楚酵母菌是從哪兒來的，」費伊說，「而人們取得的樣本，大多來自麵包店、釀酒廠與葡萄酒莊。所以，當時的想法是，酵母菌有點像是人類飼育的狗或牛，是一種經過馴化的物種。」不過後來人們開始送來更多的樣本，或將它們存放在如英國酵母菌種中心這類活體資料庫中；在這些樣本的採集地，酵母菌都沒有為人類服務過，其中有許多來自樹木或醫院。「問題是，」費伊說道，「它們是否跟流浪狗一樣，是從葡萄酒莊逃出來的？還是確實擁有野生菌種祖先的身分呢？」

費伊所謂的馴化，指的是將某個野生物種馴服的過程。其實，費伊還提出一個更恰當的說法：「按照我們的需要，對一個物種進行特別的改造，使它可以替我們從事特定的工作。」這就不僅是訓練一隻動物那麼簡單了。馴化代表要在馴服過程中，從基因上做出改變、培育產生某些特性，以便能夠世代相傳下去。舉例來說，牛就是經過馴化的物種，人類食用牠的肉、飲用牠的乳汁，但是從來沒人見過野生的乳牛。農場上的母豬是生不出野豬的（差別在野豬的獠牙及凶暴的個性）。

對於某些物種，科學家們就比較清楚，或至少能夠判斷牠／它們被馴服的時點，這要歸功於基因定序技術。如同費伊想用在酵母菌上的方法，科學家們能夠從馴化的物種和它們現存野生遠親的基因中找到差異。由於基因隨著時間發生變異的速率是可以推算的，差異愈大就代表兩者發生分歧的年代愈久遠。

為了說明野生物種與其馴化品種之間的差異，可以用一個經典實驗來描述，而且會比任何其他方法都來得清楚。一九五八年，西伯利亞前蘇聯細胞及遺傳學研究中心的生物學家狄米崔・貝爾耶夫（Dimitry Belyaev）做了一個研究，探討狼如何在一萬五千年前演化成狗。他帶著他的學生與同事，從附近的獸皮養殖場中收集了一百三十隻銀狐，然後選擇那些最友善的——那些在餵食的時候不會畏縮在籠中，而會主動接近飼養員的（也包括那些不會咬人的）來進行繁殖培育。貝爾耶夫選來培育的銀狐只經過九代就成為溫馴的小狗。牠們看起來已像是狗——毛色多樣、耳朵鬆軟，如幼犬般下垂。這些狐狸在外觀上，其外顯型（phenotype）的生物特徵，都和所有馴化的動物雷同，而且牠們性好嬉戲，非常親人。

貝爾耶夫的實驗仍在繼續進行著。為了用於對照，實驗室同時在一個像是平行空間的區域裡，放養一批刻意未經馴化的狐狸，牠們露出利牙、咆哮嗥叫，野性似乎比其野生遠親還強。多年以來，西伯利亞的研究者還對貂類與鼠類做了類似實驗，結果也大同小異，而就在最近，遺傳學家已開始對這些狐狸採樣，嘗試將其表現型別連結到基因型別（genotype）——這是一種難以掌握的生物特徵比對，面對擁有複雜行為的生物則更加艱鉅。

從這些實驗，我們「只能」看到在人類主導下刻意造成的馴化，並無法說明人類與微生物長久以來微妙共存的關係，一種偶然之間形成的合作關係。不過，已有其他研究者付出心力。幾位匈牙利的生物學家在二〇〇三年發表了文獻，描述他們所做的一個類似貝爾耶夫的實驗。他們將一些剛出生的幼狼與幼犬放在一起親手餵養，長大後的狼與狗一般乖巧、同樣聰明。接著，他們在試探這些動物的群體合作表現時發現，狗兒們會向飼養者求助，狼則堅定的獨立作業。研究者宣稱，那些狗兒並非本能地認為已與人類成為群體，不過牠們就是會指望人類伸出援手。

當狼第一次脫離狼群，加入當時以狩獵採集維生的人類，以及開始試著打滾裝可愛討好人類，並了解到只要不吃人類孩童，便可睡在火邊取暖、不勞而獲吃到人類贈予的食物時，是不是已經成為《黑奴籲天錄》中的「狼科（*Canis lupus*）版湯姆叔叔」？說不定牠們還更加精明？當人們以為自己正在馴服牠們，其實牠們正在馴服人類。

對微生物也可以進行同樣的實驗，而且實際上更為簡單。費伊手上有種稱為「奇異酵母」（*S. paradoxus*）的活樣本，是與啤酒酵母相近的菌種，尚未用於釀酒或實驗。奇異酵母生長在橡樹上，通常存活於樹皮或「分泌物」，即樹的汁液。它和釀酒酵母一樣也吃糖，排放乙醇。

費伊協同另一位研究者，約瑟夫・班那維第斯（Joseph Benavides），盡可能地收集他們可以找到的各種酵母樣本——總共八十一種。大部分樣本來自葡萄酒莊，但是費伊及班那維第斯也取得了一些製造清酒(日本米酒)的酵母,以及蒸餾後的燒酒。樣本中還包括非洲棕櫚酒(棕櫚樹汁製成)、印尼發糕(ragi,一種發酵米糕),以及一種蘋果酒。其中共有十九件菌株來自橡樹,或是免疫系統受到破壞的醫院患者。

費伊從中隨意揀選五種基因,結果出現大約一百八十種基因多形現象,亦即同種菌株的基因組出現的微小差異。經過比對之後,他發現這些菌株中最接近奇異酵母的(也就是最接近原始性狀的),是那些源於非洲及北美洲橡樹汁液中的菌株,以及來自診所的樣本。而在那些用來釀酒的菌株中,則以採自非洲的樣本最原始,接下來是葡萄酒莊和清酒用的酵母菌株,變異程度也低於其他樣本。

費伊認為,這些結果顯示以下論點:大約在一萬一千九百年前,人類將非洲酵母馴化為釀酒酵母;清酒麴系出同源,出現在三千八百年前;二千七百年前又衍生出葡萄酒莊使用的菌株。然而,費伊覺得自己的推斷仍欠理想,因為在計算過程中,他無法掌握一個酵母世代存續(從出生到繁衍)的確切時間,而人們在估算時動輒便以十年為單位。不過大致上,費伊推敲的數字與考古學家標註在人類最早的釀酒、清酒古物上的時間表吻合。「我們可以從中確定的是,酵母的族譜相當龐大,就像很多其他馴化的微生物與物種一樣,」費伊表示,「用來釀造葡萄酒的酵母菌形成一個族群;用來釀製清酒的酵母菌也構成一個基因相近的家族。每種不同用途的酵母，都各自對應到自己的基因模式。」

酵母與文明

韓森為嘉士伯分離出來的拉格啤酒酵母菌株則起源不詳。以其基因型別判斷，一半遺傳自釀酒酵母，另外一半則未被鑑定出來。到了二〇一一年，一群葡萄牙人與阿根廷人共組了一個酵母探險團，打算解開這個異種的身世之謎。

他們進入南美洲巴塔哥尼亞的叢林中探尋野生酵母，並將焦點放在南美山毛櫸，因為這種植物所處的生態環境與北方的橡樹相似。「我們找的這種植物會被一種叫『瘿果盤菌』（*Cyttaria*）的真菌侵害，」迪亞哥・李卜金（Diego Libkind）說道，他是位生物學家，在林蔭蔽天的山區度過童年。「每年春天，樹裡的真菌長成樹瘤，樹幹會因此腫起。」樹上會開始長出黃色的物體，稱做瘿（galls），與高爾夫球一般大小。那便是這種真菌的子實體（fruiting bodies），基本上是一種相當大的球狀蘑菇，含糖量可達百分之十，因此會引來各式各樣的酵母菌進駐食用。「它們成熟以後，會掉在草叢中，」李卜金說，「當它們開始發酵，人們會聞到酒味。」當地的原住民習慣用這些天然發酵的子實體做成飲料（李卜金聽說，「那東西不太好喝」）。不過在智利可以買到這種麴，叫做「瑤瑤」（llao-llao），味道還不錯。

最後，子實體內的酒精濃度會強到只剩下一種酵母菌可以生存。李卜金的同事為它做了基因定序，結果顯示，它是前所未見的菌種，且其基因恰恰符合拉格酵母中至今無法鑑別的另一半基因型別。李卜金等人將其命名為真貝酵母（*S. eubayanus*）。他們分別為幾種不同的基因定序，其中有些顯然會導致糖分代謝。「對於我們看到的種種變化，我們確信都是釀酒者馴化的結果，」李卜金說，「無效的基因被抑制了，而有效的基因被加以強化。」當嘉士伯的釀酒師改成使用單一酵母菌群來生產優質啤酒時，其實也充分發揮了西伯利亞貝爾耶夫團隊篩選銀狐般的改良力量。經過改良的酵母，很顯然的，變得比較友善——好用、勤勞，並且樂於生產口感清爽的拉格啤酒向主人邀寵。

李卜金團隊的任務尚未畫下句點。「現在，我們將重心轉向愛爾啤酒。」他說。他們正在世界各地收集酵母菌株——蒸餾廠、清酒釀製廠和野生發酵的——並研究這些菌株的前世今生。「我們已經發現許多釀酒菌株是不同酵母菌的混種，」李卜金說道，「很多比利時菌株其實是『葡萄酵母菌』（*uvarum*）與另一種釀酒酵母菌交配繁衍的混種。」

看來他們的探險還會繼續下去。

從來沒有人在歐洲發現過野生的真貝酵母菌，這一點相當奇特。沒人曉得它如何飄洋過海來到歐洲與釀酒酵母交配。研究人員只能揣測：「那是當大西洋跨洋貿易展開後，從海外引進的。」這又是另外一個謎團。

據信，早期的烘焙師、葡萄酒及啤酒釀造者因為只待在特定地區，選用特定莊園的葡萄，並使用特別的發酵器具，無形中對酵母產生一股天擇的力道。凡是能生產味道最好、口碑最佳或最實惠產品的商家，人們便會持續向他們購買飲品，自然而然讓他們採用的菌株永續繁衍。由於酵母是出了名的容易變質，時而突變出新種菌株，因此，人們極為嚴肅的看待守護初始菌株這項神聖使命。這說明了為什麼古代女孩出嫁時，母親會將原始發酵麵團親手傳給女兒，當作嫁妝的一部分；另外，也可以解釋今天我們所見，釀酒師會使用冷凍保存的初始酵母來繁殖，而不是透過目前發酵的批次來繼續生產。這也是為什麼丹尼爾・百家得（Daniel Bacardi）在一九六〇年革命軍入侵、逃離古巴前，要先銷毀所有用來釀製蘭姆酒的快速發酵菌株樣本——百家得當時計劃在波多黎各重起爐灶，因此必須防止古巴新政府未來成為產品的競爭對手。

有些製酒人對待酵母的方式也許看來相當隨意，其實那只是假象。比利時蘭比克風格啤酒（lambic-style）是在一個巨大、開放的池中釀製而成，各種酵母都可能掉進去（並非「投入」一種買來或仔細保存的菌株）。蘭比克啤酒口味偏酸，大概是因為受到當地微生物群中含有「酒香酵母」（*Brettanomyces*）屬的附帶細菌排出的醋酸（醋）所致。通常啤酒及葡萄酒廠都必須嚴格遵循清潔步驟，防止發酵過程感染到會發出異味的有害微生物。不過，蘭比克啤酒的釀造者可從來沒有輕率看待他們的酵母菌株——曾有某位釀酒人在聽到釀酒室的屋頂壞了必須換新時，大為驚恐。他深信，那些幫他生產的啤酒帶來風味的酵母就定居在屋瓦中。所以，他最後是將新屋頂覆蓋在舊屋頂之上。

雖說酵母具有突變性，但是有人知道如何善加利用這項特性。日本清酒釀造者昔日是藉著測量釀槽中的泡沫是否已達到四十顆人頭的高度，來判斷進度。不過這種手法大大限制了產能。因為，如此一來，釀酒槽必須遠大於產量所需的容積。於是在一九六〇年代，著名的清酒研究者秋山裕一努力培育出一種新的酵母。他曾見過低度發泡的發酵過程，也知道酵母菌攀附在泡沫上，因此便採用名為「協會七號」的傳統清酒麴菌株展開實驗。秋山舀出表面的泡沫，再從釀液中濾出酵母（那些不會發生絮凝的清酒麴），然後培育它們。

他反覆進行相同程序。終於，這個被他稱為「泡沫法」的作業方式產生了一種不太起泡的新酵母菌株。秋山管它叫「協會七〇一號」。「在成功篩選出此種無泡沫酵母四十年後的今天，已被將近八成的日本釀酒業者採用，」他在其著作《日本酒》中寫道，「這項研究的成功讓我站上了人生的高峰。」

時至今日，人類對酵母的馴化——同時，想必酵母也在馴化人類——仍未停歇。生物學界得到購置設備的金援，以便深入研究酵母，藉此讓科學家對人類自身進行更透徹的了解。我們成立了各種研究機構，像是大型蒸餾廠中專為酵母所設的研究室，或是如同英國酵母菌種中心的收藏機構，我們保存並保護著這些備受人們喜愛的酵母。酵母，即便少了點智力，仍然開創了人類文明。

2

糖

西元一八五三年，美國海軍准將馬修・派瑞（Matthew Perry）的艦隊駛入東京灣，以開戰做為要脅，打開了與日本的外交及貿易關係。在此之前，日本幾乎一直對外國人深感恐懼並因此鎖國；然而，派瑞的出現讓他們不得不重新面對現實——日本人必須在自己與鮮少接觸的外在世界間尋求出路。

那麼，日本與西方世界差異何在呢？好吧，跟大多數人種一樣，許多日本人偶爾也會把酒言歡，所喝的酒也是用酵母釀造而成。但是在歐洲及新世界，酵母卻有不同的基底，也就是酵母用來發酵的物質不一樣。がいじん（音gaijin，日文字義為「外國人」，或「外來的人」）使用水果或穀物發酵；在日本，人們用稻米來發酵。

雖然酵母以糖類（大自然創造出各種不同的糖類）為食，但它也不是每種都吃。釀酒酵母會毫不猶豫地噬食大部分水果中的單糖（monosaccharide），但面對穀物時又另當別論。穀物中的糖分多半會鍵結成聚合物，以糖為基本單位的分子結構，就如同「樂高」

堆出的積木一般。澱粉便是一種；木材與紙張中的纖維素又是另外一種。酵母無法打開「樂高」積木，無法從中攝取單糖食用。

不過，啤酒（用穀物製作）與清酒（用稻米製作）的存在，證明兩種文明（亞洲與西方）都解決了這個問題。即使雙方使用的方法截然不同，不過彼此間近乎同步的釀酒演進亦非巧合，其中反映出的關鍵製酒技術與糖（做為一種分子）的處理，似乎遠甚於文化差異的重要性。換句話說，文明不分地域，只要人類想製造酒飲——而且真的非常渴望——首先必須設法裂解澱粉。

派瑞來在日本的半個世紀後，有位年輕的化學家差點就能向西方世界提出一項亞洲的解決方案。在研究過程中，他發現了許多關於糖的寶貴知識；他也幾乎顛覆了整個製酒界。

化學家高峰讓吉出生於派瑞抵達日本一年後的高岡市，成長於現今的金澤市。他的父親是位醫生，對西方事物充滿好奇，這在當時很不尋常——比方說，他會說荷蘭語。高峰母親的家族擁有一個清酒釀造廠。派瑞造成日本門戶洞開，引起高峰父親的主子加賀藩主的高度興趣。為了一窺究竟，他從自己的領地派了一名年輕代表前往九百六十多公里外「開放」的海港城市長崎。十二歲的高峰受到青睞，寄宿在一個歐洲人的家庭學習英語。後來，他又進入甫獲特許創立的東京大學就讀，成為首屆校友，然後在二十出頭的年紀，日本政府便出資送他前往蘇格蘭深造。在當時，他所擁有的許多國際經歷，已然使他成為最具世界觀的日本年輕人之一。

高峰在一八八三年返回東京，開始任職於農業商務部。起先，他的職務原本是協助日本本土產業進行工業化改革，並設法擴大經營，建立出口市場。但後來，清酒卻進入了他的生命，至於原因為何，他的傳記作者也不清楚。高峰對清酒充滿興趣。他大學時的化學教授是一位無機化學家，自然不會關心酵素或釀酒。高峰也許能夠取得艾金森（R. W. Atkinson）一八八一年出版的《清酒釀造化學》（*The Chemistry of Sake Brewing*），這是最早對清酒做出科學探討的典籍之一，但我們無從確定他是否讀過。奧斯卡・科爾施特（Oskar Korschelt）在一八七八年發表了文獻《關於清酒》（*Uber Sake*），當時也曾在大學任教，不過高峰顯然未曾受業於他。

那麼，或許是高峰母親的家族事業使然，加上清酒在日本飲食文化中的地位，兩者潛移默化之下，促成了他與清酒結緣。在日語中，清酒也被稱為「日本酒」（音nihonshu），簡單地說，就是「國民飲料」，與其釀造原料——做為主食的米，地位同樣崇高（日語中的「米」代表了「飯」，也就是「食物」）。然而，最重要的一點，製作清酒時，除了酵母，還需要一種叫「清酒麴」的真菌。

清酒麴在日本飲食中身居要角——它是眾多食物植基的關鍵，舉凡清酒、醬油、味噌（發酵後的豆糊，當成湯的基底）、醋和豆腐的製作都不可或缺。實際上，它是名為「米曲黴菌」或「米麴菌」（*Aspergillus oryzae*）的真菌，傳染病學家看到這個名稱可能會嚇壞，因為，大部分的曲黴菌屬都具有毒性。煙色麴菌（*A. fumigatus*）在人體中會導致麴菌病（aspergillosis），病徵為嚴重過敏反應、肺炎，有時還會在肺中產生出血性「菌球」。不少曲黴菌種會分泌黃麴毒素，被侵害的植物（多為玉米）會毒化並且會致癌。換言之，清酒麴有著一群可怕的遠房親戚。

不過，清酒麴本身倒像是溫馴的貓咪。就像酵母一樣，這種馴化的微生物在人類蓬勃的文化與經濟發展中占有核心地位。正如同酵母，它也曾是道難解之謎。早在西元前三百年，中國便有關於它的紀錄，隨後也發現了日本在西元七二五年時的相關記載。日本出現記載的二百年後，也就是距今一千年前，清酒麴的製作與販售已在日本成為一項興盛的行業，而種麴（もやし，音moyashi，指的是用來製造清酒種麴的黃麴菌）店家自十三世紀就已經開始販售米麴菌了。

清酒麴的功用看似單純，但也有令人驚訝之處——它可以將澱粉轉化成糖。高峰雖不明就裡——當時也無人知曉箇中奧妙——不過，他知道一旦解開此謎，將能帶來豐厚的收益。

糖的奧妙

糖是地球上最重要的一種分子。

你可能覺得水的重要性來得更高，這我能理解。水能輕易溶解其他分子，亦可擔任載體，讓各種分子在人體或外界任意移動。各種化學物質會在水中相互碰撞，促成奇妙的現象。不過，若是把水視為「最佳分子」，就如同將紙張評為「最佳書籍」一樣。水扮演的角色是介質，像是幕後工作人員，而糖則是真正的動力來源。好比油箱中的汽油，糖分子賦予各種生物藉以延續生命的能量（有別於真正的汽油，糖可溶於水，便於隨著我們充滿水分的身體四處活動）。

本質上，糖具有動力；其能量儲存在組成分子結構的化學鍵裡。它是碳水化合物的一種，因此是由碳原子組成（通常具有五角形或六角形結構），其中點綴著氫原子與氧原子。從演化的觀點來看，動物大腦會將「甜味」詮釋為「好吃」，原因是我們很容易就將具有此種結構的分子與大量卡路里的意象畫上等號。「甜味」的感知，是大腦對我們攝取高能量食品時的一種獎勵機制。

甜蜜的誘餌就藏在搖曳的植物上，充滿糖分的果實可以驅使各種動物四處散播花粉和種子。蜂蜜的含糖量相當高，因為幼蜂需要能量豐富的食物。

單糖是結構最簡單的一種糖。葡萄糖是六個碳原子的環狀結構；果糖則是五到六個碳原子的環狀結構。若將兩者連結，則可組成結構稍微複雜些的蔗糖，或稱砂糖。這些糖都可供酵母食用；除此之外，酵母也能吃一些比較另類的糖——麥芽糖、蜜二糖、乳糖、半乳糖……等。這樣你就有概念了。

糖也會以「結構體」（structure）的形態出現，糖分子會相互聚合連結。你已經聽過叫做DNA的遺傳物質：去氧核糖核酸，核糖組成了DNA的骨幹。葡萄糖分子在不斷密集聚合、相互交疊後，會形成這個星球上最常見的有機分子——極為強韌的纖維素。葡萄糖分子就像是磚塊，而纖維素是用它砌成的磚牆。然而，當葡萄糖做為提供生命能量的來源時，纖維素卻完全無法被大多數的生物消化。某些有蹄類動物，像是擁有多個胃的乳牛，棲身在牠們胃裡的一些微生物，可以產生分解纖維素的酵素。白蟻也須仰賴微生物而活，兔子會排泄出無法消化的纖維素，這跟我們人類一樣，不過兔子還會再吃下自己的排泄物進行二度消化。某些真菌也愛吃那玩意兒——但是酵母除外。

現在，我們看到了耐人尋味之處：如果你將這些葡萄糖結構的鍵結稍做調整，會得到完全不同的物質。出現的不再是質地堅韌、無法消化的纖維素，而是直鏈澱粉（amylose），俗稱澱粉。假使再扭擰出一個螺旋，又會產生另一種常見的植物構成要素，叫做支鏈澱粉（amylopectin）。大自然的手腕真是無比優雅，一次又一次利用相同的樂高方塊堆疊出萬千變化——從能量與結構體，到燃料與磚牆。這就是糖的地位如此至高無上的理由。

話又說回來，問題在於：我們人類可以消化澱粉，但是酵母辦不到。如果少了簡單的糖分，發酵便不復存在；沒了發酵，也就沒有酒。這時，酵母這個狡猾的小傢伙便插手教了我們一些招術。還記得那些狗靠著裝可愛就能不勞而獲地獲得溫飽嗎？酵母同樣懂得對人類耍寶邀寵——以便吃到它們無法自己取得的糖。我們學會了分解穀物中的複糖聚合物來餵食真菌。我們馴化了酵母；酵母也馴化了我們。

葡萄界霸主誕生

當然，也可不必如此大費周章。全世界的人們幾乎都是直接用糖類製酒，就像法國里爾的畢戈先生用的甜菜，以及新大陸的甘蔗，都能夠萃取出糖。甘蔗榨汁後先經過熬煮，煉出砂糖，剩下的就是糖蜜（molasse）。若是再用糖蜜發酵，經過蒸餾後出現的副產品就是蘭姆酒；如果直接用甘蔗原汁來發酵，最後會釀出口感嗆辣刺鼻的白蘭姆酒（rhum agricole）。

若你手上有蜂蜜，也能釀製蜂蜜酒。那麼當你既沒有甘蔗，也沒有甜菜或蜂蜜時怎麼辦？

即便如此，中亞草原上的民族最遲仍從十三世紀起就懂得利用馬乳製成馬奶酒（koumiss，馬乳富含適於發酵的乳糖成分，含量比牛乳或山羊乳來得高）。在蘇丹，人們用駱駝乳製酒。許多文明中，人類使用樹汁做為發酵的基底；楓糖漿是西方世界常見的例子。在非洲，當地人會採用棗椰樹的果實及樹汁。這種基底會讓糖度破表，含糖量高達百分之六十至七十，因此，滿載著許多隨之狂飆的酵母菌種。椰子酒在非洲迦納叫做「阿散蒂」（asante），或稱「椰油酒」（nsafufuo）或「埃維」（ewe）；奈及利亞人管它叫「歐戈戈洛」（ogogoro）；在南非則稱其為「烏布蘇魯」（ubusulu）。如果棕櫚樹汁直接曝露於空氣中，周遭的野生酵母（以及乳酸菌和任何飄浮在空氣中的微生物）會讓它立刻開始發酵。採汁者一天之內就可以把這些裝在葫蘆中或回收罐裡的釀液賣給酒吧，或是直接在街邊兜售。野生酵母在釀液上絮聚成絲帶塊的鼻涕狀黏稠物；當地的微生植物群在裡面製造的乳酸及醋酸，聞起來就像餿掉的牛奶和醋，最後生成的飲料，據稱口感有如雞蛋或鱷魚脂肪。

在美洲沙漠裡，四處生長著豐盈多汁的龍舌蘭——它屬於多肉植物，但並非仙人掌。這種植物每株都含有五十至二百五十加侖不等，富含葡萄糖、果糖以及蔗糖的汁液。用它發酵而成的普逵酒（pulque），是一種口感酸甜、髒得出名的飲料——伴隨酵母而來的細菌會在釀造過程中長出一層黏不拉嘰、稱為生物膜的糊狀物。龍舌蘭的主要碳水化合物成分是由所謂的菊苣纖維（inulin）構成；當你砍掉枝葉後，烘烤中間剩下稱為芯（piña）的莖肉，可以將菊苣纖維裂解成果糖分子，正好做為酵母的食物。接著再將產生的黏稠液體發酵並加以蒸餾，就可做出龍舌蘭酒了。

（嚴格來說，往往只有在墨西哥的特基拉〔Tequila〕地區，使用韋伯氏藍色龍舌蘭〔*Agave tequilana Weber var. Azul*〕生產的酒，才能算是正宗的龍舌蘭酒。事實上，「Tequila」就像「干邑」〔Cognac〕或「波本」〔Bourbon〕一般，都是受到政府限制使用的名號。在法律規範之下，酒商必須遵循特別配方，也「必須」在特定地區生產。如果是在其他地區生產的呢？那些都不能稱為龍舌蘭酒。假如原料是戟葉龍舌蘭〔*Agave potatorum*〕則只能稱為麥斯卡爾酒。製作時混以水果和一隻烤雞，蒸餾出的酒叫「雞胸肉」〔pechuga〕，好在嘗起來沒有雞的味道。）

現在你可能百思不解，為何不乾脆用水果呢？其實，每種人類文明都曾做過多種嘗試。美國早期的墾殖者試著使用手邊的各種東西來發酵——南瓜、楓糖漿、柿子，特別是蘋果。當荷蘭及德國移民（帶著自家的釀酒傳承）來到美國，發現大麥在賓夕凡尼亞州有利可圖前，蘋果酒一度曾是社交生活中的潤滑劑。

讓我們細想，如何創造完美的發酵基底？首先，我們需要一種不虞匱乏、隨處生長且富含糖分的水果。這水果最好能夠帶有美好的味道，或易於加工出理想的風味。它必須容易栽植、容易發酵。

葡萄完全符合這些條件。

換個說法，生物利用糖分攜帶及移動構成軀體的碳結構。這便是生物學家與科幻迷口中唸唸有詞的所謂「碳基生命形態」。舉例來說，番茄所含的碳大多是蔗糖；蘋果是糖與酒精的混合體；酪梨中的碳則不是糖，而是脂肪——就跟動物一樣。比較各種水果中碳糖結構的單純性，葡萄所含的單糖算得上屬一屬二。葡萄內四分之一的成分是糖，而且其中一半是葡萄糖。

不過，葡萄有的不只是糖。它還存在許多揮發性化學物質，揮發後的分子經由空氣抵達我們鼻腔，成為人類嗅覺系統可以偵測到的香味。大部分水果，比方說蘋果，會製造大量的揮發性化合物，尤其是像芳香酯（ester）這種酒精及果酸的組成形態。但是，澳洲阿德雷得市科學與工業研究組織的植物分子生物學家，保羅・博斯（Paul Boss）卻說：「葡萄根本就不太會製造出酯類。」對製作葡萄酒而言，這倒不是壞事，因為，無論葡萄產生了多少酯類物質，都會在發酵過程中破壞殆盡。然而，葡萄汁在製酒過程中產生的許多化學分子，倒是具有「成為」芳香酯的潛力。「我猜古人是用當時手邊有的東西來嘗試製作酒精飲料，因此才沒有用到番茄。」博斯說。

回顧過往，當人類開始在氣候溫和、水源充足、土壤肥沃的底格里斯河與幼發拉底河周邊定居時，他們能夠取得的水果相當多——有橄欖、無花果及棗子。但在所有關於採糖的認知裡，只有葡萄中的糖才是泰半以水溶性單糖形式存在——可供酵母迅速消化。事實顯示，當人類在葡萄收成不虞匱乏的地點安頓下來後，也幾乎很難「不去」造酒。即便僅是碰傷了葡萄，過一陣子，就會發現它們已直接在葡萄藤上發酵。而今天，我們採用馴化的葡萄釀酒，讓它們產生適切的化學分子、長得大小恰當，並達到一定的「含糖量」（Brix，葡萄酒業者量測糖度的單位），基本上一切聽從人類安排。

其中，紅提葡萄（學名為 *Vitis vinifera*，又稱釀酒葡萄）可說稱霸了每個葡萄酒文化深厚的地區。伊恩・霍恩西（Ian Hornsey）在其著作《製酒化學與生物學》（*The Chemistry and Biology of Winemaking*）中表示，地形特徵是一項關鍵因素。霍恩西說，美洲和東亞的山脈多半都是由北往南縱向發展，而在歐洲和西亞則是呈東西走勢。冰河時期的冰川從北往南延伸時，美洲與中國的葡萄品種也隨之移動，遷徙到了氣候較為溫暖和緩的南方。然而在歐亞大陸，歐亞種葡萄只能零星藏匿於一些氣候較溫和的小型「避難所」靜靜等候，直到距今大約八千年前冰河融化。最後，只有紅提葡萄存活下來。

北美及中美有三十種葡萄品種，中國也有另外三十種，但歐亞大陸只剩下紅提葡萄。然而，歐亞大陸卻是葡萄酒的誕生地。從夏多內（Chardonnay）到黑皮諾（Pinot Noir）、希哈（Syrah）到維歐尼耶（Viognier），所有這些葡萄酒——無論酒標如何說明、色澤為何，或產自何地——都是從同一葡萄品種釀造而來，此品種大致源起於連接黑海與裏海的「外高加索高原」一帶，也就是現今喬治亞共和國境內，然後再逐漸往南擴散到肥沃月灣與埃及。（近日的遺傳學研究指出，葡萄至少經歷了兩次馴化，就像人類在歷史上多次將野生酵母改造後為己所用一樣。其中一次應該是在外高加索地區，而另一次很可能是在地中海西岸，為西歐帶來改良版的葡萄——即植物學家所謂的「栽培變種」〔cultivars〕。）

那麼，為何葡萄可以成為釀酒的最佳選擇呢？首先，它容易生長。葡萄可以在其他植物無法生存的環境中生長，使用其他植物無法使用的土壤。它們利用捲鬚牢牢攀附其他植物，可以生長在灌木間或樹幹上。它的葡萄藤具有攀繞植物的特性，能夠不斷伸展蔓延，截枝後也能復生。

它們的化學特性也近乎完美。大部分的葡萄果實漿汁飽滿，集中於植物學家所稱的中果皮部位，漿汁成分以葡萄糖與果糖等糖分為主，也含有豐富的酒石酸與蘋果酸，構成了對酵母極為有利的生長環境。葡萄大部分的氣味來自帶有香氣、具揮發性，稱為「萜烯」（terpenes）的複合物——例如聞起來有如天竺葵芬芳的香葉草醇（geraniol），以及散發出花卉香氣的里哪醇（linalool）。許多植物都會製造萜烯，但須透過特殊構造方能釋出，譬如薄荷葉藉由表面凸起的毛狀體（trichome）來釋放薄荷醇，而柑橘類則是透過果皮上貯存油脂的腺囊。但是，葡萄迷人的香氣分子卻能藉由漿汁恣意駢馳——最後化入酒中。

所有葡萄的汁液都是清澈的，不過它的表皮卻滿布著密集的色素，即所謂花青素。（葡萄皮在汁液中浸潤使得酒色轉紅。）色素中充滿體型較大、味道苦澀，稱為單寧的複合物，以及許多帶有酚基的化合物——其重要性後頭便見分曉。基本上，帶有泥煤或油脂香氣，也是釀酒師判斷酒是否熟成的因素之一。

因此，野生葡萄可說是一個個盛滿味道的神奇包裹，成熟時會體貼地發出通告。成長中的葡萄體型小、色青且味酸。接著，它們會經歷酒商們稱為「轉色期」（veraison）的過程，果身逐漸變得柔軟、紅潤。在最後的階段裡，它們已囤積了豐富的糖分，形體隨之變大。這項演化的結果，確保它們不會太快被動物吃掉、種子不會過早散播。在果實最甜美之際，也是對鳥類及其他饕客最具誘惑力之時，此刻，種子已然蓄勢待發。

目前看來，野生葡萄還算令人滿意，不是嗎？不過，馴化後的葡萄將會更加完美。在人類努力下，紅提葡萄將會對自己的性別重新定位。野生葡萄樹是雌雄異株，必須靠著昆蟲、鳥類、蝙蝠或風的幫忙，把雄樹的花粉帶到雌樹的花朵，使其孕育成葡萄。但如此一來，當你想繼續維持某些特質——例如，果實碩大、抑制淡青色基因、突顯深紅色基因——就會變得困難重重。你得隔離雄樹與雌樹，而且每一次授粉都存在喪失某種遺傳特質的風險。

該怎麼解決呢？那就要想辦法讓葡萄樹不再區分性別。野生的葡萄樹有公、有母；和動物一般，這些葡萄樹在不同性別間相互交換基因物質以繼續繁衍。如此描述也許並不討喜，不過，重點的確是某個物種為了確保其多樣性，而到處散播基因。對此物種而言，這不是壞事，反而可以因此繼續演化並適應環境。但是，對於冀望該物種既有特質可以代代相傳的育種者而言，無疑是場惡夢。人類可不想看到葡萄的品質出現變化。

因此，將葡萄樹從雌雄異株（有分公母的葡萄樹）改變成雌雄同株，就成了具代表性的馴化工作。西恩・邁爾斯（Sean Myles）是加拿大新斯科細亞省（Nova Scotia）戴爾豪斯大學的遺傳學家，他是這樣解釋的：雌雄同株的葡萄樹能夠進行自體受孕；同株上的花朵比較容易授粉、結成果實，長出成串的葡萄。在葡萄被馴化前，其野生的雌雄異株祖先中，只有雌樹才能長出果實。後來，葡萄酒釀造者依照所需，將野生葡萄改良成各式各樣的變種葡萄。就算它們外觀有所不同，也全都是紅提葡萄。就拿法國的上梅多克（Haut-Médoc）地區來看，同一產區裡種植了低含糖、高丹寧的卡本內蘇維濃葡萄（Cabernet Sauvignon，適合用來陳年），以及特色完全相反的梅洛葡萄（Merlot，可以釀出較高酒精濃度）。當地的酒莊也栽植早熟的卡本內弗朗葡萄（Cabernet Franc），和比較晚熟、丹寧值及含糖量較高的小維鐸葡萄（Petit Verdot）。

或許有人看法不同，認為按照我們對於製酒素材的認知，如此費心地栽培變種代表葡萄並非最佳選擇。如果葡萄真的這麼好，為什麼還需要做如此多的客製變種？邁爾斯對此提供了一個比較客觀的看法。「人類在肥沃月灣進行各種馴化時，葡萄是最多汁的一種水果，」他說道，「如果人類文明的主要發祥地位在美拉尼西亞（Melanesia），那麼我們這會兒可都正在啜飲椰子汁發酵的酒，市面上也可能充斥著各種不同風味的栽培變種椰子。」變種葡萄：有什麼好奇怪的呢？

「即使這些栽培變種保持原貌，周遭的一些要命病源仍會不斷異變。因此，栽植者不得不求助於化學廠商。」邁爾斯說，「所以，我們不能一直緊守著既有品種，必須更新品種。我們應該不斷對基因組合重新洗牌，更優良的品種才能脫穎而出。」

他在康乃爾大學時期的博士後研究主題就是葡萄基因組合，曾大力鼓吹推動更優良的新品種培育——如同我們見過的其他蔬菜水果的商業化發展。然而，他為改良葡萄基因所做的努力卻是白忙一場。開發新品種耗費了大量時間，當他終於完成抗病性佳、味道更好的新葡萄品種後，卻乏人問津。歐洲及美國加州的葡萄酒業者相當保守，除了那十來種酒標上常見的葡萄名稱之外，排斥一切新品種。「這是對葡萄的種族歧視。」邁爾斯說。所以他不跟葡萄酒業者耗下去了。「我現在專心研究蘋果，」他說，「我們即將推出一個新的蘋果品種，一切順利的話，它會成為殺手級產品。」

開啟製酒新時代

接著，讓我們繼續談高峰讓吉。他在一八八四年造訪了美國，代表日本參加在紐奧良舉辦的世界博覽會。那個年代的世界博覽會遠比今天來得講究，絕非草草搭個主題公園就能了事；當時的展覽內容可說是集各國的自然歷史博物館展覽、美術館展覽，以及國際商品展於一身，時間甚至長達數月。在當時，可說是一場國際盛會。

高峰在紐奧良的法語區租了間公寓，在那兒遇到了年方十八的凱洛琳・希區（Caroline Hitch），這位金髮美女的父親是他的房東，一位前聯邦軍上校。儘管高峰的年紀幾乎比凱洛琳足足大上一倍，兩人最後仍舊結成連理。在那個時空背景下，與高峰這般非我族類聯姻可能引起軒然大波，好在他的英語夠好，也沉得住氣。高峰在展覽中見識了肥料的威力，這種磷酸鹽製成的工業產物相當先進，可以大幅提高農作物產量。博覽會結束後，為了學習磷肥，他前往南卡羅來納州的查爾斯頓（Charleston）吸收新知，然後返國為農業部工作。之後，他曾主持日本國家專利局一年，最後負責掌管新成立的東京人造肥料公司。一八八七年夏天，他再次來到紐奧良，迎娶凱洛琳後，兩人一起回到東京定居。

在此同時，高峰對清酒麴的熱情不曾稍減。他嘗試找出可以加速醣化過程的方法，並萃取「澱粉酶」（diastase），也就是將澱粉轉變為糖的物質。最後，他終於成功以麥麩代替稻米繁殖清酒麴黴。在此之前，麥麩一直被視為廢屣。他或許為此感到相當自豪，特別將這項發現取名為「高氏清酒麴」（taka-koji）。高峰也研究出如何透過酒精來萃取清酒麴中的活性成分，以及如何將它製成粉末。儘管當時還沒人了解何謂酵素，他卻已成功把裂解澱粉的酵素分離出來。

高峰領悟到自己發現的不只是培養清酒麴的新方法，也創新了轉換乙醇的作法——大麥澱粉的醣化過程要花上好幾天，而高峰的作法只需要四十八小時。當時，普遍採用的是西方幾千年來所熟知的方式，即「發麥芽」（malting）的步驟——用於製作單一麥芽威士忌、麥芽酒、發芽大麥和麥精奶昔，而高峰已經技高一籌。就斤兩而論，高峰的萃取法可以比發麥芽的方式產出更多的糖——這意味著能為釀酒業及蒸餾業者帶來更多財富。

遊戲規則本應就此改變。高峰已掌握了他一直想要的更廉價、更快速將澱粉醣化以供發酵的方法，一切只待工業化的量產規模加以驗證。一八九〇年，高峰的機會來了。他岳父在發來的電報中提到，美國最大的蒸餾製酒集團邀請他到芝加哥，試驗不靠麥芽製作威士忌。從日本重返美國，而且還是到中西部，對他日漸蓬勃的家庭來說，將是影響深遠的大事。他的肥料公司經營得很不錯……但是凱洛琳不太愉快。「因為婆媳關係惡劣，」根據羅格斯大學的曲黴菌學者兼高峰傳記作者，瓊・班尼特（Joan Bennett）所說，「她過得非常痛苦。也許，他們因此回了美國。」

當時的科學家們相對保守，通常不太計較自己的學術貢獻可能帶來的商業利益，而在這點上，高峰就顯得非常變通。高峰帶著凱洛琳及兩個孩子搬到芝加哥，還在那裡建立了一套演練設備。他在一八九一年為自己發明的方法取得美國專利——無論你對專利的理解為何，這都是第一份以英文書寫的生物技術專利文件。同年，美國的主要製酒集團，威士忌聯盟（Whiskey Trust）聘請他至皮奧里亞市（Peoria）興辦一座大規模的酒廠。皮奧里亞市的《芝加哥每日論壇報》（*Chicago Daily Tribune*）當時如此報導：「本市的這家『蒸餾與畜牛』公司，控制了全球的威士忌產業，最近開始採用一種全新的烈酒製造程序，它的生產回報將會超過一座金礦。」高峰並與酒廠達成協議，可以獲得五分之一的營業利潤。

此刻的他正站在開啟製酒新時代的分水嶺上。然而，舊世界並不會輕易讓步。

能量炸彈：大麥

繆勒夫奧德（Muir of Ord）是個遠在蘇格蘭北邊的小村落，有著火車停靠站，以及寬敞得教人驚訝的周邊道路——專為卡車量身打造。此鎮位於地理要衝，緊鄰的地名有點令人生畏，叫做黑島（Black Isle），不過它可是蘇格蘭最主要的大麥產區之一。

繆勒夫奧德有間威士忌蒸餾廠，自一八三八年以來始終沒有消失。不過，今天在它的原址上看到的是一幢無趣的四方形建築物，業主是酒類貿易集團帝亞吉歐（Diageo）。旁邊一間較小、屋頂高斜的木造房裡有個小店面。根據我的資料顯示，它頗有名氣，我也認為它應該頗具特色，但又不太敢確定，因為在我抵達格蘭奧德（Glen Ord）的那個陰鬱星期五傍晚，蒸餾廠已經休息了，大門緊緊鎖上，裡頭沒有任何燈光。那也就罷了。只是我還從未嘗過他們生產的威士忌：蘇格登單一麥芽威士忌（The Singleton）；這支酒大部分都被大廠牌「約翰走路」（Johnnie Walker）當作調和用酒，剩下的幾乎全賣到馬來西亞和泰國。*這裡有一條來自威士忌部落格的評語：「堪稱一款令人愉快的威士忌——

然而，毫無令人回味的特別之處，不論是好是壞。」

格蘭奧德的精粹位於另一幢建築物，在停車場的另一邊。眼前出現了一個十八公尺高、現代主義風格的立方體，旁邊又聯結著另一個立方體。這裡便是「格蘭奧德發麥窯」，帝亞吉歐在蘇格蘭地區的四個製麥廠之一。澱粉穀物在裡面轉變成含糖麥芽，接著就可用來製作威士忌。製麥廠裡有十一名員工，產線每天都在運轉，每年處理三萬八千公噸的大麥。這相當於八千三百八十萬磅的大麥，每天透過七、八個車次的卡車，從蘇格蘭各地運來。卸貨之後，卡車再將製成的麥芽送到全國各地的帝亞吉歐蒸餾廠。

這些蒸餾廠原先自己製麥，某種程度上來說，也是過去對所謂「單一麥芽」認證的方式。如今，人們習慣以帶有巴比倫金字塔特色的屋頂來象徵威士忌蒸餾廠，其實那是「發芽場」（malting floor）的屋頂。製麥工人在場內將大麥浸泡於水中，使用手推犁造型的特製工具不斷翻動，讓發芽時的溫度保持均勻，接著再透過低溫烘烤（通常以泥煤蘚為燃料）收尾，如此可得到烘乾後的麥芽。發芽場具有十足的美感，不過已成過往

＊據帝亞吉歐台灣分公司指出，蘇格登單一麥芽威士忌是特別針對台灣消費者口感打造，大多銷售於台灣市場。

雲煙，其經濟效益遠不及格蘭奧德一類的集中式工廠；況且，如今全世界對單一麥芽的需求不斷飆高，若使用傳統方式發芽，需要大面積地板，即使面積如足球場大小的發芽場，恐怕也難以滿足一間大型蒸餾廠的需求。一間發芽場需要五到六天的時間來為十到十二公噸的大麥發芽，而一間中型威士忌蒸餾廠在單一批次的生產中，就把它們全部用完。

人們透過發麥芽的方式將大麥的澱粉轉化為糖，接著釀成啤酒及其他酒類。基本上，威士忌就是蒸餾後的啤酒——而這正是高峰打算省略的一道程序。

釀酒業和威士忌酒商習慣使用大麥，因為比較省事。其他種類的穀物也能發芽，但以小麥來說，它所產生的澱粉分解酶比較少；燕麥的蛋白質與脂肪含量太高。至於玉米，得耗費燃料才能鬆開澱粉結構，開始出芽，而釋出的玉米油又容易變質。因此，大麥仍是首選。

雖然已經過了星期五的下班時間，格蘭奧德的現場作業主管丹尼爾・坎特（Daniel Cant）的工作還沒結果。只見他一頭俐落的黑色短髮，臉上沒有一絲皺紋，穿了件反光的橘色夾克。他遞給我一件同樣顏色的背心——因為我們即將走進運作中的廠房，欣賞擁有一億年歷史的生化演進，所呈現在人類工業流程下的壯麗身影。

在卸貨區，有台傾卸式卡車已撐起尾車，正從末端的管子倒出大麥。傾瀉中的這股大麥有如舉重選手大腿般粗壯，通過一個洞口流入混凝土結構中。坎特將手伸進蜂擁而出的大麥裡，取出一小撮種子放進嘴裡，並示意我也可以試試。於是，我也嘗了一口。味道很像早餐吃的乾穀片，不怎麼甜。或可將它想像成葡萄燕麥口味，反正不是魔法棉花糖口味。

「你看這個，」坎特說。他用大拇指和食指拈起一顆穀粒，用力擠壓。他的指甲完全無法在穀粒上壓出絲毫痕跡；穀殼非常堅硬。這顆大麥掉到下面的漏斗狀進料器後，會經由輸送帶通過一道磁鐵（吸出所有金屬物質，例如農廠機械零件、羅馬古錢幣，或天曉得收割人不小心混入的哪種蘇格蘭農地裡的千年古物）。然後，大麥會進入現場的二十五個貯存槽，每個貯存槽可以容納二百公噸。

走進廠房後，四周傳來大麥在縱橫交錯的導管及閘口移動時發出的轟隆聲，時而嘶嘶作響，聲音在牆壁間不斷迴繞，也穿透了金屬網格地板。坎特與我只能用近乎咆哮的方式才能交談。「蒸餾廠很單純。只處理流動的液體，」坎特說，「穀物就麻煩多了。」眼前這種設施所面臨的物料處理問題堆積如山。移動中的這些細小顆粒既像液體，又像沙子，不時出現如同雪崩般的翻滾，而非緩緩流動。導管內並非透過閥門和幫浦來推進，而是使用空氣渦輪機、槳板和輸送帶，而穀物會想盡辦法造成堵塞。如果通風不良使得穀物粉塵瀰漫，其效應就如爆炸性氣體──稍微一點火花便能立刻點燃懸浮微粒，瞬間延燒到周遭粉塵，然後四處蔓延，屆時無所不在的致命熱浪迅速擴散，這會是一種詭譎的「爆炸烈焰致死法」。所以，在格蘭奧德這般的發芽工廠內，吸塵器隨處可見，有如一家模範木工廠。（當穀物受潮時，這裡又會陷入另一種混亂場面，必須想辦法移動又黏又重、泥團般的大麥。）

坎特拉開一扇巨大的紅色鐵門，裡頭是發麥芽的工作場所，眼前的景象彷彿一九六四年前後海軍艦艇的鍋爐間。順著樓梯爬到頂層，映入眼簾的是乾大麥從漏斗進料器湧出後，分別落進十八個稱為浸泡槽的大水池裡，每個池子的大小都足以放進一輛 Mini Cooper。透過腳底鐵柵間的縫隙，可以見到六公尺之下十八個圓柱形金屬槽的頂部，每個都有油罐車的油罐槽那般大。金屬槽表面滿布著輪齒，活像電影《大都會》（*Metropolis*）中那些悲慘的地底奴工操作的器械。裝滿溼大麥的浸泡槽正緩慢地轉動。

少許大麥卡在浸泡槽頂端的十字形支架上，已經長成一簇簇草皮。「水分就是從那兒澆到大麥中的。」坎特在浸泡槽旁說道。穀物剛送來時大約僅含百分之十三的水分，由於相對乾燥，在貯存槽中放上兩年都不會發芽。而在穀物灌注到浸泡槽內兩天後，水分含量會達到百分之四十八，如此便可引起化學變化。

與所有穀類一樣，大麥是禾本植物，我們人類只吃它的種子。種子好比是顆生命力強大的炸彈，蘊藏著胚芽發育所需的諸多養分與生化發展動能。將這顆炸彈投入水中、曝露在空氣和土壤中，就會引爆出一株植物。不過，話說回來，此刻的焦點是酒精，所以我們並不關心它的彈頭（長成植物的幼根及胚芽），而是要仔細探究其他蘊藏物。這裡的重點是，種子富含澱粉。

大麥禾有著如鮪魚般的流線形身軀。長成時，它的「頭」會向內、朝莖部發展，尖端末梢相當於鮪魚大腦的地方就是大麥胚芽，裡頭包裹著幼根。它的後面有一層稱為子葉盤（scutellum）的盾狀物，之後會發展成葉片。再後面是充滿澱粉的胚乳（endosperm），做為胚芽的食物，占了禾體絕大部分（正如蛋黃提供胚胎育成幼鳥所需的養分）。胚乳外面包覆了三層可供製造酵素的細胞，稱做糊粉層（aleurone layer），整個結構被封裝在一個纖維素材質的硬殼中。這可解釋為何坎特的大拇指對穀粒絲毫起不了作用。纖維素真的很硬。

對大麥的處理作業包括將其浸溼、風乾，提醒大麥中的胚芽時候到了，該出芽了。這些工序促發了化學反應，首先產生名為「赤黴酸」（gibberellic acid）的植物激素，穿透糊粉層。激素的作用誘發糊粉層細胞開始產生酵素——可以分解澱粉的水解澱粉酶，以及可以破壞澱粉外部蛋白層的蛋白酶。除了大麥澱粉外，水解澱粉酶幾乎可以分解任何其他澱粉——包括玉米（美式波本威士忌的主要原料）、甜薯，甚至某些啤酒中做為輔料的米。

坎特又帶我爬下一道鐵梯，走到其中一個轉動中的滾筒前面。他先對著控制面板敲了幾個按鍵將它鎖定，以確保我們把頭探進滾筒時，它不會轉動，然後向下走到側邊的一道方形鐵門前，將門打開。一陣清新的蔬菜穀片味撲鼻而來，有如美國中西部農場秋天散發的芬芳。這是個好兆頭——萬一穀物太溼，聞起來恐怕會類似蘋果發酵的氣味。

他從裡面舀出些許穀粒；這一次，他能用大拇指輕鬆壓開一顆穀粒。只見穀粒中冒出亮白色弧形條狀物，叫做根芽（acrospire）。這是幼根的前身，澱粉醣化就此展開。「你只會希望酵素去分解澱粉和蛋白質，不會想要它們促發植物生長。」坎特說道。言下之意就是，你只要種子製造糖分，而不是去吃它。坎特將手中一粒種子壓破，擠出幾滴白點點。「嘗起來有點像糖霜，」他說著。白點點順著他的指尖滑下，勾勒出一縷白絲。

現在，坎特必須繼續烘乾這些大麥。潮溼狀態下，很容易發霉，滋生各種真菌，除了可能具有毒性，這個時候產生的氣味將揮之不去，會被一直帶到蒸餾出來的烈酒中。

此外，釀造者非常講究的麥芽色澤與烘焙度（譬如「巧克力麥芽」），都是來自加熱烘乾。所以，坎特啟動窯烤烘乾，使用的熱力來源包括停車場對面蒸餾廠傳來的殘餘熱能，或是以煤油爐加熱。「你也可以添加些酚類物質，」坎特說，「譬如泥煤。」

在威士忌製造商眼裡，這可是件大事。泥煤蘚與共生植物夾雜纏繞的混合體在溼地或沼澤中死亡，經過一段歲月，便成了泥煤。由於處在無氧狀態，細菌不能存活，因此這些溺斃的植物不會腐爛，而且會不斷地沉積。在英國，它曾經一度成為主要的燃料來源——從沼澤地中挖出，烘成煤磚，然後當成燃料。而泥煤蘚中的酚化合物會讓燃燒產生的煙味帶有一種特別的香氣。愛好者會說這酒散發出「泥土味」或「碘酒味」；不喜歡的人則將這味道形容成「過期的ＯＫ繃」。格蘭奧德製麥廠每星期都要消耗三十八公噸的泥煤球；外頭的泥煤球堆積如山。蒸餾廠以ＰＰＭ（parts-per-million，百萬分之一的單位比例）做為計算麥芽中泥煤值的單位；通常每家蒸餾廠指定的麥芽酚值ＰＰＭ都不太一樣。格蘭奧德會一次製出ＰＰＭ高達一百的麥芽（真的很高），接著再與未使用泥煤烘烤的麥芽混合，調降成符合蒸餾廠要求的各種規格。

回到辦公室後，坎特讓我看了一台小冰箱，裡面裝滿了看似盛裝酸奶油的塑膠盒。盒上的標籤生動地寫著諸如「麥芽已送交——克拉格摩爾」的文字，盒中裝的則是各色各樣已經交貨的樣本，供貨對象都是格蘭奧德合作的各家蒸餾廠。坎特拿出其中一盒要我嘗嘗，說是來自某個叫「協奏曲」的新大麥品種試產——這是我今天所嘗的第三件樣本。

咬起來就像日本米果般酥酥脆脆、味甜香醇，讓我不禁聯想起早餐吃的Cheerio穀片，或是楓糖燕麥粥等的口感。泥煤的酚味明顯洋溢出來；如果你鍾愛泥煤的氣味，那麼這股藥水味必能令你心動。

這已經是成品了；換句話說，已經可以用來製作威士忌了。

百變清酒麴

清酒釀製者選用的稻米品種差不多有四十種——對生物分類狂而言，統稱「水稻」（*Oryza sativa*）——如同許多大麥品種，每一種稻米都是經過擇優育種產生。舉例來說，我在前一章曾提到清酒釀造師秋山裕一，他批評山田錦品種稻米的栽植條件太過嚴苛。因為它只能生長在山區，增加了耕作與收割的困難——在斜坡上無法使用大型農業機具。此外，它耕期長而且晚熟，代表收割前，面臨颱風肆虐的風險更高。不過，倒也值得，因為山田錦比起其他優良釀酒米品種毫不遜色，結出的穀粒碩大、飽藏澱粉，且蛋白質含量低。

稻米有著堅硬、粗厚的外殼，一層胚芽緊貼於內——這個結構形成了糠，也是糙米呈棕色的原因。米糠令清酒釀造者頭痛：它的蛋白質及脂肪都是清酒發生各種異味和顏色的肇因，此外還會妨礙酵母生成。所以，人們會磨掉這層米糠，甚至磨得更深一些。這個步驟叫做「研磨」（polishing），過程中使用鍍有超硬度金鋼砂的碾磨，將收成稻米的米糠碾去，也一併磨掉一些生成酵素的糊粉層和靠近禾心的澱粉。接著，釀酒人會蒸煮這些精製米，整個釀造坊的空氣中便開始瀰漫世界上最芳香的氣味，一種濃郁、甜美、渾厚的香氣。接下來是讓蒸煮後的米稍微冷卻……然後，重頭戲開始了。蒸煮這道程序軟化了澱粉——「膠化」了澱粉，但是尚未破壞它的結構。

前人為了製作清酒，是用咀嚼的方式破壞澱粉，再將米吐出。人類唾液中含有澱粉酶；因此，必須在吞嚥前將分解後的食物吐出。事實上，還有另一個相近文明的演進也值得一提，那是在南美洲鄉野一種叫做「奇恰」（chicha）的發酵飲料，當地人使用木薯或玉米麵，同樣是先放到嘴裡咀嚼，吐出後桿成小團，在太陽下曬乾，然後用來發酵。

如果要徹底解決澱粉醣化的問題，吐痰法畢竟不是長久之計，也難以擴大產能。為了釀成米酒，人類發展出更為神奇的手法，那便是清酒麴。

正如酵母，清酒麴一直到十九世紀下半葉才被人們分離鑑定出來——確切來說，是在一八七六年。一九九六年，第一種被人類基因定序的活體微生物是酵母；但是清酒麴遲遲無緣接受定序，它得等到二〇〇五年。以基因騎師自詡的研究人員發現，清酒麴是種已經存在二千萬年的微生物，卻相當適合用於現代作業。它產生的十種蛋白酶，是醬油與味噌業者的最愛，可以裂解富含蛋白質的黃豆；它可以分別形成三種 α 澱粉醣（alpha-amylases），都是清酒釀造者仰賴的醣化工具。清酒麴和它的致命表親擁有相同的基因，在基因結構上，與釋放黃麴毒素的黃麴黴（*A. flavus*）有高達百分之九十．五的相似度。不過，米麴菌倒是絕對安全。「那些可能有害的基因幾乎全被抑制住了，」町田真之指出，他是日本產業技術總合研究所分子系統生物工程研究組的負責人，當年米麴菌的基因定序專案便是由他主導。「釀酒業用的菌株內，」他說，「任何可能有害的成分都被徹底清除了。」但町田的研究工作並未說明人類如何（以及何時）馴化了這種真菌。

演化生物學家安東尼斯・羅卡斯（Antonis Rokas）長久以來追求的目標，就是要解開這個謎團。二〇〇七年，他在范德堡大學的實驗室成立時，曾求助於日本酒類總合研究所（National Research Institute for Brewing），取得各種釀酒用清酒麴中分離出來的黴菌孢子。羅卡斯在做演化研究時，是以馴化做為切入點——其實就是人類操控下的加速版演化。「我覺得學術界研究動植物演化的種種例證，嚴重支配了我們對於演化的認知，」羅卡斯說，「我不是說這麼做不對，只不過，很多演化其實是微生物作用的結果。」

羅卡斯透過一個嶄新的角度來思考馴化。為了培育出某些特質，馴化過程中會揀選某些基因。一對同源染色體中控制相同性狀的不同形態基因，稱為「等位基因」（alleles），所構成的蛋白質各異，因此產生不同效應。簡單來說，它可造就出黑色的頭髮、碩大的果實、（就馴化的微生物等案例而言）比較不苦的啤酒、膨脹較快的麵包，或是加速盤尼西林的製程。

當然，基因不可能單獨存在；基因間彼此串連，組合成染色體結構。依據羅卡斯的假設，馴化過程（亦即篩選某種基因編碼構成的特性）會壓抑染色體中某些相鄰的不同基因。毫無疑問，你可以揀選到分解稻米澱粉的基因；不過，你也會將它在染色體中的鄰居挑除。「假如你在幾千年後檢視自己曾做過擇優篩選的染色體區，會發現那些被刻意揀選優良特性的染色體中的多樣性已經所剩無幾。」羅卡斯說道。

換言之，微生物馴化後，染色體區中不同形態的基因要比它的野生祖先來得少。或許其中有零星基因處於長期冬眠狀態。因此，羅卡斯團隊做了一個試驗：他們將米麴黴基因組與有毒的黃麴黴表親的基因組對稱的一字排開，於此搜索冬眠中的染色體區。

他們真的找到了。大約一百五十條展開後的ＤＮＡ如預期般在黃麴黴中呈現異變，但是在米麴黴中，相對的位置上卻處於詭異的安定狀態。更妙的是，這些安定的基因恰好正是可加以馴化的理想候選人。「這些基因中許多都與新陳代謝有關，想來理所當然，」羅卡斯說，「如果你做的生意需要裂解米中的澱粉，那麼新陳代謝的重要性不言可喻。」這些最安定的基因裡，其中一種的編碼構成了麩醯胺酸酶（glutaminase），是一種酵素，可將左旋麩醯胺酸（L-glutamine）這種氨基酸轉換為麩胺酸（glutamic acid）。如果我跟你說味精（MSG）的主要成分是麩胺酸鈉（monosodium glutamate），你就比較清楚了；做為一種「增味劑」，它能營造出帶有肉香、蛋白質鮮味的口感。它也是醬油、味噌，以及，沒錯，清酒的主要成分。

菲利普・哈伯（Philip Harper）是現今唯一的非日裔「杜氏」（とうじ，音toji），即清酒師傅。他說，在日本研究清酒最重要的課題便是清酒麴。這種微生物對日本文化的影響非比尋常。大型清酒釀造廠對「培養器」（即巨大的缸子）裡的米投入清酒麴——距離我家幾條街的加州寶牌清酒廠（Takara Sake）是一幢兩層樓高的六角形鐵造建築，一次可以處理六千公斤的米。哈伯的清酒廠則仍按照傳統方式將麴引入米中，先將米鋪展開來，然後透過手中錫碗上的濾蓋將清酒麴孢子撒在這層米上；飄落的這些細小、棕黃色的粉塵，是他從三家製造商買來的六個不同品種。當清酒麴真菌的捲鬚慢慢滲透了這批米，培養室中的氣味隨即發生變化，從居家的溫馨米香變成了烘烤堅果的味道，然後，再過一會兒，又飄來蘑菇生長在土壤中的氣味。這種狀態下的米飯，此刻也叫做清酒麴，嘗起來也不一樣——正如所料，帶有甜味，還有點像爆米花。色澤從原先半透明的乳白，轉變為厚實的亮白。「製造葡萄酒，從頭到尾處理的都是葡萄，」哈伯說，「但釀造清酒完全不同，你要先把米蒸熟，成為米飯，然後在培養室待個兩天後，米飯就變成清酒麴了，完全不同的東西。你根本還來不及想到發酵，天翻地覆的變化已經發生。」

無麥芽蒸餾能否實現？

如果清酒麴也能用來處理大麥，那根本就不需要發麥芽了。或許連清酒麴都可省了，那麼醣化速度將會更快——也就是說，直接使用清酒麴提煉的酵素。這些今天已經成為商品的東西，在十九世紀末期，你還買不到。而這就是高峰當時推出的：無須發麥芽的澱粉裂解法。

你猜他的方法惹惱了哪些人？正是製麥業者。正當高峰設法把他的製程發展成一項產業時，製麥業者串聯起來對他進行抵制。一八九一年十月初，高峰遭遇了第一次重大挫敗：他為雇主創辦的蒸餾廠半夜發生大火。當時……疑點重重。來自《皮奧里亞每日報導》（*Peoria Daily Transcript*）的摘錄如下：

> 昨日稍早，發生在曼哈頓製麥屋的這場大火來得極為古怪，鄰近的其他房舍均未波及亦屬奇蹟。當消防第六分隊在警鈴響起後趕到現場時，發現熾烈燃燒的範圍僅局限在一個框架圍起的小塔內。以現場良好的防火條件來看，本該可以在第一時間輕易撲滅。消防隊鋪設水管準備滅火時卻又發現，水管正好不夠長，無法從最近的消防栓拉到起火點，隊員們只好站著乾等，直到第四分隊趕到時，才能將水管接得夠長。而當隊員打開消防栓準備灌救時，又驚訝地發現居然沒有水壓。

嗯。真有意思。

高峰試著重建，最終還是讓他完成了，一個採用高氏清酒麴來醣化大麥澱粉的蒸餾廠。雖然耗時三年，但他終於創造了每天可以轉化三千蒲式耳（約三十六・五公升）穀粒的設備。製成的酒也開始發售——取名為「萬歲」（Bonzai），一種不含麥芽的便宜威士忌。然而，產品始終未受消費者青睞，最終造成他和威士忌聯盟漸行漸遠。急轉直下的合作關係最後演變成冗長的法律訴訟，高峰的積蓄也因此耗盡。凱洛琳不得不賣出私人藝術收藏，甚至最後還須向家人借錢支應生活開銷。

高峰與威士忌聯盟之間的協議，在一八九四年正式中止。儘管他持續奉獻了幾十年的生命倡導使用高氏清酒麴取代麥芽，但是從未打入任何商業市場。製麥（發麥芽）的地位不變，依舊是產生酵素，以將澱粉轉化成可發酵糖分的主要方式。

想像一下，如果高峰成功了，會對製酒業造成什麼影響：繆勒夫奧德的發芽場那整套替大麥發芽的處理設施，很可能因此束之高閣。各種不同大麥品種、所有穀類，都有可能在棕色威士忌市場占有一席之地。商機蓬勃的亞洲威士忌市場也極可能提早一百五十年出現，而酵素的研究方向可能完全改觀，變得更加商業化。

先別為高峰的不幸際遇感傷。儘管他的製酒奮鬥史功虧一簣，但是他並沒有「失敗」。高峰後來將重心轉移到製藥業，將他的澱粉酶萃取心血「高氏澱粉酶」改頭換面包裝成「消化藥劑」（dyspepsia，百事可樂品牌起源字）。班尼特如此說道：「他研製的胃腸藥堪稱一八九〇年代的『我可舒適發泡錠』（Alka-Seltzer）。」藥品上市後廣受歡迎，底特律的派德藥廠（Parke-Davis）因此出資買下製造及經營權，並為高峰在紐約市設立一間實驗室，研究另一種當時無法成功合成的神奇化學物質：腎上腺素（epinephrine）。在當時看來，它能為瀕死者強化心跳、注入生命力，也能緩解各種過敏症狀，但那時還無法人工製造。

於是，高峰前往約翰・霍普金斯大學，拜訪同樣正在對此研究的約翰・雅各布・阿貝爾（John Jacob Abel），另外他還聘請上中啟三前來紐約協助。高峰運用阿貝爾的作法，並結合他所擅長的純淨方式進行實驗；一九〇〇年某天夜裡，上中析取出了結晶精萃。

高峰隨即為此物質提出專利申請，命名為「腎上腺素」（adrenaline），並在一九〇一年發表了兩篇僅放上自己名字的相關文獻。他的這些輕率舉措不僅無視上中的貢獻，也著實令人惱火，終於導致一家競爭藥廠告上法庭，指控派德藥廠並不具備此專利的獨有權，並宣稱阿貝爾研發在先，任何人都無權將自然形成的物質提請專利。一九一一年，勒恩德・漢德（Learned Hand）法官裁定駁回了該項指控，宣判此等專利合法。拜漢德法官判例之賜，製藥業與生物技術產業的新紀元悄然開啟。

高峰在高氏澱粉酶及腎上腺素方面取得成功，也因此再度富裕。在紐約曼哈頓，他與凱洛琳興建了一座五層樓高的大宅，而最下面兩層還是以純日式風格裝潢。他在日本與美國成立了數家公司，同時出資為日本創立相當於美國國家科學基金會的機構，並於一九一二年捐贈三千零二十株櫻桃樹，至今仍為美國華府的「潮汐湖畔」營造出美不勝收的景觀。到了近代，日本的一些兒童書籍裡會提到他，也有人拍過他的傳記電影。

不過有趣的是，高峰曾極力鼓吹的無麥芽蒸餾願景後來的確實現了，只是與他毫無干係。在今日，被減肥運動人士視為毒蛇猛獸的玉米糖漿，其實大部分都是以米麴菌的酵素所製。雖然市面上的精釀啤酒，尤其是那些號稱頂級的，用的麥芽量都比一般大眾品牌多上兩倍。然而，另外也出現了一些新創啤酒釀造者，他們有著不同主張，使用的麥芽不增反減，而且大幅減量。

譬如說，日本的酒廠推出一種幾乎不像啤酒的啤酒，叫做「發泡酒」（音happoshu）。日本政府依照啤酒中的麥芽比例向業者抽酒稅，釀造者為了節稅而動起腦筋，採用人工合成酵素與大麥萃取物來調製發酵用的含糖麥汁，而不使用真的麥芽。他們再將液體蒸發後與正常釀造的啤酒調和。確切來說，麥芽含量的確降低了。

這一款便宜、極像啤酒的飲料上市後大為暢銷。日本各大釀造廠紛紛仿效，推出自己的版本。有些業者甚至認為既然不用麥芽，那麼連大麥也可以捨棄——只需另找糖的來源。比方說，豌豆。

在此同時，丹麥的哈爾博（Harboe）啤酒廠前陣子推出一種解渴的拉格啤酒，取名為「葛林八號」（Clim8），以此炫耀其製造過程中比同類啤酒減少了百分之八的碳排放量。怎麼辦到的呢？因為沒有使用麥芽。他們向諾維信生技公司（Novozymes）購買酵素，然後使用無芽大麥直接釀造出葛林八號啤酒。

酵母並不在乎糖是怎麼來的，只要是打散成方便它們食用、樂高元件般的單糖就好。不論人類為它們調理食物的方式是發麥芽、清酒麴，或巧妙地運用酵素，它們都欣然接受。它們不但欣然接受，更照單全收。在它們心滿意足之際，開始發酵——便製出了酒。

3 發酵

派翠克・麥克高文（Patrick McGovern）在賓州大學考古人類學博物館工作，擔任生物分子考古學研究計畫主任。在他充滿陽光的研究室裡，書架的末端上放著一個物體；毫無疑問，這個物體絕對比樓下任何一件華而不實的展品都更令人驚豔。那是塊菸盒大小的陶器碎片。如果麥克高文的研判正確，這塊四方造型的物體已有一萬年的歷史，是來自一樽古罈底部的破損部位。它帶著卡其色，略顯凹斜弧度，內側呈現溝槽紋路，是目前已出土古物中最古老的人工釀酒考證。

麥克高文擁有一如聖誕老人的長髯，說起話來不疾不徐、深思熟慮。他不是那種四處遊走的行動派考古學家；他大部分時間都埋首實驗室裡，運用儀器捕捉那些遠古的人工製品上，極其細微的化學線索。他幾乎從未找到過酒精的痕跡——這種轉瞬即逝的分子，如此輕盈，幾乎總在人類的歲月中蒸發得無影無蹤。不過，古人放入原始啤酒或釀造酒類中的其他物質可能繼續殘存。他最拿手的絕活，便是找出這些蛛絲馬跡。

不過這可不簡單。你必須相當聰明，最起碼，也不能比那群德國研究人員笨：他們在發現好幾個世紀前的容器後，直接打開喝掉裡頭的液體，還認為可以從中嘗到特別的味道；結果當然毫無斬獲，嘗起來根本就是水，因為液體中任何人類能夠感知的特徵早已消逝。幸好，人類可以透過科學儀器將自己無法察覺的物質一一揭曉。

化學家認為，「陶土」是種水合矽酸鋁——成分為鋁、沙子及水，混合起來可以牢牢抓住極性分子，結構中分別帶有正電荷與負電荷的分子，舉凡各種酸類、酯類和發酵飲料中其他特別的分子都在此列。其中的竅門在於，找出哪些分子有可能殘存至千年之後，以及應該透過哪些鑑定方式（或許，的確就是所謂的生物分子考古學）讓它們現形。發酵酒類所含的分子成分複雜，一旦附著在陶土結構上，往往可以撐過很長一段時間。

麥克高文剛入行時的工作重點並非酒類。他原先是研究藍紫色彩起源的權威，這種色彩在古代曾被視為地位的象徵，萃取自軟體動物，是當時人們積極尋求、價格最為昂貴的染料之一。有一次，有位與他一起在賓州大學研究阿卡德文明（Akkadian）的學者邀他看了一件於伊朗西部戈定遺址（Godin Tepe）出土的古物，那件來自五千年前的陶土壺內殘留了一些疑似酒類的紅漬。鑑定中，他發現了幾種物質的化學痕跡：酒石酸（歐亞葡萄中含量很高）及松脂（遠古文明中常用做酒的防腐劑）。於是，麥克高文斷定，這絕對是酒，而且顯然比當時大家認知中最古老、法國蔚藍海岸外古羅馬沉船上雙耳陶罐中的酒樣本還要早上個三千年。

沒過多久，麥克高文便成為研究古代發酵飲料的箇中翹楚。當工作人員在中國北方新石器時代文明的賈湖遺址發掘出類似古物時，他們便打電話告知麥克高文，那是一口附著殘留物的古罈和一只帶孔的盆子。在此之前，人們已在賈湖遺址發現了看似經過馴化的古代稻米、最古老而且尚能吹奏的樂器，以及據信是中國最早期的象形文字，在那裡發現酒的可能性自然不言可喻。麥克高文沒有親自走進那個遺址，他只檢視了陶土殘片。「你可以到那附近的博物館去，」他說，「那些東西都陳列在展覽室中。」

其中一個考古點的樣本太過脆弱，以致無法完整送回麥克高文的實驗室。「於是我在當地一所高中的化學實驗室做萃取。」他說，「所需的化學材料只能從附近買，品質並不理想。」但最後麥克高文還是想辦法採集到部分樣本，並帶回賓州大學。

有了適當的設備輔助，他做了更仔細的化驗。麥克高文從這些古代稻米與米酒樣本中，找到令人期待的化學物質——頗有收穫，但還無法做出結論，因為賈湖遺址中出土了大量的古代稻米，而蜜蠟所特有的有機分子：正烷類，也出現其中，充分顯示裡面還有蜂蜜——雖然糖分會衰減，但是蜜蠟附著性極強。麥克高文也析出樹脂特徵，接著確定了酒石酸殘留物的存在，似乎來自歐亞葡萄——然而，紅提葡萄是在這口古罈製成之後的六千年才來到中國，所以只可能是當時的在地品種。不過，賈湖當地盛產山楂，一種棒球大小、裡面分瓣、生於樹上的紅色水果，吃起來像是淡而無味的蘋果，它的酒石酸鹽含量比葡萄高出四倍之多。從出土物中，研究人員發現山楂種子也曾出現在大約相同的年代。

有了稻米、蜂蜜、野生中國葡萄和山楂——看來將這許多原料混在一起後，要它「不」發酵都難。在亞洲，稻米是製作酒精飲料的基礎原料，也在某些美氏皮爾森啤酒中做為輔料。蜂蜜是釀造蜂蜜酒的主體；水果則是製造葡萄酒與白蘭地的主要材料。換句話說，他們曾在賈湖暢飲的東西裡，幾乎混含了後世出現的所有佳釀的成分，可謂是酒類的始祖夏娃。

這一切應有科學根據；但也有人不以為然。二〇一二年，考古學家奧利佛・迪特里希（Oliver Dietrich）發表文獻宣稱，他已找到更古老的人類釀酒事證。他在土耳其的哥貝克力山丘（Goblecki Tepe）遺址中，發現一個疑似廚房的遺跡，裡面有許多龐然巨缸與看似麥芽或大麥的殘留物體。如此一來，又將酒類的源起往前推至一萬一千年前左右。麥克高文指出，因為缺乏化學或植物學上的證明，那只能算是具有「暗示性」的結果，他對賈湖遺址為酒類發源地堅信不移。

即使沒有人類，發酵也還是會發生。它是種自然現象——酵母只要有了糖，便會啟動。大約一萬年前，人類開始掌握其中訣竅，讓它依照自己喜好的方式進行，在自己想喝上一杯時唾手可得（而非誤打誤撞的在葡萄藤上相遇）。發酵作用是早期人類根據原始經驗發展成為科學的例子之一，與製造陶壺、鍛造金屬或栽植作物的學習過程異曲同工。起先，我們並不了解原理，只曉得發酵會把手上的一種東西轉變成我們想要的另一種東西。一旦我們開始調整與改良這個過程，就不再僅是自然現象的參與者——我們不但取得了主導權，還改造了整個模式。時至今日，發酵作用已廣為人知，並成為一門工藝。然而，研究人員還是持續深入探討，不斷加以改良。

當我問麥克高文是否可將那塊碎陶片取來給我瞧瞧時，他頓時神色凝重地找來一副乳膠手套要我戴上，然後自己也戴上。接著，他從保鮮袋裡取出那件脆弱的破損古物，小心翼翼地放到我手裡。我從未摸過如此古老的人造物體。我將它捧在手中仔細端詳了一會兒，然後抽出手機拍了張照片。當下，我極其真實地感受到人類製酒之初的歷史脈動，隱約有種跨越時空的聯繫。

發酵作用究竟為何而來？

聖地牙哥近郊處，站在棒球練習場和強鹿牌農業機具（John Deere）代理商公司所在的街道上，可以看到馬路對面有幢四方形的工業大樓，這家公司叫做「懷特實驗室」（White Labs），從事酵母銷售業務。此公司的客戶大多來自家庭作坊與美西一帶的商業釀酒廠，外加一些小型酒莊和蒸餾廠。懷特實驗室裡有個嘗鮮的好去處，就位在一道大鐵捲門後的小房間。

房內鑲嵌著木質牆面，上面掛了些放大的實驗設備照片做為裝飾，令人感受到刻意營造的浮誇格調，在一道很長的木製吧台後方，裝了二十八具供酒閥。不過，你看不到一般酒吧中供酒閥的造型手把；每個供酒閥都只裝有一個下端呈圓形的透明塑膠管——應該是試喝用的管子。抬頭可見懸掛了一台平面電視，不過播放的不是球賽，而是列出多款限量啤酒及其釀製所用的酵母菌株：WLP001 加州愛爾；WLP585 比利時農夫三號；WLP802 捷克百威拉格等等。

我的目光在螢幕上游移時，涅芙・派克（Neva Parker）走了過來。派克是懷特實驗室的作業主管，頭髮烏黑的她神情莊嚴，客套地問道：「來杯啤酒嗎？」

我知道必須接受這項款待。畢竟，我是來做採訪的嘛。

派克走到吧台後方，取出四只小玻璃杯，接著只見她在一排供酒閥把手間推上推下、汲著啤酒。她說要盡可能讓我多見識一些不同的酵母；於是，我們先從WLP001酵母釀的啤酒開始，這個愛爾品種的酵母菌株是懷特最熱門的產品。接著她倒了點WLP051的啤酒，那是另一種酵母，比較傾向舊金山風格。才一會兒，她又端來兩杯，分別是加州拉格酵母的WLP810，以及慕尼黑（Helles）菌株的WLP860。當時外頭相當炎熱，還有點潮溼，正是暢飲啤酒的最佳時刻。我啜了一口810，深嗅一口酒香，放下酒杯。接著是860，也用同樣方式品過。兩者嘗來都是如此緊致輕盈，彷彿浪花撫過松林，但老實說，我不太區分得出它們之間的差異。

對於我毫無天分的味蕾，派克似乎並不介意。我品嘗到的四種啤酒——應該說，懷特實驗室裡所有儲酒桶流出的啤酒——除了一個關鍵元素之外，其餘完全相同。它們全都使用一樣的大麥、一樣的啤酒花、一樣的水源，並且都在相同的溫度下釀製。派克想讓我發現的，只在於使用不同酵母所產生的不同發酵作用。

現實生活中，人們不會這樣釀造啤酒，因為各種酵母要分別在不同溫度之下，才能釀出可口的味道——譬如說，愛爾啤酒的發酵過程通常比拉格啤酒快些，溫度也較高。原料也有所不同——不同穀類，以及不同的用量，會產生相異的風格。就連水質也有影響。在別具指標意義的皮爾森釀酒區，水質柔滑，礦物質含量低。在同樣具代表性的英國伯頓特倫河畔（Burton upon Trent），水中充滿了亞硫酸鹽、鈣及鎂。這一切因素都與發酵成功與否息息相關，不只影響產生的乙醇，更攸關所有為酒香做出貢獻的香氣分子的存亡。而目前談到的只是啤酒——葡萄酒釀造者還有另一套規矩。

懷特實驗室全力專注於酵母。「我們有辦法掌握大部分的菌株，」派克說，「溫度稍高的發酵可以製造出較多的酯類。增生的程度對各種不同的氣味化合物都有影響。」甚至就連麥芽汁所含的糖分，也可能主導最終的產出物。總之，諸多因素排列組合後產生的影響千變萬化。剛開始的製作條件相對單純，之後，與各種不同的穀物及啤酒花交相配對，你可以釀出二十二種不同風格的主流啤酒，包括從類似愛爾的印度淡啤酒、波特啤酒，到近似拉格的皮爾森啤酒與博克啤酒（bock）。

發酵過程裡的任何細微差異，都會對成品產生巨大的影響。懷特實驗室做過一項嘗試，他們使用同樣的麥芽汁及酵母來釀造兩款啤酒——事實上，所有原料與製作條件幾乎相同，唯有發酵時的溫度不同。結果，兩種啤酒的口味可說南轅北轍。從華氏六十六度（約攝氏十八・八八度）發酵的啤酒中測出的乙醛值，差不多為七・九八ＰＰＭ（濃度百萬分之七・九八），這時啤酒通常會帶點青蘋果的口感，不過是在大部分人可以接受的範圍內。另一方面，發酵溫度為華氏七十五度（約攝氏二十三・八八度）的啤酒測出了驚人的乙醛值，高達一百五十二・一九PPM（濃度百萬分之一百五十二・一九）。

懷特實驗室的酒吧面對著一扇大窗，隔著窗子可以看到整個公司運作的情形，身穿白袍的技術人員在實驗室裡培植、分離並檢視酵母菌株。派克團隊進行的工作，與英國酵母菌種中心或美國菌種保存中心（American Type Culture Collection）的作業類似，他們仔細的從酵母收藏中找尋適合用來發酵的菌株，並視狀況所需加以淨化，然後對篩選出來的菌株做一系列的測試，評定它們的發酵快慢、風味特色概要，以及絮凝方式。目前已有超過五十種菌株可供銷售，還有大約二百種處於冷藏狀態——除此之外，派克團隊也負責幫客戶保管大約五百件酵母菌株樣本，做為客戶的異地備份。

雖然懷特實驗室的產品是酵母，不過銷售合約上訂定的產品卻是控制能力——具體來說，就是對發酵作用的控制能力。站在簡化論者的觀點，便是要能掌控發酵的極簡形態，確保從葡萄糖開始的化學反應最終可以產生二氧化碳與酒精，即乙醇。

我們現在談到的這門學問，也就是有機化學，它的許多專有名詞都有各種不同的字首及字尾，分別代表特定的化學結構。當一個名稱的字尾是「-ol」時，指的是一個氫原子與一個氧原子組成的原子團（稱為羥基），接著再鍵結到一個碳原子所形成的分子結構。而這個碳原子，則鍵結到另一個稱為「官能基」（functional group）的原子組合。乙醇的官能基是由乙烷所形成的乙基（C_2H_5）。按此道理，甲醇中的甲基（CH_3）便是來自甲烷。一個碳原子與幾個氫原子的組合看似條理分明，實則難以捉摸——原子鍵間差之毫釐，失之千里，可以令人酣醉，亦能讓人喪失攝氧功能而中毒身亡。

乙醇是種特別有趣的分子。做為一種溶劑，許多不溶於水的其他分子都可溶於乙醇液體中。它是一種易燃、無味的透明液體——意味著它是理想的燃料。

它也是種強效殺菌劑。當酵母噴出乙醇時，可以消滅微生態中其他競爭性細菌及真菌。其實，酵母還能回收部分自己的代謝產物——它們咕嚕咕嚕地吸回乙醇做為食物、提供能量。這簡直就像一台利用自身廢氣行駛的車子——在緊急狀況下，酵母可以靠著自己的排泄物生存。

由此引申出一個生存論點上，雞生蛋、蛋生雞的問題：既然乙醇同時是酵母的化學武器與能量來源，何者優先？換言之，為什麼酵母製造乙醇？發酵作用究竟為何而來？

發酵並非偶然，也不是副產物，而是酵母將食物轉換成能量的方式。它是一種新陳代謝，在一系列的化學反應裡，分子結構中的原子不斷置換位置，電子從一處剝離後又重新附著他處，而這一切都是為了產生腺苷三磷酸（adenosine triphosphate），簡稱ATP的分子。在生物體內，ATP被稱為能量貨幣，是激發生命之光的原動力。

我們哺乳類動物攝取氧氣與葡萄糖，代謝後，基本上會排出二氧化碳和乳酸。這就是造成腐敗的細菌所排出的物質，醃漬食品也含有同樣的物質。不過，酵母不會排出乳酸，而是乙醛分子。這還沒結束。酵母還會在乙醛與氫原子間拉出化學鍵，形成乙醇與ATP，其中乙醇會被釋放到外在環境。

耶！我們有酒喝了。

事實上，你可以透過一種別出心裁、特殊設計的實驗器材來觀察整個過程。來到哥本哈根的嘉士伯實驗室——也就是愛彌兒・韓森在一八八三年為啤酒廠分離且純化拉格酵母的實驗基地——有位和藹可親、綁著馬尾的化學家賽巴斯汀・麥爾（Sebastian Meier），在這兒負責操作一部核磁共振光譜儀（NMR），能讓你清楚看到發酵中的酵母。

它與醫生用來檢視人類軟體組織的磁振造影（MRI）技術相似。然而，麥爾的作業規格大不相同。這裡有個高達三公尺的圓形鐵柱，裡面裝有超低溫液態氮；此外，還有長達五十公里的線圈，足以產生十八・七特斯拉（tesla）的磁場強度——是地球磁場強度的三十萬倍。在如此強大的磁場中，原子會發生電磁振盪且各具特徵，因此可以透過儀器分辨出不同的分子結構。麥爾於是利用標註了碳同位素的葡萄糖（使儀器得以偵測）來餵食酵母。「大部分人是透過測量成分變化來觀察，」麥爾說。換句話說，他們任由生物機制自行運作，結束後再察看結果。「可是他們無法深入探測複雜的系統，收穫相對有限。若要針對細胞做出改善，你得觀察它運作中的樣貌。」

其實，麥爾並不能像醫生觀察切開的韌帶那般，直接看到閃爍中的原子，但他可從儀器讀取資料。資料顯示，首先形成的分子幾乎會立刻發生變化，個個都是葡萄糖與乙醇間的過渡性化合物。二氧化碳的生成則顯得非常清楚。他在一連串反應的兩端都發現葡萄糖及乙醇的蹤影，另外，在酵母細胞內，也找到了五、六種可以鑑定的其他分子。丙酮酸鹽幾乎瞬間消失，乙醛也幾乎來去無蹤，快得連核磁共振光譜儀都難以掌握。

接著，麥爾針對一種啤酒酵母菌株與另一種常用的實驗室菌株，就兩者的發酵作用數據進行比較。結果相當清楚：實驗室菌株僅製造了些許丙酮酸鹽，其他乏善可陳；釀酒用菌株產生的二氧化碳值極高，製造乙醇的能力也遠遠勝出。「為什麼它會是比較善於釀酒的菌株？它能這麼快又是什麼緣故？」麥爾難以理解。其實沒人曉得答案。大家只知道應該怎麼做。

話說回來，如此大費周章之後，還是沒能回答問題。目前僅說明了酵母「如何」製造乙醇……而非「為何」。

史帝芬・班納（Steven Benner）覺得他能提供解答。班納是來自合成生物學界的一位發明家──即「自己動手做」的遺傳學派，無中生有的創造基因及基因組。班納在一九七〇年代研究過酵素。酵素就像任何蛋白質一樣，是由稱為氨基酸的次單位組合而成，並由個別基因決定其組成順序及輪廓。化學反應中，它們呈現出多條長帶狀的分枝，構成如同茶杯的形狀──酵素最重要的功能中，包括連結或分解蛋白質。如果你的審美觀十足，必會認為酵素是演化過程中產生的曠世之作。

班納和他的同事相信，他們或許可從這些氨基酸定序中找出鑽研古生物學的方向。他們認為，透過比較現代的酵母與其近親彼此間的酵素基因定序，可以逆向解析其族譜架構，進而推理出其先祖的蛋白質結構。這就好比語言學家先廣泛了解所有印歐語系的「家」都是怎麼說的，然後再推測古印歐語中「家」的用字為何。「意思就是，如果你能讓古代蛋白質重生，當它們復活後，透過實驗觀察，或許可以了解他們的行為模式。」班納說。他的團隊把這種新的手法稱為「化石遺傳學」。

酵母以糖分為食，但是遠在一億五千萬年前，草本植物尚未完成演化。當時，蔗糖還不存在，只有草類，能夠開花結果的植物也尚未出現。然而，酵母似乎仍然活得好好的。

接著又過了五千萬年，來到了白堊紀。果類植物漸漸取代許多松樹林，而酵母也適應了果實中的生活環境。但是，果類植物（也稱為被子植物）的崛起，對無法適應的生物而言是一場種族滅絕，也因此展開一次全球性的物種洗牌。那些想辦法食用水果、堅果及漿果的恐龍存活了下來，並演化成現今的鳥類。當然，還有一些靈長類也能適應並生存下來，最後演化成人類。

「這是個瞎扯出來的故事。」班納補充道。其實，他的意思是，這僅是個根據資料臆測出來的理論，你還能想出一大堆同樣可以自圓其說的理論。演化生物學中充滿了類似說法。

班納的宏願是要溯及遠古，直到找出酵母引起發酵的那一刻；他的時光機已為尋訪酵母而啟動。酵母將乙醛轉化為乙醇時，使用的酵素是第一類乙醇脫氫酶（ADH_1）；在逆向轉換時，它使用第二類乙醇脫氫酶（ADH_2）將乙醇變回乙醛。檢視釀酒酵母中的這兩種酵素時，可發現它們的三百四十八種氨基酸裡只有二十四種不同，其他類似品種的酵母則各自演化出略微不同的版本。班納與同事從這些類似的酵母裡選了部分做定序，並加以比較，然後對結果進行分析，依據基因排序隨時間改變的規則，創造了一種他們認為合理的祖先版酵素，研究人員稱之為Adh_A。

但隨後又出現太多變數，影響最初結果的可靠性。所以到了最後，班納的團隊總共發展出十二種可能的Adh_A版本。他們一件一件拿來測試，把這些酵素投入乙醇和乙醛中，觀察發生轉換的方向。結果他們發現Adh_A將乙醛轉化為乙醇的能力，遠優於其逆向轉化的能力。所以，答案揭曉了，是嗎？你的酵母製造乙醇是為了殺敵，而不是用在戰役告捷後的饗宴。

很不幸地，班納說，答錯了。「其實酵母最後做的這件事，只是為了培養忍受乙醇的能力，」他說，「就像你和乳酸菌都已經適應了乳酸，這就是你體內生態系統做出調適的結果。」酵母不像我們可以代謝乳酸，其體內缺乏可以代謝副產物的循環系統；這種小生物只好求助周遭環境。難怪早在花果植物出現前，酵母都存活於樹木的分泌物內（樹汁），並曝露於空氣中。還記得為什麼派翠克・麥克高文從未在他的任何考古樣本中找到乙醇的直接證據嗎？道理與我們稍後會看到的蒸餾原理相同：乙醇的揮發性很高——一瞬間就汽化了。酵母並非打算替它們的環境消毒，它們只不過想清除家中垃圾，而對它們來說，包裝成乙醇最方便。

後來，被子植物遍布各處。「於是它們開始居住在肥美多肉的果實裡，」班納說，

「但是它們早已能夠忍受乙醇了。相形之下，酵母突然顯得提早演化。當你回顧過往，可能覺得當時酵母還正在適應果實。其實不然。」

那麼酵母為何要發酵呢？從進化論的角度來看，當地球不斷變化，這是它最聰明的生存方式。「於是就有人說，好吧，管它怎麼來的，既然有了這些酒精，我該可以利用吧。然後，你就打算把它喝下肚。」班納說。

「當然啦，」他說，「這故事也是瞎扯出來的。」

• • •

懷特實驗室的手工啤酒坊中，所有的酵母菌株都能製造乙醇——包括那些用於葡萄酒、清酒或蒸餾酒的菌株，外加野生品種。然而，每一種菌株所製造的產品風味迥異，這一切都取決於初始條件。灰皮諾（Pinot Grigio）嘗來有別於黑皮諾。啤酒與葡萄酒的味道天差地遠。無庸置疑，在將葡萄糖分子編織成乙醇的過程中，發酵扮演舉足輕重的角色。從葡萄糖前往乙醇的分子通道上，叉路密布。的確，新陳代謝事關能量的轉換，但也不能忽略滋養物的功勞：它使得蛋白質得以形成，構築出酵母的細胞壁及細胞膜，並完成繁殖的事前準備與進行。

巴斯德最先注意到這點：在他的發酵作用裡，出現的不只有乙醇。他還從中發現了甘油、丁酸、琥珀酸和纖維素。巴斯德是位如此嚴謹的實驗者，他領悟到，不同的酵母與操作方式會產生不同的結果。他的實驗又提供一項重要佐證，即活細胞可將有機化合物轉換成其他截然不同的有機化合物。

然而，有些差異之處並非因為酵母作用而產生。例如，葡萄酒的色澤是來自葡萄皮中的色素，而啤酒的顏色則多半由一種叫做「類黑色素」（melanoidins）的分子形成（與葡萄皮中的黑色素相近）。烘烤麥芽時，窯中的熱力對大麥所含的糖與氨基酸造成「梅納反應」（Maillard reaction）——如同食物在荷蘭燉鍋中變得焦黃的情形。一般為了製作愛爾啤酒，會增加大麥窯烤的時間，所以愛爾啤酒顏色通常較深。

酒的靈魂：酵母

南非出生的伊斯卡・普利托里奧斯（Iska Pretorius），是雪梨麥考瑞大學的首席副校長（專司研究）。在此之前，他在南澳洲大學擔任研究及創新副校長，更早些時候曾任澳洲葡萄酒研究中心（Australian Wine Research Institute）負責人；普利托里奧斯，多年來都在這兩個單位從事葡萄酒酵母改良工作。他的實驗室成員相當多元，有釀酒師、微生物學家和遺傳學家，工作範圍包括打理實驗用的酒莊葡萄，到蒐羅新種野生酵母。「市場上差不多有二百三十種商用酵母，其中許多都大同小異，」普利托里奧斯說，「那些全是釀酒酵母，看起來差不多，製造出來的乙醇等級也大同小異。不過，製成酒後，各自的風味卻全然不同。」

舉個例子：來自史丹福大學與嘉露酒廠的研究人員做了一項有趣的實驗，他們用夏多內葡萄榨汁，然後使用購自許多供應商的六十九種葡萄酒酵母來進行發酵。他們測量產出的乙醇，同時也記錄其他二十九種代謝物：各種酒精成分物、酯類、乙醛、二氧化硫、甘油，以及其他許多物質。假如他們還用了不同的葡萄品種，那麼你會在產品中發現更多變化。比如說，不同葡萄品種的氨基酸所產生的酒精飲料自然不同。然而，就算只用一種葡萄汁，研究人員赫然發現，酵母所製造的某項化學物質竟也出現上千種異變，而它們生成的速度也各不相同。

至於普利托里奧斯自己，則是花了許多時間鑽研白蘇維濃葡萄。這種葡萄富含稱為「硫醇」的化學物質（thiol，帶有硫磺的化學成分，使它獨具特色）。在葡萄汁裡，硫醇會與半胱胺酸（cysteine）這種氨基酸連結，並失去揮發性，因此，我們的嗅覺系統無法偵測到它的存在。「但是，酵母能將少量的硫醇與半胱胺酸分離，」普利托里奧斯說，

「這樣可以為你帶來白蘇維濃所特有的『百香果』或『熱帶水果』的果香味。」這種來自葡萄中的化合物在經過酵母的作用後（對葡萄汁的新陳代謝）便具有揮發性了。同樣的作用也發生在格烏茲塔明那葡萄（Gewürztraminer），它含有類似玫瑰或紫羅蘭香的萜烯。這些萜烯在葡萄汁中會被束縛起來，不具揮發性。最後，再由酵母來解放它們。

普利托里奧斯抱持著這個想法努力進行改良，以便讓酵母有效率地扮演好它的角色。

普利托里奧斯的實驗室從某種細菌身上析取基因，然後植入負責分離硫醇與半胱胺酸的酵素，精心調配出一種葡萄酒酵母。接著，他取得一批產自澳洲最熱地區的白蘇維濃葡萄汁，這種葡萄汁通常味道很淡——這種葡萄需要涼爽些的天候才能充分熟成。使用普利托里奧斯精心調教的酵母讓這批汁液發酵成葡萄酒後，酒中出現了比任何其他酒類高出二十倍的硫醇。「當大家在我辦公室將這酒從實驗燒瓶倒出來時，才幾秒鐘不到，氣味就已傳到五十公尺外的接待區。真的非常誇張，但也證明了我們的想法，」他說。

植入特定基因，或說探尋已具備此基因的菌株，仍是種原始的作法——為了避免因使用基改葡萄酒酵母而招來罵名，普利托里奧斯的實驗室最後也是採用這樣的作法。現在，酵母研究者的手法更加靈活，可以讓特定基因連結到特殊的香氣或味道。研究才剛起步；雖然酵母是第一種接受基因定序的微生物，但是當時遺傳學家使用的僅是一種研究用的菌株，而定序的結果也無法特別針對味道來做文章。不過，懷特實驗室正與基因定序巨擘伊魯米納公司（Illumina）聯手為實驗室的多種菌株定序。目前計畫初步展開，研究人員期待不久的將來，可以清楚定義每一種基因在發酵過程中的功能。

香氣與口感的魔法師：微生物

有些酒類並非單靠酵母來促成發酵。發酵過程中，還有其他微生物默默參與，做出貢獻——不過，就連酒類研究者都不大清楚是怎麼回事。

在美國威士忌的製造過程中，蒸餾業者將麥芽漿送進蒸餾器前，通常會從中抽取一部分發芽的穀物，將其摻混到下一批即將發酵的麥芽中。這些發芽的穀物被稱做「傳承物」（backset），而這道手序叫做「酸醪」（sour mash），正如瓶上常見到的標註。這項實務操作始於一八〇〇年代，目的大概是為了保持前後批次酵母菌株的一致性。不過，除此之外，釀酒者還有更多操弄發酵麥芽漿的手法。

你可能以為，蘭姆酒製造起來相當簡單：無論使用糖蜜或甘蔗汁，酵母都可輕易的從中取得大量的糖。事實不然：釀酒時面臨的麻煩，遠超過酵母取食的便利性。糖蜜中可發酵的糖分其實不多，而甘蔗原汁雖可直接發酵，但過程卻快得讓你措手不及。世上最好的蘭姆酒產自溫暖、潮溼的熱帶地區，但此區也是最有利於微生物滋生的環境，而當地昆蟲身上的細菌會讓甘蔗汁快速腐敗。基本上，你必須直接將蒸餾廠蓋在甘蔗田旁邊。

不過，蘭姆酒釀造者也想出了對策，巧妙地運用了當地奇異而頑強的微生物群。牙買加向來以出產高酒精濃度的蘭姆酒聞名，深色酒體中飽藏酯類物質，也就是酒精與糖分作用下產生的果香味分子。這些香氣除了來自酵母，也受益於當地細菌。蘭姆酒的製程中，會不時抽取傳承物，植入細菌，然後再摻到下一批的釀液中。

有些蘭姆酒業者甚至還會使用「濾渣坑」（dunder pit）：在蒸餾器旁的地面上打洞，用來丟棄蒸餾後的殘餘物，可能是些水果或糖蜜，有時也會放些石灰或鹼液來中和酸性。之後，工廠就將坑中的東西拋到腦後，靜置個幾年。最後，這些「堆肥」（muck，他們的確如此稱呼）會被加回到蒸餾器中。濾渣坑的外觀奇特，難以用言語形容，但想必裡頭所有生物都已被蒸餾時的高溫殺死了。不過，微生物在發酵時產生的外來酸性物質則留了下來，與麥芽漿中的酒精混合後，會形成平時無法產生的酯類物質。

在一九三〇年代末期與一九四〇年代初，蘭姆酒研究人員拉菲爾・阿羅約（Rafael Arroyo）努力為這項產業推展作業標準化工作——波多黎各政府為了不落後其他蘭姆酒生產國，替他設立了實驗室並充分授權。當時，他想解決的主要問題之一，就是找出蘭姆酒製造過程中真正有益的細菌（如果有的話）。

經過一次又一次的試驗，阿羅約和同事們對釀製時間和麥芽漿的接種發酵方式不斷做出調整。最後，阿羅約表示，人們製酒前的想法已大致決定他會做出什麼樣的酒。「細菌肯定會對時下非常流行的那些低酒精濃度、香氣極為細致、不加料純飲的蘭姆酒造成致命影響，」他記錄道。他指的就是百加得當時所生產的蘭姆酒，經常搭配可口可樂做成調酒。「我們所生產的幾種最優良的蘭姆酒都是選用純淨酵母，以純淨培育發酵技術製作。然而，我們必須承認，藉由細菌及其他微生物的干擾，的確可以產生極為濃郁的香氣與十足強烈的口感。」

不過，阿羅約對濾渣坑持保留態度。他想確切掌握究竟哪種細菌、哪些菌株最為適用，野生種就不納入考慮。候選的細菌必須耗糖量少，能適量製造出有用的酸，而且本身不會產出乙醇。

試了大約半打菌種之後，阿羅約判定糖丁酸梭菌（*Clostridium saccharobutyricum*）生成的酸最為理想。他也找到一種令他滿意、長在咖啡樹上的黴菌，並加以分離。據他說，這種黴菌可以讓蘭姆酒產生蘋果般的香氣。

時至七十五年後的今日，阿羅約發表的成果仍被公認是蘭姆酒的權威文獻，而其中提到的微生物種類至今看來仍舊相當奇特。據我所知，從來沒有人對濾渣坑內的微生物做過仔細分類，而對於阿羅約未曾提過的菌種，也沒人做過分離。蘭姆酒特別不可思議之處，在於它那深色酒體中酯類散發出的濃郁異國風味，是一種最容易讓人失去警覺、低估其勁道的酒。不過，構成它發酵的成分至今仍是製酒師傅的不傳之秘。科學家到了現在才開始化驗各種酒類，試著為每種酒鑑定出對其至關重要的微生物。他們從納帕夏多內（Napa Chardonnay）中找到該酒種不可或缺的微生物：厚壁菌（*Firmicutes*）及散囊菌（*Eurotiomycetes*）家族（後者包括麴黴及青黴菌〔*Penicillium*〕等真菌）。不過，在加州中海岸一帶的葡萄酒產區，舉足輕重的則是擬桿菌（*Bacteroides*）、放線菌（*Actinobacteria*）、釀母菌，及葡萄白粉菌（*Erysiphe necator*）。往北一些來到索諾瑪（*Sonoma*），又發現蔬菜灰霉菌（*B. fuckeliana*）與變形菌（*Proteobacteria*）在此獨領風騷。然而，其他葡萄品種上各自居住著完全不同的微生物群，謎樣般的各行其是，為葡萄酒帶來不同風味。研究人員梳理出這許多資料後，稱之為「微生物風土」（microbial terroir）。

醉人的氣泡丰采

發酵作用產生乙醇及其他代謝物，成果的確令人讚賞，不過到此還沒結束。發酵過程中也製造了二氧化碳，也就是氣泡，而氣泡對最終的成果影響甚鉅。

正因為酵母能吐出二氧化碳，麵包師傅才對其寵愛有加：二氧化碳在麵包裡製造出許多小孔，使它輕盈可口。而酒精會汽化掉；烘焙師也不需要它。多數人透過發酵方式製作食物時（除了釀酒，人們也用乳酸菌醃製泡菜），都不會刻意收納或控制二氧化碳。這也是為什麼你在打開一罐韓國泡菜時，必須當心罐內的氣體瞬間衝出，將辛辣的泡菜汁噴得到處都是。

二氧化碳有它自己的味道，足以影響一杯酒的整體口感。（當它處在高分壓狀態，意指氣體中二氧化碳濃度遠高於其他氣體時，會激發人體的痛覺接收器——「痛覺受器」。我造訪過的蒸餾廠幾乎都喜歡拿這個把戲來捉弄我：慫恿我把頭湊到完成階段的發酵槽內，瀰漫在釀液上方的氣體就是一團二氧化碳雲。嗅入二氧化碳的感覺就像繡花針插進鼻孔，吸入過量甚至會不省人事，然後直接掉到槽裡。很有意思吧！）

發酵過程中，這些氣體蠢蠢欲動地不斷湧出；有些啤酒廠會將它們收集起來，重新注入啤酒中。某種傳統作法則是在釀好的啤酒中投入少許酵母，然後再封瓶，這便是二次發酵，又稱「瓶中熟成」（conditioning），能夠繼續產生二氧化碳，徹底鏟除可能使啤酒走味的氧氣。不過，這種作法會讓啤酒顯得混濁，讓人誤以為裡頭含有雜質。

葡萄酒、蜂蜜酒、清酒，還有蒸餾酒則與二氧化碳無緣，即便你偶爾會在當中喝到冒著少許發酵泡沫的東西。但是，有兩款特別的酒（氣泡酒與啤酒）卻是憑藉二氧化碳為飲酒經驗增添色彩。聽來令人費解對吧，那是因為這兩種酒與氣泡的關係大相逕庭。

二氧化碳是在壓縮狀態下貯存於瓶中，由瓶蓋或軟木塞封住瓶口。在高壓狀態下，它會溶解於酒液中，所以你看不到氣泡。當瓶口打開，壓力下降，二氧化碳會從酒液中湧出。在氣泡酒中，例如香檳酒或普羅賽柯氣泡葡萄酒（prosecco），脂肪酸和其他芳香化合物會被小小的氣泡帶向酒液表面。當它們觸及液面，便炸開了——氣泡頂端爆出開口，整個氣泡以二十二英里的時速向外擴散，所形成的一圈高壓隨即衝撞到氣泡底部的低壓區。撞擊後向上彈射出錐形氣柱，噴向酒杯上方，因此增強了（至少也加速了）酒中釋放的香氣。當然，細微的飛濺效果還會讓人感覺癢癢的。

罐裝啤酒每公升含有五公克的二氧化碳；香檳則是每公升十二公克。當你打開這些酒類的封口時，裡頭的二氧化碳便進入「超飽和」狀態——意思是說，溶於酒液中的壓力，已經超過與外在空氣維持平衡的能力。於是，二氧化碳呼之欲出，冒出了泡沫。聽好了，香檳酒是以高於海平面大氣壓力六倍的高壓來封瓶，若以開瓶時的壓力推進軟木塞，速度足可超過每小時三十英里。老生常談：開香檳時亂噴軟木塞的行徑不但惡劣「也」很危險。

理想中，氣泡酒會在酒杯中呈現迷人的發泡丰采，而且遠比開瓶時從瓶口泉湧而出的情景更加動人。為了達此效果，酒杯中的氣體分子就得在酒液內的所有分子間找到彼此。問題是，液態分子會鍵結在一起。所以，我們可以將二氧化碳形容成浪漫喜劇電影裡的情侶，酒液則好比機場大廳裡萬頭攢動的人群，情人們必須奮力從中穿梭，在電影結束前十分鐘左右找到彼此。

當然，有情人終能團聚；電影裡都是如此。不過，二氧化碳可比電影中的情侶來得聰明，因為這些分子已事先約定的見面地點：任何有著一定大小的缺口。香檳酒杯的內側邊上存在著一些大於〇．二微米的小孔。泡沫形成的過程稱為「成核作用」（nucleation），法國翰斯大學（University of Reims）一位名叫杰拉德・李傑—貝拉爾（Gérard Liger-Belair）的物理學家，在二〇〇二年透過儀器親眼目睹了它的發生。他使用的攝影機可以解析到微米大小（百萬分之一米）的物體，而且每秒可以捕捉三千個畫面，於是他將鏡頭對準了斟滿香檳的酒杯。

人們通常希望看到氣泡從杯底無中生有的嫋嫋升起。沒錯，不少製造商會在他們生產的玻璃杯底，以細膩的雷射雕花刻出成核作用所需的孔隙；如此一來，飲者便能看到那賞心悅目的氣泡源源不斷地冒出。可是，李傑—貝拉爾還發現別的東西：纖維。這些東西像是衣服或紙張碎片，緊緊攀附在他的笛形香檳杯內，由於太過微小，因此肉眼難以辨識。依他推估，這或許是清洗酒杯後以毛巾擦乾所留下的殘餘物，而這些纖維組織正好為成核作用準備了充分的空間。實際上，它們幾乎形同「氣泡槍」，向酒液表面射出成串的氣泡，每秒多達三十個。品嘗香檳用的酒杯也有學問，比起杯身修長的笛形香檳杯，寬口的淺碟香檳杯（coupe）會讓二氧化碳迅速散逸，所以順道一提，如果你執著於嘗到更多優雅的氣泡，就該選擇笛形香檳杯。

至於啤酒，就不太一樣了。之前提到的氣泡酒，氣泡浮上液面就會破掉，但是啤酒的氣泡會在液面逗留，慢慢朝杯口結成一個泡沫頭。調查顯示，人們認為上頭有著厚厚一層泡沫、喝完後還會出現大量鑲花邊（液面下降後泡沫附著杯子內壁形成的圖案）的啤酒，一定比沒有這些現象的啤酒滋味更好。

若要仔細談起啤酒泡沫，就不得不提到查理・班佛斯（Charlie Bamforth）與我的一段對話。他是加州大學戴維斯分校一位獲得安海斯—布希啤酒公司（Anheuser-Busch）贊助的釀酒科學名譽教授——這很可能是全學術界唯一最重要的頭銜了。與班佛斯同飲啤酒的經驗，簡直就像與大衛・鮑伊一起聽音樂。某天下午，在距離班佛斯實驗室幾分鐘之遙的一家手工啤酒坊裡，當時店內相當冷清，我們坐在一張桌上，我問他：你已經在職場上達到這般成就，現在就不能坐下來好好喝杯冰啤酒嗎？

「我比較囉嗦，」班佛斯說，將頭歪向一邊，似乎代表他承認自己的性格的確有點偏執。「我想我知道自己正在想的、挑剔的，應該都是啤酒業界才會講究的事。」他說，他完全可以接受每個人的特殊喜好。其實很多進口啤酒來到美國人嘴邊時，早已經氧化或走味了，卻仍然相當受歡迎。大致上來說，這倒也還好。

那麼，什麼地方不對勁嗎？啤酒上沒有出現綿密的泡沫。「你看這杯啤酒，」班佛斯說，指了指他面前喝了一半的啤酒。「我說，你看看它，真是悲哀。簡直一塌糊塗。」我看著他的酒杯，心中不禁浮現眾人爭相指責的場面。杯中一點泡沫都沒有，杯口只隱約看得見一圈看似口水的痕跡。杯裡完全不見鑲花邊的蹤影。這杯啤酒，是場慘不忍睹的災難，而我又何嘗未曾遇過呢？「我猜有七成的美國人對此毫不在乎，」班佛斯說，「這要是發生在德國或比利時，早被退貨了。但我沒打算這麼做，對吧？」

的確，他忍了下來。不過，我看得出來，他忍得相當辛苦。

一開始，倒入杯中的啤酒會變成酒杯上方的泡沫；等到杯底開始出現少量酒液，上方已生成一個泡沫頭。幾分鐘後，泡沫頭逐漸消退。看似單純的此消彼長，其實當中正發生一場微觀世界裡的激烈對抗，而肉眼所見僅是雙方交戰的結果。物理作用努力地消滅氣泡；然而，化學反應不斷集結兵力捲土重來。

當杯中啤酒的氣泡浮起時，會吸附糖蛋白——由蛋白質與糖分組成的分子。班佛斯與一位同僚在一九七〇年代發現，啤酒中的糖蛋白分子會深入氣泡中的植基，另一端則向外伸入酒液。這些分子發揮了清潔劑中「表面活性劑」（surfactant）的效果——一如清洗衣物時，在水及塵垢間形成界面，並剝去衣服上的汙漬。這種表面活性劑可以為啤酒中的氣泡穿上一層保護膜，讓氣泡不易破掉，並能與周圍氣泡相互依附。由此可以了解為何香檳氣泡很快消散，啤酒氣泡卻能夠維持一段時間。啤酒氣泡相互依附的結果，便形成了泡沫。

氣泡的親水端會將液體（啤酒）拉向上頭的泡沫，但是在重力的影響下，啤酒會再度沉向杯底，這個現象泰半發生在泡沫形成後的頭一分鐘內。這時氣泡會聚集、膨脹，接著破滅。最終，泡沫頭還是會消失。

有些不錯的愛爾蘭酒吧會在「打造」一杯健力士（Guinness）啤酒時，使出一手絕活。他們先從供酒閥倒出一品脫健力士，然後靜置個三分鐘，接著再將酒杯注滿端給客人。這個手法叫「二次分裝法」，第二次倒入啤酒時，會讓啤酒沿著杯緣穿過第一層泡沫，流到杯底的啤酒緩緩將泡沫頭拱至杯口，而杯口的泡沫頭會將新生成的泡沫與空氣隔離，延緩二氧化碳逸散的速度。此刻，頂部的泡沫已經硬得足以讓酒保在上面畫出一朵愛爾蘭三葉草——如果這能討你歡心的話。

冷藏的啤酒泡沫頭比較持久；啤酒從較高處倒入酒杯時，會從空氣中接觸到不少氮，有助於形成較為安定的泡沫頭。然而，用這些方法解決啤酒的泡沫危機似乎頗為無趣。老實說，班佛斯也感到沮喪，怎麼會連這麼基本的東西都弄不好呢？「我決定不再跟這些該死的泡沫計較了，」他邊說邊喝完手裡的啤酒。接著，他端詳起那只絲毫沒有泡沫與鑲花的空杯。「應該只是杯子沒洗乾淨，」班佛斯不悅地說道，「或是他們把杯子與餐盤放到一塊兒洗。我不清楚他們幹了些什麼，反正一定是哪裡做錯了，因為我很確定，這啤酒在釀造的時候，是充滿起泡潛力的。百分之九十五、九十八的泡沫問題，都與啤酒本身無關。都是該死的倒酒方式造成的。」

古老飲品的重生

麥克高文小心翼翼的將那塊陶器碎片裝回保鮮袋內，放回架上時已接近中午，於是我們一起外出用餐並喝杯啤酒。我們走了幾條街來到一家餐館，麥克高文說這裡能喝到金點啤酒（Midas Touch），那是一款由精釀啤酒界寵兒、德拉瓦州的角鯊頭釀酒廠（Dogfish Head）所釀造的啤酒，使用的配方是根據麥克高文從一座二千七百年前的墓穴中所發現的殘留成分研製而成。角鯊頭釀酒廠按照麥克高文考證出的古代原料，生產了一系列酒品。其中一種配方出自古埃及，為此，釀酒廠甚至還使用埃及棗椰農場裡的一種野生酵母。

結果，這家餐館並沒有販售任何麥克高文與角鯊頭合作的啤酒。問了隔壁那家，他們也沒有賣。我們只好站在街角，打電話給麥克高文印象中有進貨的其他酒館，其中一家是斯庫爾基爾河（Schuylkill River）邊一艘客輪上的東尼小館，他們也都全賣完了。最後，我們跳上一輛計程車，前往麥克高文的老巢。「十六街和雲杉街交叉口，僧侶酒館（Monk's Café）。」他告訴司機目的地。

眼前出現的這家僧侶酒館，是一家造型狹長、歷史久遠的比利時酒館，當年開張時，旁邊的費城市中心都還沒開發呢。只見麥克高文一路穿梭在擁擠的餐桌間，直接走到吧台用餐區。酒保熱情的對他招手。「我就是在這兒頭一次喝到讓我想起葡萄酒的啤酒。」我們坐下後，麥克高文說道。他說，當時喝的是一杯古老的奇美啤酒（Chimay），一款經典的比利時愛爾啤酒。

這裡也沒有金點啤酒（真是的！），還好酒保說他有另一款角鯊頭釀造的啤酒，叫做「神之禮賜」（Theobroma）。聽來不錯。麥克高文點了一瓶。「這是我們研究一種在宏都拉斯發現、非常久遠的巧克力所得的成果，」他邊說邊倒酒，漆黑液體上已滿是泡沫。「起初，人們只看到巧克力樹和它的果實。巧克力豆是被含糖量達百分之十五的果漿包覆，必須充分發酵糖漿後才能取出。發酵時會產生酒精濃度約為百分之七至八的飲料。我們認為這就是人們會開始對巧克力進行馴化的原因，因為它能製出如此佳釀。」

我啜飲一口，品嘗到巧克力蛋奶所具備的各種特色。沒多久，一股熱流在我的喉嚨深處爆發。麥克高文喝了一大口：「裡面還摻了安可辣椒（ancho chiles）。」

麥克高文表示，當時馬雅人及阿茲特克人製出這種巧克力飲料後，也就是他與角鯊頭創辦人山姆・克拉金（Sam Calagione）依此而創的「神之禮賜」，可能會先等酒精揮發了才飲用。雖然歷史上「從未」出現人類先讓酒精揮發再飲用的典故，不過，也很難說。「這些重新創造的飲料最讓我們困擾的一點，就是無法確定它們符合史實的程度究竟有多高，」麥克高文說著，同時大啖一盆清蒸淡菜。「我們只是盡力打造出一種能喝的飲料罷了。我一直強調裡頭應該多放點巧克力，可是山姆卻想讓它清淡一點。」更令麥克高文感到遺憾的是，礙於美國法令，角鯊頭生產的任何啤酒都必須含大麥。他們那款根據中國賈湖的發現所製的啤酒也不例外，而中國最快也要等到西元前三千年才能見到大麥。

儘管如此，這樁產學合作的美事倒是相當成功。他們推出的許多產品，諸如「賈湖莊園」及「神之禮賜」（還有受古埃及啟發的「大亨奇」〔Ta Henket〕）都廣受好評，並且充分結合角鯊頭標榜的經營方針：實驗或新奇（端視你如何看待）。無論如何，麥克高文的歷史考證與克拉金對現代釀造法的直覺，彼此間已經建立默契，也完全符合麥克高文的研究理念，即他所稱的「實驗考古學」。他從古文物和歷史殘影片段中所能尋獲的發酵知識畢竟有限。即使這些啤酒無法完整複製古埃及、馬雅或米諾斯文明中的飲料，但就某個觀點來看，如果麥克高文真想與釀製賈湖陶罐中酒液的師傅聊上幾句，他必須先成為一名釀酒師。

如今，各大城市的酒吧架上幾乎都備有十幾款單一麥芽威士忌，就算在檔次較高的酒品專賣店，花個一百美金也能買到一瓶上好的威士忌，大家早已忘記單一麥芽那段奇貨可居的歲月。一九八〇年代，蘇格蘭威士忌業者從各家蒸餾廠收購成酒（基本上，也就是那些血統純正的「單一麥芽」威士忌），混製成調和酒。因此，約翰走路、奇瓦士（Chivas Regal）及順風（Cutty Sark）這些調和威士忌，才是當時酒商的獲利來源；時至今日，這個情況大致也沒改變。那個年代，在美國能喝到的單一麥芽威士忌，大概就只有格蘭利威（Glenlivet）與格蘭菲迪（Glenfiddich）這兩個牌子而已。

後來，由於流行風潮興起，加上大型酒商的行銷手腕，情況為之改觀，單一麥芽威士忌成了高級酒品。從此之後，消費大眾的需求有增無減。格蘭利威同樣變得相當搶手。保樂利加集團（Pernod Ricard）在二〇〇一年收購格蘭利威蒸餾廠時，它每年生產銷售二十七萬五千箱的酒品——相當於六十五萬加侖的酒。過了十年，這家蒸餾廠的年銷量已經來到一百七十萬加侖；平均每四秒鐘，地球某處就有人買了一瓶格蘭利威。

但是就算銷售得再多（也真的相當、相當多），所有賣出的格蘭利威嘗起來必須還是格蘭利威。除了少數例外（譬如小型瓶裝酒，以及迎合鑑賞家所做的特殊口味調整），客人們不會喜歡他們慣常飲用的烈酒味道出現變化。蒸餾酒與葡萄酒不同：葡萄酒的風味可能因為生產年分，以及各個酒莊環境相異等因素而年年不同，蒸餾酒則理當保持酒品的穩定。這對調和類威士忌自然不成問題；製酒人通常以酒精味濃厚的穀物烈酒做為基底（也就是伏特加），以某種樣酒或品嘗經驗的回想做為依據，混搭以各款單一麥芽威士忌調出最貼近的風味。即使調和用的單一麥芽威士忌口感出現變化，調和大師總是能斟酌用量調出一致的風味；他們也必須這麼做。否則，當你下次買到的帝王牌威士忌（Dewar's）與上一瓶的口感有差，以後你就不會再買了。這個道理適用所有飲料大廠，不論是酷爾斯（Coors）啤酒，還是可口可樂，味道始終如一。

那麼，單一麥芽威士忌又是如何呢？同樣的，必須確保一致的口感，否則就會流失客戶。為了達到高規格的品質控管，任何類似格蘭利威（或金賓威士忌〔Jim Beam〕等任何你想得到的牌子）的大型蒸餾廠，都得奉行一如豐田汽車或微軟的營運原則：產品複製和標準化作業。蒸餾廠就是工廠，使用工業化的機械設備來發酵穀物、進行蒸餾，提煉出威士忌。

為了因應日漸蓬勃的市場需求，格蘭利威在二〇〇九年特意新建了一座時髦的蒸餾酒廠。碩大的廠房有如飛機廠棚，當陽光穿透巨大窗扉映照在古銅色的蒸餾器時，反射出耀眼光芒，塗成黃色的金屬梁柱格外醒目，人們不禁讚嘆這裡真是理想的婚禮廣場。每一具蒸餾器的大小與造型，完全比照一旁建於一八八七年廠房中的舊機器打造。老廠房已不再使用燃煤，而是透過蒸氣加熱，並自一九六五年開始採用專業製麥廠送來的發芽大麥，酵母也購自專業供應商。

不過，新的設備總會帶來一定風險。要確保蒸餾烈酒的獨有特色，蒸餾器的造型不能稍有偏差。為此，製造商會將客戶使用的型號規格仔細存檔。然而，就算新蒸餾器完全比照舊款打造，也不見得可以產出相同的烈酒。一九九〇年，格蘭父子釀酒集團（William Grant & Sons）在距離知名的百富蒸餾廠（Balvenie）不遠處，蓋了一間較小的奇富蒸餾廠（Kininvie）。除了繼續維持百富單一麥芽威士忌的市占之外，該公司當時為了迎合市場需求，也打算在各種格蘭調和威士忌中保有百富的風味。他們對奇富蒸餾廠提供與百富相同的大麥、同樣的水源，蒸餾器也打造得一模一樣。然而，最後奇富蒸餾廠流出的新酒（new-make）卻一點也不像百富，並在二〇一〇年吹熄燈號。事後回顧，兩者為何有差異？是因為新廠所在地的微氣候不太一樣嗎？還是麥芽漿發酵時，空氣中的微生物有所不同呢？這麼說吧，如果當事人知道答案，早就可以複製出百富風味了。

格蘭利威的新蒸餾酒廠不敢對任何事物抱以僥倖。所有蒸餾器仍然沿用傳統的洋蔥造型設計，只附加了一丁點的先進技術——藍色套件裡是遙測數據傳感器，連接著蒐集溫度及壓力數值的線路，一路牽到貌似前台弧形櫃台的工作站。那裡裝有三台平板顯示器，可以全面監看工作進度。「這新玩意跟那些美好的老東西可不一樣，」品牌大使伊恩・羅根（Ian Logan）說話時，我們正目視著顯示器螢幕，「不過，如果現在讓人重新設計，做出來的樣子還是一樣。」

六具蒸餾器上都有小窗，開口朝向工作站。其實，現在已經沒人需要窗口了。你可以從螢幕上讀取任何必要資訊。「你不但可以從這裡操控兩家蒸餾酒廠，就連穀物廠也管得到。」羅根說。整個廠內的員工數遠少於傳統蒸餾廠。「現在或許少了些浪漫，但是人們應該更加務實。品牌成功的唯一關鍵，就是確保品質不變。」

從看到傳感器套件開始，我就不斷發現它們的蹤影。從麥芽混合熱水的醣化槽，到進行發酵的發酵槽，它們一路相隨。酒廠裝有一個老式烈酒保險箱（spirit safe），那是個銅製的盒子。蒸餾後冷凝的新酒清澈發亮，從中咕嘟流過，再導入鐵製儲酒槽內。過去在蘇格蘭，烈酒保險箱是上鎖的；只有女王的稅務官手上才有鑰匙，因為裡頭裝有量測酒精濃度的溫度計和流量計，也是徵稅用以參考的憑據。烈酒保險箱上通常還裝有一支控制栓塞的手桿，在蒸餾器開始流出好東西時就打開栓塞，若開始收集到你不想要的風味就趕緊關上。鐵鎚大小的金屬手桿滑動時發出的噹啷聲讓人聽了安心，這是種藉由機械運動來判斷是否正在產生威士忌的傳統方法。

不過，在格蘭利威看到的烈酒保險箱上沒有手桿——切換工作已經自動化了。機器後頭（朝向參觀者看不見的方向）裝有另一組儀器，負責量測溫度、氣壓，以及特定重力，而且比以往的水銀玻璃管更加精確。實際上，保險箱已淪為展示道具，而且蒸餾廠員工不太喜歡它，因為遊客們常會用手觸摸。所以，羅根說：「為了讓它保持乾淨，總令人傷透腦筋。」

「其他蒸餾廠用的儀器跟你們一樣嗎？」我問。

羅根看似欲言又止；他不太想談其他公司。不過，奇瓦士倒是可拿出來討論；奇瓦士也有使用。「既然人在江湖，我又何必在意？」他說。

現場一名穿著綠色格蘭利威運動衫的員工法蘭奇，也坐到了桌前。他在老式的傳統蒸餾廠度過大半輩子；他說，他很開心現在有機器人可以代管一切。在過去，蒸餾過程必須仰賴人工管理，以便引開不要的蒸氣，收集所需的冷卻液，每個動作執行的時點都必須正確無誤，否則就會搞砸整批作業。「我待過人工作業的工廠，」法蘭奇說，「失誤真的在所難免。」對每四秒賣出一瓶的酒而言，發生失誤可是會惹惱客戶。

新科技也為整個廠房帶來重大改變：這裡聞起來絲毫不像置身於蒸餾廠。這裡沒有麵包香氣，也聞不到指甲油去光水或香草味。空氣中沒有任何氣味，就像在辦公室內。

蒸餾廠，特別是威士忌蒸餾廠，訴說的是一個工藝與傳承的故事，蘊藏著數百年習俗所積累的文化。然而，現今蒸餾烈酒的生意把持在幾家製造業巨獸手中，在他們極其龐大的生產體系下，經年累月的大量製造複雜、昂貴的化學混合物。如此評價不見得全屬負面：儘管傑克丹尼爾威士忌（Jack Daniel）出自化學工廠，但畢竟它是種好喝得不得了的化學製品。

事實上，回顧人類過往，這種化學製品已有二千年的歷史，而其象徵意義同樣強而有力。在思想上，我們從粗劣與晦暗之中冶煉性靈；我們從知識中汲取菁華，一如將水果酒蒸餾成白蘭地、將發酵甘蔗汁蒸餾成蘭姆酒。作家普利摩・李維（Primo Levi）將蒸餾過程裡一系列的階段變化（從液體到氣體，再到液體），描述為在終將尋得人類原始的靈魂之前，必須歷經的一連串神秘轉變。透過蒸餾，我們醒悟：放下手中「少許」，或許能讓生命變得「更加」豐富。它是一門關於濃縮的學問，也是一種專注。

儘管我認為萬般事物皆可透過科學闡述，也不得不承認發酵的自然過程簡直是個奇蹟。前人領悟到如何駕馭發酵並加以調適，於是，我們馴化了促成發酵的微生物、設計出利於發酵的容器，也因此開創各種運用發酵的營生方式。然而，我們難以居功。若是釀酒師以發酵自豪，等同養蜂人為蜂蜜感到驕傲一般當之有愧。無論地球上有無人類，發酵都會發生。當叢林裡的無花果發酵了，自然有猴子會知道（於是猴子吃了無花果，醉倒）。

然而，蒸餾就是不折不扣的「技術」了。人類發明了它；我們隨後還建立了程序，並為它開發設備。原理聽來簡單：使液體沸騰，再妥善地收集冒出的蒸氣。然而，實際作業並不簡單。首先，你得學會許多相關技能。你必須能夠掌握火候、冶煉金屬、熟稔各種物質的冷熱處理，還要能製造出足以承受高壓的氣密器皿。你的腦袋得要夠好，大腦皮質上的皺折得多一點，也許還得生點蠻力。更重要的是，你得有足夠的魄力改變現狀。蒸餾是對智力與毅力的挑戰。總之，不論是製酒時所做的蒸餾，或智識上的去蕪存菁，你都得要夠有自信，相信自己有能力改變世界。

「猶太女人瑪利亞」

如果我們決定認同威廉・福克納所說：文明始於蒸餾，那麼「福克納觀點」的文明又是源起何時？近代報導指出，中國在西元前三千年曾經存在類似蒸餾器的設備，但是歷史學家黃興宗在他那權威十足、篇幅長得令人咋舌的巨著《中國科學技術史》中提到，中國歷史最早有關蒸餾烈酒的具體描述，大約出現在西元九八〇年，當時蘇東坡在《物類相感誌》中寫道：「酒中火焰，以青布拂之滅。」黃教授對此做出了「酒精濃度高到足以點燃，則必是蒸餾烈酒」的精闢論點——發酵而來的酒，酒精濃度絕不可能高於百分之十五。

再追溯得更久遠一些。有名的古希臘哲人亞里斯多德，卒於西元前三二二年，據信生前曾在他的《天象論》（*Meteorology*）中提到，水手利用有蓋的鍋子煮沸海水，蓋裡所收集的冷凝蒸氣可以飲用。這應該算是一種原始的蒸餾方式；事實上，蒸餾液（destillare）在拉丁文中有「滴落」或「掉落」的意思。如果亞里斯多德確實有此記述，那麼蒸餾的源頭就更進一步推前至古希臘時代了。不過，《天象論》是一件失落的手稿；我們今日對其所知，完全來自亞里斯多德逝世近六百年後的一篇評註。卒於西元七十九年的老普林尼（Pliny elder，古羅馬博物學家）曾經描述過一件聽來與蒸餾器極為相似的設備，因此古羅馬時代是較為可信的源起時點。

一九五一年，考古學家約翰・馬歇爾爵士（Sir John Marshall）在現今的巴基斯坦發掘了一件陶瓷容器，據他判斷是古人用來將水煮沸並凝結蒸氣的工具，於是又出現一個令人神往的可能。數十年後，英國人類學家雷蒙・阿爾奇（Raymond Allchin）表示，馬歇爾爵士當時出土的古物確實就是蒸餾器。繼馬歇爾之後又過了幾年，考古團隊在謝汗代里（Shaikhan Dheri）遺址找到了蒸餾器、飲食用鍋具，還有一些看來顯然是用於盛裝酒液的容器，而且年代介於西元前一五〇年至西元四〇〇年間。阿爾奇指出，古印度文學中時常不經意的將酒與象鼻的意象連結，而後來見到的印度原住民蒸餾器形貌也仿如大象，碩大的罐身就有如象頭，如象鼻般朝下彎曲的出口則可用來傾瀉酒液。阿爾奇根據前述發現寫道：「根據目前事證，印度看來擁有最早將蒸餾酒廣泛普及的人類文明。」

然而，阿爾奇的論點並未被歷史界採納。在歷史學家的觀點上，蒸餾器的發明出自古埃及一位煉金術士瑪利亞・希伯來（Maria Hebraea）之手，後世的人們常稱其為「猶太女人瑪利亞」（Maria the Jewess）。她是活躍於文明之都亞歷山卓的科學家，在世的時間據推估大約介於西元一世紀到三世紀之間。這個歷史觀點……有其可能性。儘管歷史記載頗為粗略，但就當時背景來看，亞歷山卓的確有條件成就一位猶太女科學家發明史上最重要的實驗室設備。

西元前三三一年，亞歷山大大帝一手策劃並建造了亞歷山卓，該城市隨後成為當時的學術及研究之都。亞歷山大大帝曾在亞里斯多德的指導下學習，而亞里斯多德的授業恩師柏拉圖的淵博學識則是受到蘇格拉底親自啟蒙；回到雅典後，亞里斯多德建造了世上第一所圖書館與最早的博物館。亞歷山大大帝愛好閱讀，在征途中甚至會攜帶一本荷馬的史詩《伊里亞德》（*Iliad*），隨身珍藏在他從波斯王大流士三世手中奪來的一個黃金寶盒內。亞歷山大大帝死後，亞歷山卓城的最初兩任統治者——托勒密一世（Ptolemy I Soter）及托勒密二世（Ptolemy II Philadelphus）——也蕭規曹隨，格外重視學術風氣，並藉此鞏固自身權力。

當時，亞歷山卓是位居國際貿易樞紐的城市，享有極佳的地利之便，學者們因此得以蒐羅謄寫來自世界各地成千上萬的書卷。雖然圖書館的確切位置已不可考，它的城市設計卻一如現代都市般井井有條；它擁有世上首創的方格狀街道規畫——南北向的大街與東西向的幹道縱橫交錯，徐徐涼風得以四處流通，保持城中涼爽。

在往後的幾個世紀裡，所有偉大的學術泰斗紛紛來到人文薈萃的亞歷山卓講學；其中包括了歐幾里得（Euclid，古希臘數學家、幾何學之父）、阿基米德（Archimedes，古希臘最傑出的科學家）與蓋倫（Galen，古希臘醫學家及哲學家）。早在二千年前，亞歷山卓的學者就已洞悉血液在人體中循環的機制、地球繞太陽軌道運行，同時也已將宇宙中物質不可分割的最小單位命名為「原子」。亞歷山卓可謂「世上絕無僅有、匯集人類一切知識的寶庫——浩瀚的館藏包括所有偉大的戲劇及詩歌、各種物理學與哲學典籍，學習之門在此敞開……基本上無所不包，」歷史學家賈斯汀・波拉德（Justin Pollard）和霍華德・雷德（Howard Reid）如此寫道，「西方文明中，頭一千年的知識大都灰飛煙滅，而亞歷山大圖書館的館藏正是這些消失的知識所構成。」

城市西南區的丘陵上矗立著塞拉潘神殿（Serapeum）；一如埃及與希臘文明融和的城市，那兒是混合了兩種宗教所形成的本地信仰中心。雙排柱廊構成的石陣裡藏有內室（或可說是地下密室），那是昔日亞歷山大圖書館的「分館」舊址，一個做為備份的所在。凱撒大帝（Julius Caesar）為了保護愛人克麗奧佩特拉（Cleopatra），率領軍隊助戰，並在港口點火禦敵，使得四十萬卷典籍毀於祝融——此地確實充滿追憶——在此之後，塞拉潘神殿在亞歷山卓學者們心目中的分量與日俱增。巨大高聳的塞拉皮斯（Serapis）神像也坐落於此，每年特定的某一天，會有一道日光精確地映照於神像的嘴唇上，隱然是來自太陽的親吻。神殿還曾一度透過磁鐵與機械運作，上演人工的「日出」戲碼。亞歷山卓市民深深著迷於各種精巧的自動裝置，並藉此讓神殿膜拜及日常慶典更有看頭，更以此為其信仰增添神秘色彩，期望達到永續流傳的目的。

當時有位名叫希羅（Hero）的人，在製造這些精巧裝置上是出了名的頂尖好手。他所設計利用熱力、氣壓、重力與磁鐵驅動的自動裝置，包括點燃門前火把才可開啟的殿門、當信徒奉獻的錢幣落入池中會湧出泉水的聖水噴泉、自己運轉的太陽儀、吹奏號角的機器人、會唱歌的機械鳥，以及一座劇院，其中的布景、演員、簾幕及各種特效也全是自動化。此外，他還設計了一個稱為「汽轉球」（aeolipile）的裝置，那是一顆可任意旋轉的球體，透過一個密封容器上伸出的兩支銅管驅動。球體兩邊接到銅管出口；當下面容器中的水沸騰時，由銅管噴出的蒸氣會驅使球體旋轉。汽轉球就是一種蒸汽機，然而它早在任何人了解其用途之前就已出現。

重點是，當時的亞歷山卓市民已經懂得如何焊接銅器，也知道如何使用蒸氣與熱力。亞歷山卓不只屬於科學家與哲學家，它也是個工匠之都，一個可以發明蒸餾器的地方。

至於瑪利亞，歷史學家只能從古卷遺留的斷簡殘篇裡揣測她的事蹟，其中主要取材自西元三百年前後帕諾波利坦的佐西摩斯（Zosimus the Panopolitan）。他的著作中包含了少數能流傳至今的煉金術記載。瑪利亞是他在書中最常提及的兩位煉金術士之一。佐西摩斯當時可能住在亞歷山卓，不過他從未交代瑪利亞住在何處（或生於何時）。書中並未描述瑪利亞的外貌，也沒有說明她當時在圖書館裡是擔任授課或研究的職務；他只表示瑪利亞是第一位先輩。根據這一點，以及他在著作《論爐具設備》（*On Furnaces and Apparatuses*）中提到瑪利亞描述其蒸餾器的段落時稱她為「古人」，歷史學家拉菲爾・帕泰（Raphael Patai）判斷瑪利亞的年代至少比佐西摩斯早上兩個世代。那麼……會是在西元二〇〇年代初期嗎？

上述說法也不無可能。美索不達米亞文明中，許多化妝品均出自女性化學家之手，亞歷山卓或許沿襲了這個傳統而起用女性研究者。此外，她可能是猶太人，一位希臘化的猶太人，並在亞歷山卓將《舊約聖經》首次譯成希臘文，而當時城內確實有不少猶太教堂。帕泰在其著作《猶太煉金士》（*Jewish Alchemists*）中陳述，瑪利亞的種種論述（經由佐西摩斯之筆）清楚地凸顯出她的猶太身影。她稱猶太人為神之選民，同時警告讀者切勿觸摸「賢者之石」（philosopher's stone）等麥高芬（MacGuffin，意指子虛烏有的人物）魔法術士經常試圖染指的聖物，因為「汝等非亞伯拉罕之血脈」。另外，她的所有論述中都尊奉「上帝」為唯一真神，而非採納當時普遍存在的希臘或托勒密王朝泛神論觀點。

瑪利亞亦有可能是佐西摩斯杜撰的人物。或者，瑪利亞真有其人，但她僅是轉述其他亞歷山卓科學家或是更早期埃及文獻中的知識。也有其他事證可以支持蒸餾法源自亞歷山卓的論點：所有已證實古代擁有蒸餾技術的地方（印度、中國、俄國），都曾與亞歷山卓進行商貿往來。此外，在當時看來，煉金術這種技術彷彿能夠利用物理與化學的基本特性，把一種物質轉變成另外一種。因此，煉金術士進行研究時更加振振有辭。然而，一切依舊成謎。

我們先假定佐西摩斯的說法為真好了。在他筆下，瑪利亞的神秘主義與哲學思想，顯然成功地讓當時的基督徒深信她是一位先知，後來就連心理學家卡爾・榮格（Carl Jung）也曾在著作中特別提到她。更重要的，佐西摩斯還為瑪利亞塑造了實驗家的形象，描述她親手製造自己的實驗室器材。她發明的一種著名器具，直到今天還以她為名：一種雙層蒸鍋，名稱取自拉丁文balneum mariae ——德語是Marienbad，法語稱為bain-marie。在煉金術士的日常工作中，使物體受熱以採集菁華是一項基本技能；依他們當時的想法，認為自己也在複製大地之母（Mother Earth）的造化，將「基礎金屬」轉變成高級的黃金，最後進一步生成賢者之石。瑪利亞的雙層蒸鍋（bain-marie）讓他們操作起來更加方便。有些歷史學家認為，這項設備其實早在瑪利亞之前已存在好幾個世紀，後來會歸功於她，純屬意外與歷史謬誤。即使如此，以bain-marie取名的雙層蒸鍋已沿用了十八個世紀，還成為極佳的廣告名詞。

瑪利亞的第二項創作叫做「分餾皿」（kerotakis），是她準備展開蒸餾時所使用的器具。分餾皿主要用來加熱金屬與摻入顏料——也是轉變基礎金屬的步驟之一。基本上，它是個用來加熱化學物質的杯子，上方撐起的盤中放著煉金術士打算改變的物質。瑪利亞把兩個組件封裝在一個幾乎氣密的容器中，使得加熱杯產生的蒸氣凝結後可以滴在目標物上。聽起來非常像蒸餾器吧。

而對我們來說，最重要的莫過於她發明的三臂蒸餾器（Tribikos）。那是一只有著類似火爐煙囪的圓鍋，頂部向下彎出三條導管，各自連接到一個玻璃燒瓶。圓鍋底下生火加熱，鍋中的物質（為達目的，瑪利亞通常加入硫磺）隨之蒸發，蒸氣升達頂部後冷卻，凝結的液體便順著三條導管流下。瑪利亞註明導管材質必須為銅製，並建議將其焊接至金屬主體，再使用麵糊封住導管與玻璃燒瓶的接合處。最頂端的冷凝元件稱為「昇華鍋」（alanbiq），英文是「alembic」，至今仍被用來指稱某一款特別的蒸餾器。（今天在英文中，當看到「al-」開頭的單字時，猜測其語源為阿拉伯文往往萬無一失，algebra〔代數〕就是一例。另外，與此關係更加密切的一件事實就是，在那之後，埃及人使用瑪利亞的設備製造了化妝品及各種粉末，然後稱之為al-kohl，也就是「alcohol」（酒精）一詞的由來。）

瑪利亞的發明恰如其分，正好滿足了煉金術中最重要的核心需求，蒸餾法於是成為分離那些看似不可分離之物的技術（現今亦然）。在哲學觀點上，瑪利亞認為宇宙的組成包含四種要素（土、氣、火、水）、四種金屬（她稱為「四聯體」〔tetrasomia：銅、鐵、鉛、鋅〕），以及四種色彩（白、黑、黃、紅）。雖然她的推論完全不對，甚至大錯特錯，但是你能由此看到歷史之初簡化論者的觀點，這也是現代科研方法論的基石。之後，人們習於拆解物體以了解基本構造──正如瑪利亞當年所為。事實證明，蒸餾是一種深奧的分離法，徹底運用了過濾與重力原理。但是，有別於傳統分離工法必須仰賴物體大小或重量的特性，蒸餾法利用揮發性，也就是一種物質從物體或固體狀態汽化為氣體的能力。這為世界帶來新的宇宙觀。

若你同意以上論點，那麼，便是瑪利亞發明的蒸餾法經由亞歷山卓的商貿道路對外開枝散葉，傳到了印度、中國與中東地區，並且在傳播的路途上，不斷接受改良與歷練。這誠然是件幸事，因為它的發祥地，造就亞歷山卓學術及創意上斐然成就的文明之都，最終走上毀滅一途。西元二九八年，羅馬皇帝戴克里先（Diocletian）勦滅了亞歷山卓的叛賊，並在塞拉潘神殿內建造一座巨大石柱紀念自己的勝利。四年後，戴克里先捲土重來，這次他燒掉圖書館內所有基督徒的藏書，任何關於古埃及化學的書籍也一併化為灰燼。在這之後，大約過了九十年，東羅馬帝國搗毀了帝國境內一切異教徒的廟宇，塞拉潘神殿也未能倖存。後來，狄奧菲盧斯大主教（Theophilus，希臘文意為「上帝所鍾愛」，十分諷刺）把塞拉潘神殿改建為一座天主教堂。

來到今日的亞歷山卓，海岸邊矗立著一座新圖書館。然而，此地已成為伊斯蘭極端保守主義與基本教義派的大本營。位於市中心的小矮丘上，有一座約三十公尺高的紅色花崗岩巨塔（即戴克里先所建的石柱），塔頂呈現華麗的科林斯風格（Corinthian），標示了塞拉潘神殿的原址。這是瑪利亞所在都城僅存的遺跡。

蒸餾之於烈酒

當時，亞歷山卓的煉金術士似乎沒有利用他們的蒸餾器來製酒——若要說他們之中完全無人試過似乎也不太可能，是吧？西元一世紀，羅馬軍團的退伍軍人在法國東南部的釀酒事業盛極一時，銷售網遍及帝國全境。他們用來盛酒的雙耳陶罐也曾在埃及出土，因此，當時亞歷山卓的市民很可能進口過法國酒。假如你在發明蒸餾器的實驗室工作，久而久之，應該會試著拿點酒來做實驗吧？難道你都不會好奇嗎？

然而，沒有任何考古學家發現過托勒密風格白蘭地的存在證據。事實上，一直要到大約西元九五〇年至一一〇〇年間，歷史上才開始出現飲用蒸餾酒的事蹟——可想而知，地點發生在俄國。那就是伏特加，人稱「麵包酒」，從名稱上或可推測它最早是從一種俄國傳統發酵酒「克瓦斯」（kvass）蒸餾而來，這種發酵酒是用麵包或任何便宜的高含糖食物所釀造。西元一一三〇年至一一六〇年間，沙雷魯奴斯（Salernus）醫師曾發表以蒸餾酒精做為藥品的文章；另外，在一二〇〇年代的典籍《婦疾秘要》（*De secretis mulierum*）中，集哲學家、修道士、魔法師於一身的艾爾伯圖斯·麥格努斯（Albertus Magnus，是我之前提到歐洲黑暗時期煉金術士中的佼佼者），提出了兩種可飲用蒸餾液的配方。他稱之為aqua ardens，意為「燃燒之水」。南美洲某類高烈性、未經熟陳的蘭姆酒名稱也具有相同詞源，譬如調配莫吉托（Mojitos）與卡琵莉亞（Caipirinhas）這兩種雞尾酒所用的甘蔗酒。這些特別的烈酒，葡萄牙文稱aguardentes，在西班牙文中則叫做aguardientes，直譯則是「火之水」（firewater）；究其口感，這些命名的確十分貼切。

酒真正開始打響名號，得要等到一二八〇年代中期，義大利波隆那的塔蒂奧·阿爾德羅蒂（Taddeo Alderotti）醫生出版《醫療計畫》（*Consilia medicinalia*）之時。他在書中引用了一段製作某種蒸餾液的程序，並稱該液體為「aqua vita」，意思是「生命之水」。這個詞彙隨後廣為流傳。不管此種液體究竟為何，它似乎具有奇效，可以治療疾病、緩解疼痛、改善口臭、淨化敗損的葡萄酒、保存肉類，還能用來萃取植物菁華。

然而，此段故事最精彩的部分，莫過於阿爾德羅蒂提升了蒸餾技術。食品歷史學者安妮・威爾森（C. Anne Wilson）說，他為蒸餾器加上一段長而彎曲的導管，從頂端蜿蜒而下沒入冷水中以加速蒸氣凝結。如此一來，不但蒸餾速度變快，也提高了產能。這位波隆那的醫生已經開始製酒了。

其實，他們當時已在利用一些基本物理現象帶來的便利，只是毫不自覺。液體中的分子——比方說，水——永遠處於運動狀態。當一個水分子累積了充足的動能，就會突破液體表面張力闖入空氣中。對液體加熱會注入更多能量，進一步強化液體分子脫逃的速度。也就是說：液體因受熱而汽化。

現在，我們試著想像一個實驗：液體在一個氣密、真空的容器中受熱。如同各種氣體，液體汽化產生的蒸氣會擠壓容器內壁，這股力道稱為蒸氣壓力，強度與溫度高低成正比。換言之：氣體因受熱而膨脹。

當液體收納了充分能量，蒸氣壓力強度最終會與外在氣壓相等。這也就是沸點，進入液體轉變成氣體的階段。（還記得前一章曾提到，香檳或啤酒中的氣泡是二氧化碳；而沸騰後產生的氣體，則曾是液體的一部分。）這便是為何在高海拔地帶，譬如位於山頂時，烹煮方式會稍做改變，因為大氣壓力較低。這也說明了人在太空的高度真空狀態下不會爆炸的原因；然而，口腔內和眼睛表面的液體會在身體凍僵前迅速蒸發。

舉例來說，水的沸點為攝氏一百度。水的蒸氣壓力低於乙醇，而乙醇的沸點是攝氏七八・三三度。由於乙醇分子揮發性較強，因此為蒸餾酒創造了關鍵利基。於是，我們可以透過汽化的方式，從水中引出我們感興趣的物質。

加熱升溫的過程中，乙醇在每個階段都比水更容易揮發，以致到最後會從溶液中蒸餾出所有乙醇成分。在濃度達百分之九五・五七的酒精中，蒸氣與液體的乙醇濃度相同，因此無法再榨出更多乙醇。這個極限稱為共沸點，是最烈的酒所能蘊含的最高酒精濃度：一九四・四酒度。（「酒度」〔proof〕是表示出酒精含量的傳統用詞；在美國，它是酒精濃度百分比值〔alcohol-by-volume; ABV〕的兩倍；「八十酒度」意指酒中含有百分之四十的酒精。在英國，計算方式略微不同：一百酒度代表百分之五七・一五ABV，定義來自早期英國海軍以蘭姆酒做為水手的配給品。當時，英國水手會將火藥摻入蘭姆酒，然後視其是否能夠點燃，以證明酒精含量充足，沒有偷斤減兩。）

操作蒸餾器毋須具備上述的許多知識。中古世紀的煉金術士雖然缺乏理解，卻也能帶著他們所做的各種實驗一路走到文藝復興時期。當時的醫生同樣所知有限，但也能在一二〇〇年代利用各種酒或藥草蒸餾出醫療飲品。（其中幾款飲品的改版還流傳至今，其中蕁痲酒〔Chartreuse〕與廊酒〔Bénédictine〕是我最喜歡的兩款。）用來蒸餾的液體中含有各式各樣的揮發性成分，各自的蒸氣壓力也不同，並且毫無章法的結合在一塊。這些分子稱為「同屬物」（congeners），是酒中除了乙醇與水之外的所有其他物質，為蒸餾酒帶來各種風味。（伏特加就另當別論，蒸餾的主要目的便是去除所有雜質——酒中除了水及乙醇外，什麼都沒有。）

蒸餾技術從少數幾所醫藥學校和藥劑師間開始傳開，一路遍及歐洲大陸、英格蘭與蘇格蘭的修道院，其原因不外乎人們喜歡飲用，以及背後可觀的經濟價值。於是，農人們樂於把所有穀物與水果收成蒸餾成酒，裝在幾個方便運送的圓桶中，而桶中的酒液不但能夠長期保存，在市場上換得的收益也遠高於原始材料。就當時而言，稱蒸餾是一項技術變革可謂實至名歸。

一三四七年至一三五〇年間，在黑死病蔓延整個歐洲之際，醫生拿不出任何藥品，只能提供生命之水為病人緩解病痛。當時，法國人將「生命之水」譯為eau de vie（果香白蘭地），荷蘭人則稱之為brandewijn，意思是「燒酒」（burnt wine）。外銷到英國後，名稱被訛傳為「brandy-wine」（白蘭地酒），最後人們乾脆直接稱它為「brandy」（白蘭地）。後來，蘇格蘭人開始用穀物自行製作；他們用蓋爾語usquebaugh為其命名，最終訛傳成「whisky」（威士忌）。到了一四四〇年代早期，開始出現人們酒精成癮的情形。至此，烈酒已經風行整個世界。

與銅共舞

如同瑪利亞與阿爾德羅蒂等煉金術士和醫生，或許已看出現代蒸餾器的些許端倪，但也僅止於浮光掠影。蘇格蘭威士忌的蒸餾工法仍使用批次作業，每次放入一定分量的發酵麥芽漿，完全蒸餾後，再展開下一批次作業。龐然巨物般的蒸餾器，樣貌倒與瑪利亞實驗桌上的三臂蒸餾器有幾分神似。隨著不同蒸餾酒陸續衍生，作業方式也起了變化。在愛爾蘭，人們將三具罐式蒸餾器（pot still）串聯起來生產威士忌；蘇格蘭則只用兩具。酒體清澈、酒精濃度低的波多黎各蘭姆酒，是透過連續式蒸餾器生產，而性烈色深的蘭姆酒通常使用二或三具罐式蒸餾器製作。法國白蘭地中，雅馬邑（Armagnac）是使用一具銅製罐式蒸餾器製成，僅經過一道蒸餾。不過，干邑則須經過二次蒸餾。果香白蘭地使用一具銅製罐式蒸餾器反覆蒸餾兩次產生；阿夸維特（Aquavit）生產自連續式蒸餾器……

然而，在如同肯塔基州這般的美國蒸餾酒業重鎮，業者使用的蒸餾設備則更具工業規模——自有其箇中道理。

一九九六年，海悅蒸餾廠（Heaven Hill Distillery）最後一位夏皮拉兄弟喬治・夏皮拉（George Shapira）辭世，享齡九十二歲；六十二年前，夏皮拉兄弟四人在肯塔基州的巴茲敦（Bardstown）創立了海悅蒸餾廠。在他過世的同年，蒸餾廠發生了火災。火勢經由強風延燒到陳放烈酒的倉庫。橡木桶接二連三爆炸並飛竄至空中，噴灑而下的烈焰有如汽油彈轟炸。熊熊大火燒過鄰近街道，然後順著供水的溪流足足蔓延了三公里。當這場大火結束時，已經燒掉整座蒸餾廠、七座橡木桶堆積如山的倉庫、三卡車的穀物，以及七百七十萬加侖的威士忌。

三年後，一九九九年，查理・當斯（Charlie Downs）與克雷格・賓恩（Craig Beam）來到位於巴茲敦北方六十多公里處，路易斯維爾市中心附近的伯恩海姆（Bernheim）蒸餾廠。當斯曾負責管理海悅蒸餾廠，那時是廠中的靈魂人物。克雷格與父親派克・賓恩（Parker Beam）曾共同擔任海悅蒸餾廠的首席蒸餾師，當時他父親的首席蒸餾師資歷已邁入第三十九個年頭。（派克的父親鄂爾〔Earl〕當年曾在家族事業金賓威士忌酒廠協助弟弟卡爾〔Carl〕，離開金賓後加入海悅蒸餾廠，並成為第一位首席蒸餾師。）十九世晚期以來，路易斯維爾始終都矗立著一家蒸餾廠，而賓恩父子打算與當斯聯手，一起為它的重生努力。

蒸餾廠裡的設備都還在——穀物貯存槽、發酵槽，以及兩座六層樓高的柱式蒸餾器，但是從來沒人試過用它來處理海悅獨門配方中的玉米、裸麥、小麥及大麥。（蘇格蘭威士忌只用大麥；美國威士忌則融入新世界的穀物，主要是玉米和裸麥。）海悅蒸餾廠生產的烈酒種類繁多，每種配方的用料在生產過程中都有不同的地方得注意。眼下，海悅蒸餾廠對這批蒸餾器處理新配方用料的能力一無所知，看來想要知道答案，只有實際投產操作看看了。

相較於罐式蒸餾器，這批柱狀造型的蒸餾器極為先進。罐式蒸餾器只能一次投產一批，完成後必須清理，才能繼續進行下一批作業。柱式蒸餾器則能連續運轉，當你想提高產能、創造商業規模時，這是一大優點。一八一三年，法國研究者瓊・巴蒂斯特・

賽尼爾・布魯門索（Jean Baptiste Cellier Blumenthal）發現，只要在蒸餾器的長頸開口處做幾根小型支撐立架，就能在排出蒸氣前延長蒸發週期與凝結時間。輔以當時一些其他創新，他發明了使用柱式蒸餾器的連續蒸餾法。此法後來稱做「分餾法」（有時又叫「精餾法」），可以一天二十四小時持續運轉，只要蒸氣與進料不中斷，就永不停歇。老式批次蒸餾法依時間先後，將蒸餾液中的各種成分分離為酒頭、酒心，以及酒尾（有時又分別稱做初餾物、主體及附帶物）。你會拋棄初餾物；酒心是要收集的主體蒸餾液，或可拿來再次蒸餾；酒尾則可能用於下一批生產。連續蒸餾法不是依照時間，而是依蒸餾器的部位進行成分分離。在柱頂部位排出的酒頭，是較輕、揮發性較高的分子，而聚集在底部的酒尾，是高度濃縮、不易揮發的成分。這與現今煉油廠所採用的裂解原油技術大致相同，他們從原油分離出汽油、煤油、柴油等產物。

愛爾蘭發明家伊尼亞・柯菲（Aeneas Coffey）在一八三〇年進一步改良連續式蒸餾器。他任職於都伯林多克蒸餾廠（Dock Distillery）期間，製造了一具全功能柱式連續蒸餾器，直到今天仍可做為柱式蒸餾器的基本設計模型。從頂部倒入的發酵麥芽漿，經由集液板層層流入。蒸氣從金屬板上的洞口噴湧而出時，順便將酒精帶出。酯類與乙醛的揮發度高於乙醇，因此會先散出，其中一些最輕的分子通常風味不佳，就由此引開。在可供飲用的酒體導出之前，還要排除另外一道較早揮發的物質甲醇，它正是粗製濫造的酒中會致命或致盲的物質。許多有機酸與酚類化合物（例如威士忌中的泥煤味）揮發性低於乙醇，不具毒性，可帶來金屬般的口感。這些物質要到最後才從蒸餾器排出。（讓葡萄酒變成紅色的色素分子，例如花青素，不具揮發性，因此會留滯在原始材料中。所以說，蒸餾器導出的液體都是清澈的「原酒」〔white dog〕，過去美國的私酒廠常管它叫「月光」。）

在作業現場，你會發覺形體看似大而不當的蒸餾器在與管路巧妙搭配後顯得相當迷人。在一座大型的美國波本蒸餾廠內，主蒸餾器的巍然身形有如一棵千年紅杉，裡頭布滿幾十片集液板。而這只是製程中的第一道工序；圓柱導出的烈酒接著還要進入下一具所謂的輔助蒸餾器。你可以把許多具蒸餾器串接起來——有些蘭姆酒蒸餾廠最多會用到五具蒸餾器，蒸氣中的各種成分依次分別從每一具蒸餾器引出。

初餾物最早蒸發，附帶物最後生成，在兩者之間你會擷取到乙醇與「雜醇油」（fusel oils），亦稱「高級醇」（higher alcohols）：戊醇、丁醇等長鏈脂肪醇。由於蒸氣中乙醇的濃度高低不定，以致揮發量的多寡受到影響。因此，如何從中取出恰到好處的「酒心」，如何從中段位置收集到令人滿意的酒精，著實是門操於蒸餾師之手的藝術。蒸餾師的敏銳決斷極其神聖——使用罐式蒸餾器需掌握收集酒液的最佳時點，若是柱式蒸餾器則要把管線插到最佳接點。所以，儘管蒸餾器的造型極為重要，蒸餾師的手藝也攸關烈酒口感的好壞。

一九九九年時，當斯與賓恩第一次試用伯恩海姆蒸餾廠的設備。他們把海悅配方的麥芽漿倒進柱式蒸餾器，才一會兒工夫，系統就堵住了，他們只好關掉所有機器。「我們必須爬進蒸餾器裡，在適當的位置鑽些洞，麥芽漿才能在裡頭順暢流動，」當斯說，「真是亂翻天了。」賓恩回想當時景況，自顧自的搖起頭來。他們當時必須打開「人孔」，讓人爬進蒸餾器，結果五、六個人全都爬了進去，「進去後在裡頭使勁刷洗。足足浪費一天產能，整天就在裡頭到處修修補補。」

他們最終還是讓蒸餾器動了起來，並生產了首批原酒。不過，口感不好；管路末端閥口流出來的東西，帶了點蔬菜和硫磺味。當斯明白怎麼回事：蒸餾器的銅質不足。

蘇格蘭的所有蒸餾器幾乎全是福塞斯（Forsyths）公司製造，它的真正競爭對手只有一家，是帝亞吉歐旗下的阿伯克龍比公司（Abercrombie）。德國也有一家公司專門為美國小型蒸餾廠製造高階蒸餾器。除此之外，美國絕大多數蒸餾廠都向凡登紅銅及黃銅工藝公司（Vendome Copper & Brass Works）購買設備，公司距離海悅只有幾英里。

凡登的總部不大，改建自一家十九世紀的旅館，旁邊連著造型低調的廠房（同一排還有一棟約一千四百坪的庫房），整個占地面積倒是相當廣闊。其所生產的蒸餾器、麥芽糊化鍋、發酵鍋、各類槽具及管路，已行銷到美國各大威士忌業者，舉凡水牛足跡威士忌（Buffalo Trace）、美格波本威士忌（Maker's Mark），到四玫瑰威士忌（Four Roses）等大廠都在其列；另外，就連阿徹丹尼爾斯米德蘭公司（Archer Daniels Midland）與美國中西穀物公司（Midwest Grain）也都向它購買燃料乙醇蒸餾器。（燃料乙醇的生產作業，包括將玉米發酵與蒸餾等工序，本質上與提煉威士忌大同小異——只是必須使用對乙醇具高耐受度的酵母，而口感自然也就無關緊要了。）

凡登副總裁，羅伯・雪曼（Rob Sherman）家族一直從事蒸餾器製造，如今他已是第四代了。我造訪那天，他看來有點心事重重。太太出了遠門，他只好自己接小孩放學，而美國蒸餾協會（American Distiller Institute）的成員組了參訪團，因此他必須整天招呼廠內雲集的人潮。還好，他答應給我個機會在裡頭轉一轉。走進作業區，到處都是進行中的工程，所有耳熟能詳的美國蒸餾大廠在這兒都有專案——我看到了金賓蒸餾廠訂製的精釀蒸餾器、為傑克丹尼爾威士忌製作的一批推土機大小的酵母槽，還有一具高達二十英尺、寬八英寸（約等於長六公尺、寬二十公分）的笛形長柱，那是準備交付給愛荷華州的研究設備。

雪曼談起銅時，就像木工師傅談到高級木材一樣。「你可以對它做回火成型，冷卻加工，或淬火至紅熱進行鍛造，它的質地始終相當柔軟，幾乎不會出現金屬疲勞。銅比不鏽鋼更耐久，可說是四比一領先。」熱力（熱能）基本上是一種機械運動，傳導至如銅這般原子間鍵結充滿彈性的固態金屬時，這股能量會形成細微的、稱為聲子（phonon）的螺旋波穿過其中，如同聲波穿越空氣一般。當人家說金、銀、銅等金屬是良好的導熱體時，言下之意就是這些金屬的聲子傳遞能力很好。同時，在銅的晶體結構中，原子成堆排列，非常適合冶煉成不同形狀——就冶金學的說法，它表面的原子結晶比其他金屬平滑，方便彼此間互相易位。

而且，拿所有導熱效果佳、鍛造方便的金屬比較，銅是最便宜的。此外，事實證明它的某些特質對蒸餾液的口感至關緊要。酵母新陳代謝時會產生許多硫化物，但多半都會留在酵母體內。一般來說，發酵階段後應該清除死去的酵母，大部分葡萄酒與啤酒業者都會這麼做，處理上也不成問題。不過，蒸餾業者通常會讓酵母留在麥芽漿裡，那麼當酵母屍體破掉後，其中的含硫分子就會混入蒸餾液中。所以，最後你會嘗到硫化氫的臭雞蛋味道，以及二甲基硫（dimethyl sulfide）帶來的腐爛蔬菜口感。

銅可以和硫化物形成鍵結，而且鍵結力道遠比氫強。有些元素也有此特點。例如，銀對硫化物具親和性，所以容易變黑——大氣中的硫化物，通常來自燃煤的副產物，會直接附著在銀上。鋁則會和氧分子發生同樣現象；純鋁的價錢曾一度高於黃金，因為它幾乎總是很快就變成氧化物。廚房抽屜內必備的鋁箔紙，則是後來發展出高能量電解程序後才普及。

大自然中，硫化銅也比硫化氫容易形成。在銅製蒸餾器裡，硫化氫往往會被解構，硫化物隨即依附其上，形成銅綠——也就是銅鏽。嶄新、光潔的銅材，表面看似平滑、發亮，其實上頭滿布著微小坑谷，正好為酯類及其他香氣分子提供交互作用的場所，形成新的化合物。

稻米中的硫化物成分低，因此若拿米酒來蒸餾——不論是提煉白酒、燒酌、燒酒，或任何東方語系用來稱呼蒸餾清酒的酒名——你就可以使用鋼鐵製的蒸餾器。然而，提煉威士忌及其他棕色烈酒，就非得使用銅製蒸餾器。事實勝於雄辯。二〇一一年，蘇格蘭威士忌研究協會（Scotch Whisky Research Institute，第六章裡還會再次提到他們）的研究人員終於做了項令人信服的實驗。他們請福塞斯的銅匠配合實驗室尺寸打造了兩具蒸餾器，一具完全以銅製作，另一具則用不鏽鋼。（他們還做了第三具，以銅為主體，但能拆卸成六個部分，可分別替換成不鏽鋼元件，以便查明這些元件對蒸餾的影響孰輕孰重。）他們用同樣的原料在兩具蒸餾器裡生產威士忌，請專人品嘗，並使用氣相層析儀（gas chromatograph）加以分析。據評鑑小組回報，銅製蒸餾器產出的烈酒嘗來「清爽」、「辛辣」，並帶有「穀香」，而不鏽鋼製的蒸餾器產出的則有「硫磺味」及「肉味」。果然，鐵製蒸餾器產出的烈酒含有較高的二甲基三硫（dimethyl trisulfide），以及許多其他硫化合物。

所以，事實擺在眼前了。不過，蒸餾器中的銅質不單只會產生硫化銅，還會發黑、剝落。它的壁身最厚也不過半英寸，隨著不斷使用會變得愈來愈薄。在蘇格蘭，蒸餾器的壽命大約只有二十五年。福塞斯對自己製造的蒸餾器進行年度保養時會檢查厚度，並更換耗損的部分，直到整具蒸餾器的壽命達到極限。為了整具更換，他們要比照原蒸餾器的細部特徵進行複製，任何枝微末節都不可遺漏。造型粗短、矮胖的蒸餾器，會比高挑的優雅造型釋出更多較重的低揮發性分子；蒸餾師更是講究，甚至認為罐式蒸餾器頸部外形的小小瑕疵，都關係到能否生成某些特定口味。

在肯塔基州，談到蒸餾器，除了凡登別無他選。所以，當海悅試產的原酒出狀況時，只好找雪曼的團隊進行諮商。當初凡登在打造伯恩海姆的蒸餾器時使用了大量的銅，不過現在凡登人員建議還得增加更多的銅，至於添加的方式則有點像是將一片大型咖啡濾網安裝到這組蒸餾器中。使用後，它能濾出相當多的硫化物，以致海悅每年都必須更換這片濾網。

今天，你所買到的海悅威士忌及其他副牌，每一種都相當可口。但是，當斯與賓恩對新廠的產品仍然不太滿意。「我們在巴茲敦用的銅更多，」賓恩說。這兒的原酒已經不比當年的原酒。「現在已經很接近了，但還是不大一樣。」

「真的嗎？」我問道。樓上蒸餾器剛流出的原酒，我都已啜了好幾口了，十分可口。「像是什麼呢？」

當斯突然打斷我的話。「就算我們把兩邊的原酒一起擺在你面前，你也分不出來的。」他說。

「我認為一般人不太可能分得出差異，」賓恩贊同道。（很明顯的，現在我就是在座那個「一般人」。）不過話鋒一轉，賓恩的神色又顯得有點無奈。「我祖父總是說，就算用同樣的配方，換個蒸餾廠做，就做不出同樣的威士忌了。」遷廠到路易斯維爾，挽救了賓恩一家三代曾經攜手參與的事業。海悅的名號依舊響亮。然而，或許是銅的晶體結構稍有不同——還是地區微生態的差異，或其他根本無從知曉的原因——海悅再也不是從前的海悅了。

烈酒業的文藝復興

聖喬治烈酒廠（St. George Spirits）巨大的廠房內陽光普照，空氣中瀰漫著綠薄荷與茴香子的香味——至少，今天是如此。這家總部設在加州艾拉美黛（Alameda）舊飛機廠棚中的蒸餾廠，現在正忙著進行一連三週的艾碧斯酒（absinthe，苦艾酒）蒸餾作業。舊飛機廠棚靠近中央的位置聳立著兩層樓高的蒸餾器，閃閃發亮，透明的草本烈酒正從中流出。蒸餾器的高大圓柱上帶有舷窗，搭配著飛雅特五〇〇迷你車大小的酒缸，奇幻的組合像極了蒸氣龐克動畫裡的都市場景，看來很像科幻小說家凡爾納（Jules Verne）會在他高中筆記本中畫的塗鴉。

聖喬治酒廠使用的技術可說是以那位波隆那醫生的蒸餾器為基礎，稍加改良後，賦予現代樣貌。它是間小型蒸餾廠（比方說，跟海悅蒸餾廠相比），是逐漸蓬勃的精釀蒸餾運動領導者之一。美國的烈酒業者正悄悄蘊釀著一場文藝復興——有點類似一九七〇及一九八〇年代小型釀酒廠的興起；當時，像是舊金山鐵錨酒廠（Anchor）弗利次・梅塔格（Fritz Maytag）等釀酒業者開始生產限量啤酒，以對抗業界一成不變的拉格啤酒，例如酷爾斯啤酒。不過，小型蒸餾業者所處的環境，則與之前的精釀啤酒先輩略有不同——外界對美國大型烈酒商的批評相對保守，原因只有一個。譬如說，野火雞蒸餾廠每年的威士忌產量有如汪洋，然而那整片汪洋卻都相當可口。另外，法律也不太鼓勵人民尚未登記營業時，便私下嘗試蒸餾烈酒。精釀啤酒師的確可以從自家地下室或車庫裡開創事業，但私人蒸餾烈酒則另當別論。在八十年前，要想賣出私家烈酒，除了蒸餾技術必須一流，更要具備飆車逃亡的本領，以躲避聯邦探員查緝。

不過，法律上的限制已經有所改變。相關商貿團體正加快遊說立法的腳步，以便小型蒸餾廠取得執照、合法經營。現在，美國大專院校裡甚至還開設有蒸餾的專業課程。禁酒時期之前，美國的蒸餾廠超過了一萬家；在二〇一二年，小廠約有二百五十家，全都從事精釀蒸餾。不過，二十年前只有四家。

其他美國西岸較成氣候的小型蒸餾廠各有其代表性產品——加州的日爾曼－羅賓酒廠（Germain-Robin）以白蘭地著稱，還有奧勒岡州清溪酒廠（Clear Creek）的果香白蘭地（eaux de vie）。聖喬治酒廠曾一度以「一號機庫」（Hangar One）伏特加系列聞名，目前該品牌已轉手經營，而促成此事的聖喬治首席蒸餾師藍斯・溫特斯（Lance Winters）乃蒸餾工藝界的主導人物，他極度推崇中古世紀的蒸餾技術，並想方設法要讓它重見天日。目前，聖喬治酒廠發售一系列熱門的琴酒、一款蘭姆酒、一款龍舌蘭酒，以及想當然爾的艾碧斯酒。此外，溫特斯有一些小小的實驗產品，在飲酒達人間可說話題性十足，譬如杏桃做的法國白蘭地、昆布海帶酒、螃蟹酒、法國鵝肝酒、大麻酒等。（品嘗海帶酒有如海水迎面沖擊臉龐，杏桃白蘭地入口令人陷入精神愛戀。他的法國杏桃白蘭地真不是開玩笑的，已將杏桃的內涵昇華至哲學層次。原汁原味忠實呈現。）

隨著溫特斯游走在聖喬治酒廠成堆的酒桶、酒瓶叢林裡，途經難以言喻的夢境殘像——四條長長的銅管是來自一台鼓風琴嗎？乍然瞥見的是一支燭台式電話機？——只見他不時將玻璃器皿伸進酒桶汲取賞味（此舉有個優雅的稱號叫「酒賊」），這真是打發午後時光最美好的方式。喝剩的賞味酒可隨意倒在水泥地上，可是每當我倒掉手中的酒，心中便隱隱作痛。

對精釀蒸餾師來說，巨大的柱式蒸餾器，比方說海悅使用的，絕對超出預算也過於講究。聖喬治的蒸餾器是混搭型的，那是一具罐式蒸餾器接到一根內部插有集液板的長柱，集液板可以扣入也能抽出，因此當生產的是琴酒時，可以容許植物調料懸於酒中。透過閥門的切換，蒸餾器足以分別發揮罐式、柱式，或混合型蒸餾器的功能。

在執行艾碧斯酒生產作業的同時，蒸餾師大衛・史密斯（Dave Smith）正在遠離主廠房的房間裡，照看著一具「實驗室蒸餾器」，它高達七英尺，是銅與不鏽鋼的共構體，安裝在砌了磁磚的角落。緊鄰的牆上有幾排架子，陳列了許多玻璃罐，罐內都是半滿的透明液體，罐口位置貼有標籤，上面寫的字眼活像出自工業化前的藥劑師之手——肉桂、加州月桂、橘皮。此刻，在蒸餾器裡翻滾沸騰的又是另一項實驗：甜薯燒酒，是一種無須陳放的日本蒸餾酒，常用塊莖類植物或大麥製作。（不過這次絕不會是燒酒，因為溫特斯用了罐裝酵素來醣化澱粉，並未使用傳統的清酒麴。）

史密斯個頭不高，但身材相當結實，理了個光頭，手背貼在蒸餾器上。現在應該已經燙得無法碰觸了，不過蒸餾器上頭伸出的不鏽鋼管，以及它所搭接、上面有著舷窗的銅製柱式蒸餾器倒是還好。目前系統尚未充分加熱。聖喬治並未使用格蘭利威的傳感儀器，也沒有建置你在肯塔基州大型波本威士忌廠中所見，狀似汙水處理場控制中心的設施。溫特斯與史密斯的儀器就是他們的手和味蕾。

當熱力及蒸氣開始從他身旁的管道及閥門內悄悄通過時，史密斯表現得就像是位殷切的父親般不安——不斷透過小小窗孔向內窺探，用手感觸閥門溫度，做著紀錄。「如果一切順利，那麼這工作誰都可以做。萬一出了差錯，只能憑經驗來處理，」他說，

「不幸的是，總是會不斷出差錯。」

史密斯又去摸了摸蒸餾器的溫度。這次，他如果將手貼在那兒太久，就得冒著燙傷的風險；不鏽鋼管道摸起來也已很燙了。罐式蒸餾器旁，冷凝器底部的閥口開始流出透明的液體；裡面裝有量測蒸餾液乙醇濃度的浮秤。秤上指針已經幾乎指到百分之八十的刻度——相當於一百六十酒度。史密斯伸出手指沾了一點，嗅了一下。（由於酒精濃度高達百分之八十，他這麼做並不會造成任何生物性汙染。）「沒有聞到任何醋酸或乙酸乙酯（ethyl acetate）的味道，」他說。這是好現象。醋味或指甲油去光水的氣味，都代表發酵異常。我沾了點試試——幾乎像是可可粉和蛋糕麵糊。而且，非常黏稠，有油脂味。

史密斯在不鏽鋼管與罐式蒸餾器頸部連接的地方，看到一點水珠。他拿塊布擦掉，但水珠又冒了出來。那是個漏縫。史密斯皺起了眉頭。「你覺得我們有多大機率可以搞定這麻煩，讓它不爆炸？」他問道。這可不是我回答得了的，我開始不安的往後退。史密斯對著我笑了出來，一邊拿起一支扳手。

又過了幾分鐘，閥口開始流出完全不一樣的東西——對我來說，簡直就是馬鈴薯的味道。不過，這時指針下降得太快了些。史密斯轉動一個閥門以提高上頭長柱中的水分，接著，蒸餾液中浮秤又指向了乙醇端。「現在好點了，我喜歡的可可味那部分還在。」他說。但是臭味很快就會開始出現——酒尾部分。

這時溫特斯走了進來，想看看史密斯的工作進展。他跟史密斯一樣理了光頭，但溫特斯是個大塊頭，四處走動時，嘴巴叼著的未點燃焦黑雪茄，看來有如一卷二十五美分錢幣。走在聖喬治酒廠裡，他儼然是個巡視甲板的船長——這倒也不完全令人意外，因為溫特斯剛開始工作時，就是負責處理複雜、嚴謹的管道設備：美國海軍企業號航空母艦的核子反應爐間。

史密斯向他扼要說明狀況：「帶點馬鈴薯味、一些可可，還有一點棉花糖。酒尾味道不至於太噁心。」

溫特斯啜了一口。「這表示絕對得要用到兩倍馬鈴薯才能在裡頭嘗到馬鈴薯的味道。」他說道。史密斯把所有蒸餾液倒進一個八百毫升的三角瓶內，在標籤上寫著「甜薯」以及日期，然後將瓶塞塞入瓶口。接下來就要看它放個一陣子後會不會走味。溫特斯對此相當懷疑。「我不確定裡面是不是已經有會引起酯化酸類的東西，」他對史密斯說。溫特斯轉了轉瓶子，再拔掉瓶塞，把鼻子湊上前去。「這扎扎實實讓我想起我們在自家蒸餾出來的啤酒味道。」他說。

「我倒覺得它像皮斯科酸酒（pisco）。」史密斯說。（皮斯科酸酒是南美洲一種未經陳放的白蘭地。）

最後，他們決定開始進行下一批作業，這次甜薯量會加倍，以提高酒精濃度，而且還要加強罐式蒸餾器的火力。「如此一來，酵母內的脂肪酸就能與更多酒精發生作用，也就更有機會產生酯類物質。」溫特斯說。

他拿起鋼筆，在一本皮面裝訂的實驗筆記中做了一些紀錄。做為一家以創意聞名的小型蒸餾廠，聖喬治不會自我設限。這具實驗室蒸餾器存在的價值也在於此——實驗精神是這兒一切的基礎。史密斯聳聳肩，拿起這支大三角瓶，放到架上。

5 熟陳

蒸餾廠的倉庫外頭，飄著金縷梅及其他香料的氣味，又彷彿散逸著幾許果實蜜糖和香草芬芳——如此溫和、芳醇又濃郁的香氣，像極了客廳中失控的豪華雞尾酒會，與剛出爐、正在放涼的餅乾所共同交織出的一場嗅覺饗宴。

詹姆斯・史考特（James Scott）十年前頭一次聞到這種氣味時，是在加拿大安大略省的湖濱市。湖濱市與底特律隔河相望，建有一棟棟堅固的開放式倉庫，裡頭陳放著一桶桶加拿大會所威士忌。當時，史考特才剛取得多倫多大學真菌學博士學位，並成立了斯柏羅真菌檢測公司（Sporometrics）——成員就只有他、一兩名員工，以及一個網站。這間設在自家的公司，性質近似徵信社，但是客戶不同，它專為受到真菌問題困擾的公司提供諮詢，協助解開真菌謎團——譬如，查明生產線受到汙染的原因、診斷室內黴菌的危害程度等。公司成立後，他接到的第一通電話是來自希拉姆沃克蒸餾廠（Hiram Walker Distillery）的研究主管大衛・多伊爾（David Doyle）。

多伊爾遇到一件棘手的事：他們倉庫周圍的住戶投訴說，他們的房舍上莫名長出了一層怪異的黑色黴菌，而居民們憑著嗅覺，斷言問題出自威士忌倉庫。多伊爾希望知道那是些什麼黴菌、是否與酒廠有關。「聽他最初形容時，感覺那些黑色黴菌就好像是長在那些住戶家裡，而且還莫名跟蒸餾廠有所牽連。」史考特說。史考特原本不打算為這案子浪費時間，但是多伊爾表示願意支付差旅開銷，他才從多倫多動身前往現場察看。

他抵達倉庫時，首先映入眼簾的就是那一大片黑壓壓的黴菌（當然，他說在那之前，他先聞到了「陳年威士忌的美妙、甜蜜、香醇氣味」）。它們無所不在——樓房的牆面、鐵網圍欄及金屬路標上，彷彿狄更斯筆下大批骯髒煙囪噴出的黑煙，排山倒海的瀉注在小鎮的每個角落。「庫房後頭有個舊的不鏽鋼發酵槽，」史考特說，「它是側身倒放，但上頭還是長滿了那種真菌。那可是不鏽鋼耶！」使用不鏽鋼最主要的目的，就是不希望上頭長東西呀。

多伊爾站在滿是黑漬的圍欄旁，告訴史考特蒸餾廠已花了十幾年的時間，卻仍然無法解決這個神秘現象。溫莎大學的真菌學者對此一籌莫展；蘇格蘭威士忌研究協會的研究小組也曾來取樣，並斷定這不過是厚厚一層環境裡的普通真菌：比如麴黴、外瓶黴（*Exophiala*）之類的東西。他們說，這些真菌隨處可見，而且（或許最重要的是）不是蒸餾廠造成的。

史考特聽了不禁搖頭。「大衛，他們的說法不對。那是種完全不同的東西。」他隨即採樣，帶回他在斯柏羅真菌檢測公司的實驗室（也就是他的廚房餐桌與客房內的兩架顯微鏡）。在顯微鏡下，黑色物質看似一團真菌的烏合之眾，然而裡面許多都長有厚厚的細胞壁，有著他從沒見過的粗糙菌皮，外形像是一串隨意切鑿而成的活塞。史考特醒悟到，多伊爾找的其他研究者大概犯了哪些錯誤。「他們在採樣後，把樣本直接刮到培養皿內，」史考特說，「這麼一來，他們只會培養到剛好掉在上面的孢子。」換言之，這些常見的真菌落到那個神秘物質上，在培養皿中加速生長。於是，兩星期後，培養皿中已充斥著那些常見的菌種，反而看不到牆上那些黑漆漆的東西。

史考特使出不同手法。他把樣本磨碎後才滴入培養皿中，然後把整個培養皿放在顯微鏡下，用針頭極細的探針挑出那些有著粗糙表皮的真菌斷片，並移植到專屬的培養皿內。想像一下顯微鏡的光學原理，接目鏡下看到的一切物體位置都與實際位置恰恰相反，所以這不是件簡單的工作。

史考特後來發表這篇研究論文時提到，當他將真菌分離並移置到不同培養皿時，使用的是一支〇〇號探針，是種鋼鐵材質、直徑僅〇・三毫米（公厘）的探針，通常用來釘在蟲子身上進行解剖或展示。這裡他可沒說實話。事實上，他是用鎢絲自製針頭，這種一九二〇年代的伎倆，是他從一位在芝加哥從事顯微鏡驗屍工作的朋友那兒學來的。（先將燒管中的硝酸鈉粉末以明火加熱融化，然後插進一支壓舌板，等待金屬冷卻。凝固後，打破燒管——這時你手上就拿到一支硝酸鈉冰棒了。接著，用火軟化其中一側，再拉一條一毫米粗的鎢絲滑過它的表面。紅熱的鎢絲此時會劈啪作響，冒出火焰，濺落的火星噴得到處都是，這時鎢絲也變得愈來愈細。操作時要戴上手套，工作檯上要做好防火措施。千萬別在家裡玩。）「你能把鎢絲灼蝕成一微米（千分之一毫米）那麼細的針，且硬度超好。」史考特說。

最後，史考特在五、六十個培養皿中安置了神秘真菌的獨立孢子或菌體。他每星期都會進行檢視，可是……幾乎看不到任何變化。顯微鏡下看到的依舊是那些黑色、不勻稱的活塞狀物體。一個月後，這些真菌的領地甚至還微幅縮小。無論菌種為何，它們都沒能像在蒸餾廠時那般活躍。「我靈機一動，覺得自己肯定沒捉到某些竅門。」

為真菌建立生長環境，其實就是替它們準備食物。於是，史考特出門買了瓶加拿大會所威士忌。「我在一公升的瓊脂中調入大約一小杯的威士忌，再放進培養皿中，」史考特說，「結果那些真菌的生長速度快得嚇人。」這些真菌明顯對酒情有獨鍾。雖然他還沒完全弄清楚兩者間的關聯，但此刻史考特距離謎底僅剩一步之遙。

史考特是家中獨子，在伊利湖附近的小鎮出生長大，母親是位美髮師，父親開推土機。他是家裡第一個上大學的孩子，不過倒也不是出自什麼特別動機。事實上，他上真菌學第一堂課時，本打算接下來整學期都要蹺課；那時，他只想找個願意借他筆記的人。

然而，教授在課堂上講了個關於一種活在桃子果核上的真菌故事。他說，沒人知道這種真菌如何在果核間散播。「假如你找個荒廢的果園待上一個星期，在這段期間，你趴在樹下仔細觀察哪些蟲子從一顆桃子爬到另一顆桃子，」史考特回想著教授抑揚頓挫的語調，「你就會成為世界上最了解這種真菌的人。」

「他說的方法，就連我這個啥也不懂的大學生也辦得到，」史考特說，「到果園裡找東西，這個我會。」就因為教授說了個有趣的故事，史考特後來成了真菌學家。你自認是大學裡離經叛道之輩嗎？不妨試著扮演一位高個、爽朗、彈著班鳩琴的真菌學主修生，寢室裡擺著顯微鏡，牆上裝飾著自己畫的真菌家族宗譜圖。

正是有著如此風格的人，才會選擇研究真菌學。在比較令人嚮往的其他領域，比方說哺乳動物生物學，研究人員幾乎早已把所有引人注目的大型動物群及其生活習性摸得一清二楚。至於植物學領域，植物學家也已同樣透澈掌握了各種主要植物特性。然而，研究蠕動爬行生物的人們卻還在田野間埋頭苦幹。甲蟲嗎？誰也不曉得還有多少未知的甲蟲物種有待判定。那麼真菌呢？啊哈！信不信由你，地球上存在著一百五十萬到五百萬種真菌。目前只有十萬種經過命名，並依照國際植物命名法規（International Code of Botanical Nomenclature）所制定的（晦澀、過時）規則分門別類。其中不到五分之一做過基因定序，存放於基因銀行，也就是全球最大的基因組資料庫。此外，只有二百種左右做過完整的基因定序，且大部分都是酵母——因為它們具有商業價值。

顯微鏡下的真菌，看來如同一九三〇年代通俗科幻雜誌封面上畫的外星生命，或有著蘇斯博士（Dr. Seuss）筆下妙想事物的皮克斯動畫角色造型。那是個不可名狀的怪誕天地，可不合所有人的品味。「當你發現了新的鹿種，你會成為《自然》雜誌（*Nature*）的封面人物，」加州大學柏克萊分校的真菌學家約翰・泰勒（John Taylor）說，「如果發現的是一種新的真菌，大概只會在《菌物學報》（*Mycotaxon*）內文中的某處被提及。不過，我們仍然樂此不疲。」

過去幾百年來，真菌學家始終採用古老的命名方法——透過顯微鏡觀察樣本，描述其軀幹形態、繁殖方式，乃至孢子結構。他們遵循類型學的法則，意思是說，研究者必須先將稱做「類型」（type）的原始樣本存放在某處的植物標本室裡，也許還要繪出鏡頭下看到的樣貌，再用拉丁文做一段扼要簡述。然而，現在一切都不同了。現在是基因學家的天下，不過大家對他們的分類方式很有意見——動輒採集數千件基因樣本，接著同時進行基因定序。史考特則是受教自上一代的真菌分類學者，這些大多已經退休的前輩，僅憑肉眼就可辨識真菌種類。

話說回來，史考特對酒的了解並不多，辦公室（也就是臥房）裡的那瓶威士忌可能就是他取得酒知識的唯一來源。當時，他並不清楚葡萄酒業者已使用木製酒桶儲存酒液達好幾世紀，而蒸餾酒業者在一七〇〇年以前仍對烈酒的熟陳處理毫無概念。當烈酒的製程裡納入了熟陳這個環節以後，整個產業便提升到了新的層次。於是，蒸餾業者必須置地建造倉庫，以儲放熟陳烈酒的木桶，也得仰賴牢靠的信用經濟體制，才能在商品的熟陳階段、沒有進帳的期間內維持公司營運。更重要的，社會上必須出現有錢有閒的群體，願意為精品多付點錢，也消費得起遠比原酒精緻的陳釀。

歸根究柢，陳年烈酒的興起是隨著總體經濟生態的演變一同脈動，並且代表了工業革命發展的早期成果，是世界文明演進過程中的重要里程碑。就某個角度來看，那些在湖濱市為牆面染上色彩的真菌，或許是這段文明發展歷程中的小小插曲。

桶中玄妙

希羅多德在其不朽巨著《歷史》（*History*）的第一輯中提到，西元前五世紀，亞美尼亞葡萄酒商搭著柳枝撐起的獸皮小船，沿著底格里斯河及幼發拉底河航行，可以把將近二十五公噸的酒運送到巴比倫。不少葡萄酒的歷史都引述了希羅多德書中所寫，葡萄酒是「裝盛在棕櫚木製成的酒桶裡」運送，這是歷史上首次有關以木桶盛裝葡萄酒的記載。

不過，派翠克・麥克高文（就是那位鑑定出最古老的人工發酵製酒遺跡的考古學家）認為人們曲解了希羅多德的文字。「若是亞美尼亞商人果真使用棕櫚木桶裝酒，」麥克高文寫道，「他們只能在外高加索一帶製桶，可是那兒沒有棗椰樹（棕櫚）。」也就是說，亞美尼亞人缺少製桶所需的木料。希羅多德書中記敘葡萄酒容器時的希臘文用語為bikos phoinikeiou，根據麥克高文的說法，phoinikeiou或許意指「腓尼基人」（Phoenician），因此書中指的是當時使用的一種腓尼基酒罐。

那麼，究竟是誰發現木桶可為陳釀帶來絕佳風味？今天，我們可以嘗到木桶熟陳後的啤酒、葡萄酒、棕色烈酒（威士忌、若干款蘭姆酒、陳年龍舌蘭等）在橡木主導下所散發出的獨特風味。木桶中熟陳後的酒液風味繁複又耐人尋味，讓品酒人士得以藉此評判分類。如果麥克高文所言屬實，那麼看樣子，也沒人曉得到底人類何時開始使用木桶熟陳了。

若說這要歸功於古羅馬人，倒也不無可能。古羅馬時期葡萄酒文化底蘊深厚，衍生了酒侍習俗（當時稱為haustores，古羅馬品酒師），並曾把葡萄酒，拉丁文為vinum，分成了許多類別或等級，包括「甜蜜的」（ducle）、「柔軟的」（molle）、「溫和的」（album），以及「深紅濃郁的」（sanguineum）。當時，有種貴族白酒費樂納斯（Falernian）是必須陳放至少一年方可飲用的酒品，而且愈陳愈珍貴。放個二、三十年後，酒體色澤已近乎琥珀；古羅馬文學作品《愛情神話》（*Satyricon*）中，來自阿爾比特家族（the Arbiter）的作者佩特羅尼烏斯（Petronius，約西元二七至六六年）如此描述一場盛宴：首先享用加蜜甜葡萄酒，接著呈上了歐皮曼之年（Opimian，西元前一二一年）的費樂納斯百年陳釀。所以，即使不用木質容器，酒的化學變化依然隨著時間持續進行，而證據顯示，古羅馬時期人們主要使用雙耳陶罐來陳放葡萄酒，他們會將罐子密封並加熱——一種古代的殺菌方式，用以消滅導致食物腐敗的微生物，同時避免影響風味。

從考古學家在羅馬古城及奧斯提亞（Ostia）挖出的公共糧倉（horrea）中可看出，古羅馬人為了儲存大量的酒，曾比照存放穀物等糧食乾貨的方式，建造特別的倉庫。不過大多時候，古羅馬人使用一種稱為dolium的陶甕裝酒（形體比雙耳陶罐來得更大、較圓），將它深埋入土，只露出頸部，如此不但穩妥，也趨於恆溫保存。

不過，古羅馬人還是有使用木桶，而且也可能用來裝酒。有些歷史學家主張，製桶工藝係出自高盧人或凱爾特人之手；麥克高文認為，他們或許是在青銅器時代將製桶工法傳給了克里特島的米諾斯人。之前提到，麥克高文在土耳其出土的古代酒漬中偵測到樹脂成分（當時大概是用來防腐，這也印證了東方三博士帶來的珍貴禮物中有樹脂、乳香與沒藥）；除此之外，他的一位同事也在當中檢驗出稱為「內酯」（lactone）的化學物質。他說，該成分大致屬於β甲基－γ辛酸內酯（b-methyl-g-octalactone），通常是橡木及樹脂的衍生物。在製酒業，正式名稱為「威士忌內酯」（whisky lactone），是酒液在木桶中熟陳時產生的化合物，使得紅葡萄酒、蘇格蘭威士忌與干邑白蘭地散發椰漿氣息，以及豐厚、飽滿的口感。若是木頭經過烘烤，濃度還會提高——製桶師在製桶時也必須這麼做。

那麼，米諾斯人究竟如何為葡萄酒增添橡木味呢？在酒中浸入橡木屑？亦或是直接用木桶熟陳？儘管米諾斯遺址中從未發現木桶，但是麥克高文指出，米諾斯人懂得造船。如果他們能將木材扳成弧形船體，讓水無法滲入，很自然也能將木材扳成弧形木桶，用來盛裝液體。

內酯可說只是酒液進入木桶後首先出現的物質。酒桶內的化學變化從未停歇，伴隨著木質、空氣與歲月翩然起舞——舞曲漫長而繁複，蘊藏的深奧學問絲毫不比發酵及蒸餾遜色。

蒸餾酒到了西元一二〇〇年代才真正在歐洲流行起來，當時率先製酒的愛爾蘭修士也許就是用木桶盛裝儲存——他們的酒便是浸潤於木質環境中直到售出。許多談到波本酒的史料指稱，美國威士忌在一七八〇年代晚期已經過熟陳處理，並舉證當時運酒的木桶上印有「老波本威士忌」字樣。人們相當欣賞它的口感，認為一定是在木桶中熟陳許久所致。其實，「老波本」指的是原產地肯塔基州的鄉村地帶，也可能是指那條在紐奧良發跡、爾後風靡全國的街道（歷史學者們眾說紛紜），反正與製作過程中是否經過陳放無關。總之，早期的烈酒很可能都是以未經熟陳的「原酒」（green）售出。按照研究波本酒歷史的查爾斯・考德瑞（Charles Cowdery）所說，用橡木桶進行常態性的桶中熟陳，是在波本威士忌問世後好幾十年才出現的。

法國干邑地區出產的白蘭地通常必須經過一到兩年的桶中熟陳，美國人在一七〇〇年代末至一八〇〇年代初的崇法潮時期，往往將此視為品質象徵。考德瑞的研究報告指出，一七九三年時，美國出現了標榜「陳年」的威士忌，到了一八一四年，少數蒸餾廠對外宣布其酒品的熟陳年數。然而，大部分的威士忌仍然「一般」，直接用原酒摻水調降酒精濃度（喝到摻水的算是幸運了——很多都摻雜更糟糕的東西；食品衛生法還要等到許久之後才會上路）。

人們知道，灼燒舊木桶內側可以消除前一種內盛物的味道。然而，波本酒的行規要求必須使用新木桶，而且桶內也須先經火烤。考德瑞不確定這是誰訂的規矩。「將舊桶灼燒碳化後再供威士忌使用的作法，在當時已經相當普遍，而大家也非常清楚它的好處，以致威士忌專用的新桶也被納入例行性的灼燒碳化程序，」他寫道，「史料中找不到任何對此作法的重大革新，由此可知這是一種逐漸形成的習慣。」

逐漸形成的習慣在一八四〇年代正式定形。美國法律規定，波本酒必須在烘烤過的新橡木桶中陳放一段時間熟陳。英國仿而效之，立法規範以「蘇格蘭威士忌」命名的商品必須符合哪些標準，不過並未限用新桶。（單一麥芽威士忌業者經常使用裝過其他酒類，譬如雪利酒、波本的空桶來熟陳威士忌，有時還會採用「過桶」（finish）方式，為威士忌帶來其他酒桶的異國風味，如先前裝過馬德拉葡萄酒（Madeira）或蘭姆酒的酒桶——最後你會在杯中嘗到各種風味。）

木桶的角色逐漸改變，從最初的單純載具蛻變成內容物的一部分。除了單純做為運送啤酒、葡萄酒、烈酒的容器外，木桶儼然已成為製酒過程裡不可或缺的一環。木材中的某些特質，假以時日能讓桶中平凡、青澀、低酒精含量的葡萄汁液緩慢演變，轉化為芳醇、圓潤的葡萄佳釀——也能讓「月光」原酒變身為波本，讓白龍舌蘭昇華為陳釀龍舌蘭（tequila añejo）。

直到最近三十多年來，研究人員才開始研究平凡的木桶究竟如何提升酒質。人們在製桶程序中改變了木材特性。木桶的組成要素消溶於儲藏其中的酒液。經過歲月積累，木桶賦予儲放其中的酒液嶄新的風味。只是……怎麼辦到的？

製桶工藝

拋開紙上談兵的論述，我們要到聖塔羅莎捕捉線索。敘事的源頭位在小機場後方工業區的一棟米黃色建築，那兒伸出了兩根巨型金屬煙囪。這裡是法國哈杜橡木桶公司（Tonnellerie Radoux）的北加州總部，該公司自一九四七年起為法國酒商製作酒桶，半個世紀後來到美國北加州的酒鄉所在地設立子公司，距離舊金山北邊約一小時車程。

首席製桶師弗朗西斯・杜蘭德（Francis Durand）渾身上下都散發法國味。見面時，他頭戴灰色便帽，身穿黑色高領衫，外搭一件刷毛襯裡的工作背心。修剪合宜的山羊鬍鬚隱約帶著椒鹽色彩。當然，還有那十足的法國口音。

從入口的玻璃門進去後，杜蘭德帶我穿過正對面的一道厚重大門，進入生產車間。在九公尺高的天花板底下，即將完工的新桶一個個沿著軌道滾動行進，接受最後的磨砂及拋光。杜蘭德帶我走向右邊，來到庫房：迎面看到四千五百個木桶堆成的六座巨塔。冷冽的空氣裡放送著木屑的甜美芬芳。

杜蘭德在法國曾當過牧羊人。由於他父親是干邑酒廠的工人，因此杜蘭德也略曉木工，於是促成他在一九八九年加入哈杜工作，從此離開牧場。一九九四年，該公司營運版圖擴及美國，他因此來到加州。「當時我對英文一竅不通，卻奉命協同本地一群完全不懂木料、機具、酒桶或酒的工人一起工作。」然而，如今在他的帶領下，這間工廠每年製造一萬到一萬二千個酒桶——卯足勁時，他們每天可以生產五十五個——而他至今仍在廠內擔任工匠。「酒桶並不難做，但是工序非常繁瑣，」杜蘭德說，「只要走錯一步，最後做出來的就不是酒桶，而是口箱子。這還算幸運的了。」

當人們說到酒桶是用橡木製造的，其實不懂其中奧妙。在杜蘭德口中的法國「母公司」，製桶師常用的樹種有耗水量大、生長快速的利穆贊（Limousin）或英國橡（學名為

Quercus robur），也會用到耐旱力強、生長緩慢的無梗花橡（*Q. petraea*）。而在北美洲，最常見的則是白橡（*Q. alba*）。「我們在這用的一定是白橡，樹身筆直、又高又長那種，」杜蘭德說，「絕對不是加州那些歪七扭八的樹。」

哈杜使用的美國橡木主要來自阿帕拉契山脈的橡木林，分布在明尼蘇達州、密蘇里州和西維吉尼亞州。對蒸餾烈酒愛好者來說，聽到阿帕拉契山脈一定不陌生，因為按照行規，以玉米做為主要原料蒸餾而成的酒，必須先在全新的美國白橡桶中熟陳，才有資格稱為波本酒，而絕大部分白橡桶的木材都來自阿帕拉契山脈。儘管哈杜只為葡萄酒與高級烈酒提供酒桶，言談之中，還是可以察覺杜蘭德對一般烈酒業者不甚講究木桶的不屑。「我不會嘲諷的將一般威士忌酒桶比喻為木箱，不過它們的做工的確不如葡萄酒桶仔細，」他說，「木材的年齡不夠。烤得也不到位。」

還有另一項差異：波本酒桶以及使用其舊桶的蘇格蘭威士忌酒桶，在製桶前通常都是透過窯內烘烤的方式控制木材的溼度。但是葡萄酒桶的木材則是曝露於室外通風處自然風乾，過程中接受寒暑的洗禮，並感染環境中的真菌，因而促使木質結構的活化效應提前展開，讓製桶師作業時更能得心應手。

當你打算製造一個不會漏水的容器，你可能不會將木材納入首選，尤其是你不能使用防漏劑或黏著劑時——無論是瀝青、罩光漆、石蠟或鐵釘，都不行。這時，木材更是讓人避之唯恐不及。因此，從製作的難度來看，酒桶可說是一項令人讚嘆的木工藝術。它是一圈環形的木板，每條木板的中間部分裁切得比兩端寬，側邊的斜角切面也經過精密計算，因此，當木板彎折成桶形並以金屬圈緊緊箍住後，桶中的液體不會滲出——不會從木材中的氣孔滲出，也不會從桶板接縫處漏出。

論其材質結構，木頭幾乎完全由三種聚合物組成——木質素、纖維素和半纖維素。地球上僅有少數幾種生物可以將它分解，其中包括白蟻體內的細菌及某些真菌物種。這三種物質都無法溶於乙醇或水。此外，木材中還有介於百分之五至十二的其他成分。半纖維素與酒精作用後會逐漸釋出單糖，然後轉化成呋喃（furan）化合物，木質素最後則會分解出酚類物質。橡木的心材裡含有八種不同的單寧酸，為葡萄酒帶來苦澀感，但也散發幾許烤肉般的強烈香氣。

受到單寧的影響，橡木成長時會在紋理中留下肉眼可辨的痕跡。杜蘭德從木板堆裡抽出一條，用原子筆指著末端條紋給我看。「白色紋理是在春天生成的——質地柔軟、單寧較少，」他說，「深色的則是在夏天所產生，密集，丹寧量高。」與結構嚴謹的聚合物不同，橡木中的單寧（有別於葡萄中的單寧）會在水中解構。「訣竅就是照年輪大小來選。」杜蘭德說道。在過去，製桶師多半靠著目視與直覺來判斷板材中的單寧含量。現在，哈杜公司使用紅外線光譜儀來進行這項工作。

以往杜蘭德透過人工方式裁切、接合木板，現在他使用機具將這些木板組合、彎折，再用金屬環把它們大略箍起。在這個階段，它們看來像是一朵朵綻開的巨大花朵，或是餐廳裡廚師擺飾在羊排旁的紙花。接著，製桶師會在桶內生火加熱至華氏二百度左右（約攝氏九十三度），同時保持外側木板溼潤，因此橡木不會著火；而木質受熱軟化後，比較容易彎折。於是，木板外層變得可以伸展，同時不會在內部造成擠壓。冷卻後，木板就不會回復原狀，而是繼續保持緊致的彎折狀態。

雖然這是一件體力活，但是過程裡的種種細節可不容小覷。牆上高掛著三個大型數位計時器，顯示的紅色數字提醒著每個木桶的受熱時間，工作檯上方釘著一本詳細的操作手冊，每一頁都封在透明塑膠套內——均以英文、西班牙文雙語書寫。杜蘭德團隊裡有不少師傅來自拉丁美洲。「最後一道工序總是由同一個人負責完成，」杜蘭德說，「他幾乎不需要溫度計，用手一摸就知道了。」

杜蘭德帶我走到一個剛剛完工的木桶前，它才剛做完火烤，然後讓我湊近桶內輕輕聞一下。實在難以想像，聞來彷彿走進棕櫚叢中的麵包店。

現在，木桶的頭部及底部要分別鑿出板槽，稱為桶端接縫，然後嵌入底板，再以麵粉、水、木屑調成的糊膠封妥。「你也可以用蠟來封口，」杜蘭德說，「但是法國的古老傳統都用麵粉，而且價格相當便宜。它純天然、無味，與木材很搭。」

剛才用來將桶板大略箍起的金屬環，這時被換成了閃爍耀眼的鍍鋅金屬圈，它們事前已在一台大機器上裁切、彎曲，並打出鉚釘洞口。木桶在砂帶機的軌道上滾動前進，接下來準備灌入高壓水檢查是否有漏洞。等到所有工序全部完成時，你會覺得它們看來就像宜家家居裡可能會激起你購買慾的精緻商品——外表光滑、木質亮黃、金屬耀眼，全都呈現優雅弧線。木桶看上去都很輕，然而，裡面最大的幾個比我還重。「沒使用黏著劑，也沒用鐵釘或其他東西，」杜蘭德說著，手指輕輕拂過一個木桶的接縫。那是充滿深情的愛撫。

黑色怪物身分揭曉

加拿大的史考特還在和神秘真菌繼續奮戰。此刻，他已知道它們是種嗜酒真菌，只是不曉得它們究竟如何喝到酒的。二〇〇一年十一月，他決定休個假。休假中，史考特見了他最要好且相當了解酒的朋友，一位實習中的品酒師，並告訴他倉庫被真菌染黑的事。這位通曉酒類的朋友立刻知道是怎麼回事。「那是『天使的分享』（angels' share），」他說。

這是史考特頭一次聽到這個名詞，如果他曾經參加過蒸餾廠的正式導覽，就不會一頭霧水。烈酒在桶中熟陳時會不斷蒸發——從木質中漸漸散出，也可能從接縫及桶口揮發。威士忌業者認為他們每年都會散失百分之二的桶中陳酒，當然實際情況也視天候狀況與酒精濃度而定。他們為此取了個有著詩集況味的名稱「天使的分享」，意味著敬奉上蒼賜予佳釀。然而，這份心意可能超出基督徒的十一奉獻——百富曾經有桶酒齡五十年的單一麥芽威士忌，開桶裝瓶時發現，桶中已短少百分之七十七的酒液。天使的分享也會提高酒中其餘物質的濃度。一位品酒者的筆記寫著，他嘗到了那款經過「緩慢而莊嚴」的熟陳工序的百富威士忌，而且是「雍容華貴的一小杯」。我自己也嘗過一、兩次酒齡達五十年的蘇格蘭威士忌，心得是它的香氣與口感層次似乎比年輕的酒簡單些（例如，有瓶以泥煤香味著名的艾雷島威士忌〔Islay〕，開瓶後已聞不到泥煤味），但特別的是，它的風味卻更顯醇厚濃郁。

生長比較緩慢的橡樹，其緊密的紋理中蘊藏了較多可供烈酒萃取的物質。然而，威士忌製造商或其他業者，從來都不太計較紋理，他們關心的是儲藏條件——主要包括受熱及溼度。舉例來說，在金賓酒廠，傳奇的蒸餾師布克・諾埃（Booker Noe）順著地球南北軸線蓋出那高達九層、狹長形的多層式倉庫（在肯塔基當地被稱為「瑞克屋」〔rickhouses〕），倉庫狹長的兩面每天可以曬到較多太陽，使得烈酒熟陳時加速受熱。甚至連大氣壓力也有影響。「氣味分子從高氣壓處沿著纖維素分子鏈移動到低氣壓處，」知名的酒桶顧問吉姆・史旺（Jim Swan）說道，「除了酒精會沿著纖維素分子鏈移動，水也可以。有些頂級蘇格蘭威士忌的產地條件會讓桶中的水分增加。」在蘇格蘭西海岸地區熟陳四年後，酒桶中的確可以增加五公升的水。若是儲藏於涼爽地窖或蘇格蘭溼冷低矮的單層倉庫裡，桶中酒液會散失更多乙醇；反之，在炎熱的南美洲，散失的則是水分——肯塔基「瑞克屋」曝曬在陽光下的金屬邊牆，就是為了加強這種效應。存放位置愈高，受熱效果愈好，所以「限量版」或「單桶裝」的波本風味特別精彩——因為它們在倉庫中的位置往往恰到好處。

無論如何，我們已知：倉庫中熟陳的烈酒會散失乙醇蒸氣。現在，史考特明白了當初在倉庫外頭聞到的酒味，代表蒸餾廠與真菌間的一條化學變化關聯曲線。有此領悟後，被他列為頭號嫌犯的，是有著「酒窖真菌」之稱的平臍疣孢菌（*Zasmidium*）。這種真菌長在熟陳烈酒洞穴的牆壁上，尤其會在屋頂聚集，並招引更多其他微生物群居。（在一些酒莊，你會看到黏膜狀的微生物群從頭頂滴落到酒桶上，景象相當噁心。）仰賴乙醇蒸氣維生的真菌可能有多少種呢？史考特認為，他調查的倉庫中藏有巨大的平臍疣孢菌殖民地。「以它們棲息性質的相似性，以及我所找到的一些有關此種真菌的特徵描述，當時我認為十拿九穩。」他說道。

荷蘭烏特勒支（Utrecht）的ＣＢＳ菌種中心（Centraalbureau voor Schimmelcultures，全球最重要的真菌樣本及基因傳導物質保存中心，一般稱為ＣＢＳ）有培養平臍疣孢菌，所以史考特向他們訂購了一些，然後用顯微鏡觀察，可是它們看來一點也不像倉庫汙漬中的真菌。此外，平臍疣孢菌只能在涼爽、氣候穩定的洞穴內存活，而史考特調查的真菌卻生長於戶外，可以在各種氣候條件下存活。

他再度陷入泥沼。現在他只能根據學理，判斷這種神秘真菌是烟黴菌（sooty mold）的一種。加拿大渥太華的農業部正好有位世界頂尖的烟黴菌專家，他名叫史丹・休斯（Stan Hughes），是位年屆八十有餘的研究者，辦公地點旁邊就是國家植物標本館，該館擁有北美最大的真菌樣本館藏。於是，史考特訂了機票前往渥太華。

休斯見到他時可真是興高采烈。雖然已是半退休狀態，休斯仍然有間辦公室，位在一幢猶如一九三〇年代小學教室的二樓，介於渥太華政府中心南邊的一般事務實驗用房舍與停車場之間。他的辦公室裡克難得令人意外；休斯把所有書籍都送走了。裡面沒有書桌，只有一張堆放著期刊的工作檯。角落高高的綠色鐵櫃上，貼了張從月曆撕下的貓咪照片做為裝飾，放置顯微鏡的板子是用兩堆電話簿所撐起。如此簡單的擺設看樣子也有好一陣子了；年事已高而微微駝背的休斯得墊起腳尖，才有辦法將眼睛湊到顯微鏡前。頭上垂下一綹綹的蒼蒼白髮，脖子上的銀色鍊子懸掛著閃閃發亮的放大鏡，休斯看來的確是如假包換的真菌甘道夫，史考特的救星。他非常樂意幫助史考特完成這項調查使命。「這樣可以振興以樣本為基礎的真菌學研究，」休斯說，「而不是一直搞那些化學玩意兒。」現在暫不理會基因學家的意見。

史考特把他的蒸餾廠樣本拿給休斯看，接著，他們在標本館內待了整整兩天，不斷移動著軌道上一排排高大的金屬檔案櫃，檔案架上堆滿了貼有手寫標籤、手折的信封袋，以及一個個裝有黴菌和菇類的小盒子。這時，休斯想起有人曾經寄給他的一件樣本，那是片附著了一層黑漬的石棉瓦屋頂，來自一九五〇年代的丹麥——不論用顯微鏡或肉眼，看來都和史考特在湖濱市看到的一模一樣。

然而，事情並不單純。原來這種真菌應被稱做串狀蘑菇菌（*Torula compniacensis*），按照字面是「干邑串狀菌屬」（Torula from Cognac）的意思。但是，串狀菌屬（*Torula*）在真菌學界被視為垃圾菌屬，每當學者們無法對某種真菌做出分類，就會把它丟到這個垃圾菌屬裡。真菌學者看到它就會直搖頭，一如水管工見到屋主自行補漏時的不悅。

所以，史考特知道自己除了用顯微鏡觀察串狀菌之外，還有很長的路要走。他還必須從史料中追本溯源。他找到了一些資料，卻疑點重重。西元一八七二年，法國藥劑師安東紐・波端（Antonin Baudoin），時任干邑酒廠農業暨產業化學實驗室負責人，在其出版的一本小冊子裡提到了讓蒸餾廠周圍房舍牆壁變黑的一種黴菌。波端當時把它誤判為念珠藻菌屬（Nostoc genus）中一種不知名的藻狀菌成員，並未將它視為個別菌種命名。

後來，法國植物學會的真菌學家查爾斯・艾德華・瑞創（Charles Édouard Richon）看到了波端的研究報告。瑞創與同儕在一八八一年發表了一篇論文，當中嚴詞批判波端的謬誤，並將此真菌重新分類為串狀蘑菇菌。瑞創的同僚卡西米・胡莫格禾（Casimir Roumeguère）取得這種真菌的些許樣本進行研究，發現它長得很像之前一位著名真菌學家皮耶・安德里亞・沙卡爾杜（Pier Andrea Saccardo）命名的菌種，但是很不幸的，沙卡爾杜的命名也不正確，使得胡莫格禾將錯誤的名稱謄寫到一份影響深遠的蠟葉標本集上，那是學界為搜藏家們製作的真菌樣本集，在愛好者群體中廣為流傳，並用來統一學術命名。這件來自干邑的真菌樣本很快就傳到各地，但是全都帶著錯誤的命名標籤。

史考特和休斯一路追尋到錯誤的源頭。「渥太華的植物標本館內，剛好就有胡莫格禾製作的蠟葉標本集，」史考特說，「所以我與休斯可以將它從標本館中取出，仔細看看波端採集到的東西。」

他們透過顯微鏡發現，這件被瑞創命名的串狀蘑菇菌和湖濱市的樣本看起來完全相同。但若按照現代較嚴格的定義，它不能被歸類到串狀菌屬。接著，他們在標本館中做了更多探究，確信它也不同於任何已知的菌屬。這時，史考特醒悟到自己即將在真菌家族宗譜上創造一個新的分枝。當然，他也得依循學界的規則來進行。「我們必須先培養出它的活體，」他說。他們得找到一件新樣本，做為「詮釋模式標本」（epitype），而且必須來自此菌屬最早出現的地點：法國。

正巧，史考特有位同事李察・桑莫貝爾（Richard Summerbell）正準備前往巴黎參加會議，也非常樂意來一趟免費的干邑酒區之旅。不久後，他從人頭馬酒廠（Remy Martin）報來喜訊。「酒廠導覽結束後，我們走進一旁的禮品店購買促銷中的人頭馬干邑（XO Remy Martin），也替詹姆斯買了一瓶，接著酒廠讓我們在前庭廣場自由活動，」桑莫貝爾說，「那裡長有許多抹了層黑的漂亮灌木，我們就隨手折取幾根枯枝。」

一般來說，發現新菌種沒什麼大不了，但若是新的菌屬（在界、門、綱、目、科、屬、種的架構中層級較高）就非同小可。史考特與同事們頗感激動，他們即將為一個新菌屬命名。他不想使用自己的名字，覺得那樣太過厚顏又不堪入耳，而資歷豐富的休斯已經擁有十幾項以他為名的菌種及菌屬（何況對休斯這般禁酒人士來說，替一個酗酒菌屬冠上自己姓名也不太符合猶太飲食戒律）。最後，史考特團隊想到揭露此菌屬的第一位真菌學家，決定向他致敬。他們將此菌屬命名為波端氏菌屬（*Baudoinia*，中譯為「倉庫染色菌」），至於菌種欄目則保留原來的「干邑之菌」（*compniacensis*）之名。於是，新命名的英文涵義為：「干邑的波端氏菌屬」（*Baudoinia compniacensis*）。

木質與酒液之舞

從化學角度來看，裝滿酒液的酒桶是一個熱鬧的地方。酒桶的木質結構裡，纖維素和半纖維素都是葡萄糖分子鏈緊密重複交織而成的巨物，在製桶過程裡遇熱會釋出糖分——葡萄糖、己糖和戊糖。但是，木質中的第三大成分木質素就不太一樣。雖然同樣也是巨大的分子聚合物，不過結構中的次單元不具重複性。香草醛（具香草味）大概占了其中一半的成分，其餘是帶有烤肉味的癒創木基（guaiacyl，又名鄰甲氧苯基）、帶有丁香味的丁香酚（eugenol），和丁香醛（syringaldehyde）。遇到高溫時，木質素中散發香氣的醛類物質會在胺羰反應下轉化成帶有焦黃肉香的氣味分子。木料中的細孔在高溫下鬆開，酒液得以進入，使木質素局部分解並萃出單寧及其他氣味分子。接著，乙醇會繼續引起所有化學物質相互作用，而醛類物質與酸類混合後，會生成帶有果香及酸味的酯類。

再者，酒液從桶中蒸發散出（天使的分享），也意味著外在空氣同時滲入酒桶。蒸餾過程中，沒有被銅吸收的硫化物此時開始活躍，可能蒸發，也可能形成人們較能接受的氣味——不過這通常要花上好幾年。進入桶內的氧氣也會讓乙醇氧化為乙醛和醋酸。這便是陳年啤酒口感怪異的原因；啤酒中充滿脂類的油脂分子，氧化之後變成不飽和醛分子（nonenal），嘗來有如紙板般乏味。

酒桶中出現的這些液體，甚至可能改變酒液主體的分子結構。桶中的水分會使乙醇分子簇集成團。隨著時間流逝，簇集的乙醇分子團塊愈來愈多，造成的影響是讓酒中的乙醇味變淡。這些液體也會附著在一些揮發性分子上，成功降低其揮發性，使它們在烈酒中的氣味不再突出。所以，當人們說一杯酒喝來「滑順」（smooth），大概就是形容這種感覺。

酒液遇到不同品種的橡木，所消溶的物質也就各異。吉姆‧史旺打算進行一項實驗，希望找出最好的橡木材質。史旺在酒桶界深具威望，精通各種木料。就我所知，他幾乎諮詢過所有製桶公司，其中包括美國烈酒業主要的酒桶供應商之一，獨立橡木桶公司（Independent Stave）。他請乾飛蒸餾廠（Dry Fly）生產了一批原酒，然後分別在獨立橡木桶公司各種不同木質的酒桶中熟陳——使用的木料包括產自美國、法國、美法複合，以及歐洲的。

二〇一二年的美國蒸餾協會會議上，史旺就這項實驗做了初期成果分享。會場有來自前十大業者的代表，坐滿了六張圓桌，會場內各種木桶熟陳的威士忌，每人都各自品嘗了半盎司左右。這些酒的口感差異非常細微，但也相當顯著。用美國橡木桶熟陳的威士忌香氣比較濃郁；法國橡木桶的則散發出香草及牛奶糖香味。在五種威士忌中（其中一種是用一般波本酒桶熟陳，在鑑賞中做為「比對控制組」），我最喜歡美法複合酒桶熟陳的那款，其酒桶是以美國橡木板條組成腹部、法國橡木做為桶底正邊。（相較於板條，桶底正邊的表面積較廣，這代表它能接觸到更多桶中液體。）

史旺覺得這個實驗還得繼續進行一陣子。「法國和歐洲橡木的氣孔比美國橡木多了許多，」他向在場人士說道，「所以還需要多一點時間。目前我們還無法評斷這些酒的氧化效應。」史旺說，你不能直接對酒桶灌入空氣或瓶裝氧來加速氧化，因為那些都是 O_2，兩個鍵結的氧原子，而為了使烈酒發生一如熟陳時的氧化作用，你需要靠原子氧，也就是單一的 O，那是種被動原子，等著被其他物質鍵結。

過了一年，我和獨立橡木桶的研發主管大衛・洛德拉（David Llodrá）談到此事，當時實驗又有了更多發現。美國橡木桶中的酒，香草味一路飆高，而帶著煙燻味的酚基物質，例如癒創木基，則不斷淡去。對洛德拉來說，這些結果顯示，他們必須為桶中熟陳酒液的分子運動建立一個模型，方便蒸餾業者事先判斷熟陳期間內，當葡萄酒或烈酒滲入木質更深時所產生的整體效應。「所以說，舊桶裝的新酒味道會不太一樣，」洛德拉說，「木質表面已經消溶了一次，因此第二次盛入的酒會浸潤得更深。比起第一次裝酒，第二次裝的酒會更快萃出木質內蘊。」

還有更前衛的手法嗎？製酒業永遠不會滿足現狀。若你不在乎能否使用地區規範的響亮名號——譬如說，你不在意放棄「波本」或「蘇格蘭威士忌」的招牌，那麼大可拋開橡木，試著採用更新奇的替代物。明尼蘇達州有家名為「黑天鵝」（Black Swan）的製桶公司，他們使用非傳統木材來製作酒桶及內裡，並在內壁鑿出蜂窩造型以擴大酒液接觸面積。

在美國蒸餾協會會議附設的展場裡，黑天鵝公司的攤位上擱著四個梅森罐（Mason jar）。每個罐子內都裝有原酒（酒精含量達百分之五十九），以及一條長約三英寸、鑿有蜂窩造型的木片。所有罐內的酒都已浸泡一個月，並呈現一如波本般的棕色。四條木片各不相同，分別是白橡木、櫻桃木、黃樺木及胡桃木。黃樺木浸潤的酒液嘗來有種說不出的圓潤，但若談到特色，則以胡桃木最令人印象深刻，散發出不帶煙燻的烤肉味。除了我，在場不少人也贊同這將會是很好的啤酒口感。據我了解，黑天鵝才剛為紐約一家比利時愛爾酒廠「遛彎」（Ommegang），熟陳一批二萬加侖的啤酒，酒桶以硬楓木做為內裡。

熟陳手法推陳出新

蒸餾酒與葡萄酒業者都相當執著於熟陳處理，但又覺得過程太花時間。葡萄酒業者深愛白酒中的橡木味（有時真的過於執著），以及頂級紅酒的圓潤芳醇，不過他們也會販售相當年輕的酒。至於蒸餾酒業者，他們選擇較多，一方面可以專賣不需熟陳的酒，比方說琴酒、果香白蘭地，還有白蘭姆酒，產能永遠趕得上銷售速度。但是另一方面，無論大家贊同與否，棕色烈酒應該都能在蒸餾酒中傲視群倫。

老字號的蒸餾業者如人頭馬、格蘭利威或金賓，都是高度資本密集的企業，他們一直持有大量庫存，直到面臨二〇一二、二〇一三年發生的威士忌大酒荒。在那之前，他們總是好整以暇的先讓原酒陳放個三年、八年、十五年，乃至更久；他們信心滿滿，因為早在三年、八年、十五年前，他們都已陳放了一批酒，現在正好拿出來賣。

然而，全球威士忌飲用人口的飆增，打亂了蒸餾業者的步調——愈來愈多酒商改弦易轍，公開將無年分烈酒商業化，酒瓶上不再標示酒齡。他們不再公布年分，因為行銷人員認為酒齡與品質同樣重要，而且，除了在瓶中裝入年齡尚淺的酒液之外，已經無酒可售。蘭姆酒研究者拉菲爾・阿羅約在一九四五年寫道：「市場需求不斷增加、缺乏適足流動資本、渴求立即獲利的心態，連同毫無節制、不公平的競爭及許多業務上遭遇的衝擊，已經迫使製酒業者不得不盡快讓產品上架銷售。」

於是，所有業者，無論大廠或精釀皆同，開始懷抱一個夢想：製造不須熟陳，但嘗似陳年的佳釀。

例如，早在西元一八一七年，工業革命參考手冊《工藝大典》（*The Cabinet of Arts*）

中便已在論述釀酒及蒸餾的章節裡，指出時間是造就優良法國白蘭地風味最重要的因素。該書作者接著慫恿你做出完全相同的仿製品。書中說道，首先，盡可能地蒸餾出純而無味的烈酒，然後添加「精華酒」（oil of wine，濃縮酒）與一點糖蜜或焦糖漿來上色。嘿！一樣是白蘭地，得來完全不費工夫。美國雞尾酒黃金時期的調酒師威廉・布斯比（William Boothby）提過同樣令人懷疑的手法。他在《一八九一年美國調酒師》（*1891 American Bar-Tender*）中，為熟陳欠佳的啤酒提出補救之道：「加入少量醃黃瓜和酸橙，兩者都要先切碎，」他在該書的〈烈酒商的不傳之密〉章節中如此寫道，「這樣可讓麥芽酒嘗來比實際酒齡多上六個月。」我的天！布斯比先生，足足六個月嗎？謝啦！（其實，相同字句早在十六年前就已經出現在另一本書中，書名為《知識寶庫：抑或古老之密與新解之謎》〔*Our Knowledge Box: Or, Old Secrets and New Discoveries*〕，由此更可看出布斯比的無知。）

一八〇〇年代晚期，蘇格蘭的威士忌製造商開始採用一種沿襲自西班牙雪利酒業者的手法，以西班牙葡萄蜜酒（paxarette）為酒桶「調味」，那是與雪利酒混釀、香甜而厚重的濃縮甜酒。他們在桶內噴灑這種甜酒，施加壓力使其附著於酒桶內，再把殘餘汁液倒出。法國干邑的製造者過去曾經使用密封的容器來加熱白蘭地，讓溫度逐漸到達華氏一四〇度與一七五度之間（攝氏六十度至七十九．四四度）；這個稱為「槽探」（tranchage）的程序，可以在不損失天使的分享的情況下加速酒液氧化，但最後產生的白蘭地卻有著古怪的口感。這道程序已被法律禁止。

阿羅約研究蘭姆酒時，收集了一疊寫滿口訣的紙張，上頭敘述著以人工方式熟陳蘭姆酒的種種秘法與技巧。裡面有些是你已經知道的手法，像是添加水果萃取物、時而添加酒精、時而僅做熟陳——也包括了添加「蘇格蘭李子酒」。製造過程中還會添加包括丁香油、肉桂、香草及苦杏，另外還有各種糖類，有楓糖、蜂蜜和葡萄糖。有的蘭姆酒業者更有創意。他們在製程中加熱酒液，或是冷熱交替作業；他們也會對烈酒注入氧化劑，例如氧氣、過氧化氫和臭氧。阿羅約說有些人想到更怪異的方式，對酒液施以電解法和紫外線照射。

在此同時，許多公司販售橡木板條、橡木碎片，以及裝著滿滿橡木屑的過濾紙袋——就稱其為茶包好了。葡萄酒商或蒸餾業者把這些東西浸泡在鐵製酒槽內，用來複製熟陳時的許多化學作用。事實上，在一篇探討一九九〇年以來各種人工熟陳蘭姆酒技術的論文中，西班牙格拉納達大學（University of Granada）食品營養系的酒精飲料組舉出了十八種作法，其中大多數都有添加橡木碎片。

其實還有不少其他方法，大家各顯神通。噶瑪蘭（Kavalan）是一種台灣威士忌（產自吉姆・史旺協助建立的蒸餾廠），雖然僅熟陳兩年，卻在競賽中贏過經典的單一麥芽威士忌；生產者表示，其陳年風味乃是拜台灣炎熱潮溼的環境之賜。說得沒錯，理論上，新產烈酒在高溫下會滲入木質，並加速所有化學物質彼此作用，而在潮溼的環境中，乙醇可能更容易從酒液中釋出，隨著天使的分享散去。現在所有南半球的蒸餾廠，舉凡在印度、澳洲或南非，都在嘗試相同作法。

小型蒸餾廠手上沒有庫存，但又想讓產品盡早上市，所以他們通常直接用小桶熟陳，相較正規的五十二加侖酒桶，他們的酒桶只裝二到三加侖。小型酒桶造價昂貴，但可增加每單位酒液接觸桶面的比值；換句話說，大幅提高萃取橡木中物質的速度——三至五個月的效果往往足可比擬數年的熟陳。紐約的圖西爾鎮酒廠（Tuthilltown）就採用此方式生產五種烈酒，以三百七十五毫升的可愛袖珍酒瓶盛裝，並標上「哈德森威士忌」（Hudson Whiskies）酒標，價格不菲。羅夫・艾倫佐（Ralph Erenzo）和布萊恩・李（Brian Lee）當年創立圖西爾鎮蒸餾廠時打算使用小酒桶，隨著公司成長，逐漸開始採用較常規的大型酒桶。不過，「當我們開始用較大的酒桶，像是五加侖、十加侖、十五加侖桶——其實也不大——我們隨即發現烈酒風貌開始發生變化。」蓋博・艾倫佐（Gable

Erenzo）說道，他是羅夫的兒子，也是業主之一。

對於受過正統品酒訓練的人，心中或許已認定熟陳十八年的單一麥芽才能算是威士忌，他們不會欣賞小酒桶熟陳、充滿樹脂與松木味的酒液。年分淺的威士忌或許吸收了橡木累積的菁華，然而酯化及氧化程度不足，也缺乏酒液中分子結構長年作用後的繁複風味。它們往往不夠成熟，口感犀利卻少了芳醇。儘管色澤棕褐，嘗來卻顯青澀。全美唯一的大學部蒸餾課程設立於密西根州立大學，由克里斯・伯格倫德（Kris Berglund）擔綱，在他的苦心安排下，大部分的校外實驗以小型酒桶與溫度控制為主。「我們發現使用小型酒桶的許多缺點。結論是，我們不建議使用小型酒桶，」伯格倫德說，「看來，搶了天使的分享真是罪大惡極。」

現在，圖西爾鎮酒廠試著做到兩全其美。他們先用大酒桶熟陳一定分量的烈酒，再把大桶與小桶中的酒液倒在一起調和。威士忌業者對以下論點有不同看法：如果想讓烈酒口感「直逼」經典的蘇格蘭威士忌，用小桶就是辦不到。那麼，如果想創造出一種新鮮、有趣，或甚至更加令人玩味的口味呢？當然，沒問題。值得一試。有何不可呢？

圖西爾鎮酒廠還有另外一招。他們曉得酒液與木質頻繁接觸的好處——這讓我聯想到蘇格蘭的酒廠，那兒的倉庫經理總是忙著把酒桶從高架滾到低架，好讓架上所有酒桶都有機會陳放在相同的環境及條件下——蓋博的父親便有了透過音樂向酒桶放送重低音的念頭，想藉此讓桶中酒液發生振盪。於是，他們在這間一七八八年的磨坊改建的倉庫裡安裝了音響喇叭，入夜時分便開始播放「探索一族」（A Tribe Called Quest）的專輯，不但調高音量，還使用迴響貝斯效果。「我們的確開始感受到較以往深厚的口感與香氣，」艾倫佐說道，「我們管它叫酒桶音波熟陳處理。」

後來，有位聲學工程師參觀酒廠時看到音響喇叭，於是詢問了原由。他為此深深著迷——幾天後，工程師帶著筆記型電腦和丈量尺回到酒廠，開始對酒桶、倉庫，和喇叭展開運算。根據計算結果，他訂了新的播放曲目；如今，每個酒桶都會收到一個特定低頻波長。「現在沒有以前那麼熱鬧了，」艾倫佐說，看來有點不捨，「不再像是每晚舉行狂野派對。但是每個酒桶都有了自己的調性。」效果是否更佳呢？艾倫佐說他們的確曾對各種大小酒桶中的酒液進行氣相層析儀分析，並找出區別，倒是從來沒有將音波熟陳後的酒桶與靜靜陳放的互相比較。

也有人做過更難想像的事情。業界謠傳，帝亞吉歐曾經試著用塑膠膜將酒桶完全裹住，讓天使的分享跑不出去，以便熟陳之後還能保有較多酒量。帝亞吉歐公司從未公布結果，看來不太理想。波本威士忌酒廠水牛足跡為了進行實驗，蓋了一間多層式倉庫

（他們稱之為X倉庫），雖然總共只能容納大約一百五十桶酒，但裡面隔出了許多儲藏間（包括一間完全開放式的），以營造熟陳時的各種外在條件，比方說溼度、自然光線及溫度。還有另外一件奇聞：傑佛遜的海洋限量版威士忌（Jefferson's Ocean bourbon），的確曾在一條船上熟陳了將近四年。那是在海上。它的用意是，當船身隨著海浪擺盪，桶中酒液也隨之搖晃，可以更頻繁的與木質接觸——天使的分享去化後留下的空間，招引了帶有鹹味的海洋氣息，讓這支酒頗受好評。

即便最傳統的工法也有其玄機。加州聖克魯茲的小山丘裡，丹・法爾伯（Dan Farber）製作出極佳的白蘭地及蘋果白蘭地，打響了歐瑟卡里（Osocalis）這塊招牌。法爾伯沒有就近採用加州葡萄酒來蒸餾白蘭地（即使他們不在法國南部），反而遵循法國干邑及卡巴杜斯蘋果酒（calvados）的規範——包括在古老法國完全合法的操作方式，為酒被附陳年風味。雖然曾經鑽研地球物理學，如今法爾伯不用分析儀器，情願善用自己的鼻子與味蕾，令人感到意外。「我做過決定，不透過科學觀點，要從藝術角度來經營，」他說道。他的蒸餾廠是從一間大穀倉改建，所有房舍是用水泥沙漿澆注在茅草屋牆構築，屋頂還塞滿當地牧草，廠內最先進的設備當屬那具洋蔥般的夏朗德（Charentais）罐式蒸餾器，低矮、近乎球狀的造型上，伸出修長、典雅的頸部。在法國，蒸餾師常會把它裝在馬車上，然後運到果園及葡萄園旁，方便農人們就近處理收成。法爾伯相當熟悉這些典故；他在卡巴杜斯、干邑與雅馬邑都受過訓練。「我在那兒造訪過一些鄉下的小製酒商，然後就愛上他們了，」法爾伯說，「在干邑地區，他們多半都把白蘭地賣給大戶賺取酬勞，不過，最好的珍品一定留在自己家中。」

所以，他就在這小小山谷裡打造自己的世外桃源，周遭滿是泥濘與遊盪的雞群，一條木橋連著曲折小徑，若隱若現的通往主要道路（沒那麼彎曲，只是不易察覺）。法爾伯使用跟干邑產區相同的九十加侖裝法國橡木桶，他說這種木桶提供最理想的單位酒液接觸桶面比值。在熟陳時，他會不時為酒液更換木桶，有些酒桶帶來風味，有些不會，白蘭地經此處理至少四年，各自產生嶄新風貌，再加以調和，賞味後，還可繼續熟陳。塵埃僕僕的家裡長著蛛網，還有黑色真菌相伴——或許便是詹姆斯・史考特所命名的波端氏菌。「其實我很欣賞這些植物，有它們相伴，家裡別具特色。」法爾伯說。

這些經過二次蒸餾的干邑，或是它那稍顯粗獷、蒸餾一次的堂弟雅馬邑，在熟陳的時距上依循著相反事物，與波本威士忌的作法背道而馳。在認知上，大家清楚美國威士忌在桶中多放幾年其實討不到便宜；法國白蘭地則要陳個三、四十年才能出類拔萃。「它們會在酒桶中經歷滄海桑田的變化，」法爾伯說，「這就是陳年好酒精彩的地方。它們能夠自我淬鍊出新的生命。」

但法國人仍舊不太放心，或多或少對這番自我淬鍊表達關心。在法爾伯早期的一次干邑之旅，他造訪友人的蒸餾廠，看到一個裝有褐色稠濁液體的大缸。「那是什麼？」他問道。

「那是我祖父傳下來的林木香精（boise），」法爾伯的友人答道，「它已經有九十五年的歷史了。」

林木香精主要是從碎橡木屑萃取的精髓，它與焦糖（加熱楓糖產生的褐變）都是合法的干邑添加劑。「聞起來真的令人驚豔，」法爾伯說，但是口感極為緊澀。將林木香精及焦糖加到陳放許久的干邑中，可以促成法爾伯所說的「圓滿」，品來口感豐厚，餘韻綿長。「在一位手工師傅那兒，就連楓糖漿都經歷了二十五年的歲月，」他說，「遠遠強過那些在小酒桶裡放點橡木味道做出來的東西。」法爾伯表示，所有這些努力都彰顯出調配者的巧妙——陳年楓糖漿、酒齡較淺的白蘭地、林木香精，以及最重要的，讓它們共同度過幾十年的桶中歲月。

歐瑟卡里出品的XO白蘭地（的確令人激賞），瓶中所有原料的年分沒有一樣少於十二年，每瓶要價超過一百美元。對於口袋夠深的消費者，絕對是物超所值的商品，但就法爾伯而言，他經營得相當吃力。「有支酒我們十三年來都沒發售。我們有所堅持。在這期間，市場上已出現不少好東西，」法爾伯說。他指的是其他美西地區的白蘭地及果香白蘭地業者——日爾曼－羅賓酒廠、清溪酒廠及聖喬治酒廠。然而，最近冒出的新世代小蒸餾廠卻令人啼笑皆非，也讓業界的老將備感艱辛。「新創酒廠今天在市場上鼓搗風潮。當他們說『瞧，這是我們熟陳三年的精釀白蘭地，只賣六十元』，這對奉行古法的業者的確是一大打擊。」

現在，連大型蒸餾業者也想在古法之外另闢捷徑。有家叫「特瑞森蒂亞」（Terressentia）的公司抓住了這個商機，這家公司位於美國南卡羅來納州查爾斯頓市，它有項獨門、高度機密的淨化技術，可在短時間內仿製烈酒的熟陳作用。聽來像是狗皮膏藥，不過它有一群死忠擁護者，我的味覺多少因此受到影響。「雖然我們持有蒸餾廠營業執照，但是我們不做蒸餾，」鄂爾・惠利（Earl Hewlette）說道，他是公司的ＣＥＯ。「主管機關不讓我們使用『淨化』這字眼，所以我們改稱之為『清淨』。但基本上是一碼子事。」

根據技術發明人之一泰勒（O. Z. Tyler）所說，他們浸入橡木板條，讓酒液有更多機會接觸到那些大家喜愛的萃取物，也會在酒液中灌入氧氣來誘發氧化作用。他們透過超音波從酒中移除不討喜的同屬物——但也有辦法留下你想要的物質。泰勒表示，剛開始，他只想研究一種人工熟陳威士忌的方法，但是現在也踏入了其他烈酒領域，包括龍舌蘭與琴酒。

「目前，行業中用來增加乙醇風味的各類技術其實不出三種。首先是過濾法，再來是反覆蒸餾法，第三種就是桶中熟陳。」惠利說，「而我們的技術之所以強過以上任何一種，是因為我們能夠移除同屬物。從氣相層析儀可以看到，我們的技術讓酒液中的自由基與次醇大幅減少，是其他三種方法遠遠達不到的。而酒的風味，無論你指的是龍舌蘭的仙人掌味、蘭姆酒的甘蔗味，還是波本或威士忌中的穀物味，都變得無比清晰。」他還說，他們只需八小時，就能讓波本新酒嘗來有如已在多層式倉庫中陳放六年。當然，這也是百分之百的專利技術。「我們在世界各地的專業品酒會中與市場的頂極產品較勁，至今我們贏得的獎牌已經超過九十面。」泰勒說。

惠利表示要送我一些樣品酒，其中包括一款熟陳六個月的波本，據他說，曾在一次盲品（blind tasting）競賽中打敗業界兩大知名品牌：渥福精選（Woodford Reserve）及留名溪（Knob Creek）。我欣然接受了他的餽贈，於是，兩個星期後，聯邦快遞送來一個紙箱，上面註明「易碎品」。打開後，裡頭出現七支迷你玻璃瓶裝的樣品酒，瓶口封了膠帶：分別是琴酒、龍舌蘭、柑橘味伏特加、蘭姆酒、白蘭地和兩支波本。我一瓶瓶打開品嘗——嗯，我沒動那瓶柑橘味伏特加，別開玩笑！

樣品中，琴酒和龍舌蘭味道非常普通。假如你告訴我它們都是頂級，我大概會信，不過我沒嘗出任何特別之處。至於純波本則相當不錯，正如惠利誇下海口那般。雖說僅熟陳六個月，品來卻跟任何小蒸餾廠以小桶熟陳的波本一樣好。我從裡頭捕捉到，比方說，一九九〇年代加州夏多內過重的橡木味，以及些許屬於分子鏈較短的單寧苦澀，通常會出現在氧化不夠久的棕色烈酒中。不過，就一種未經傳統熟陳處理的烈酒而言，的確令人印象深刻（當然，我沒嘗過它更早的「前身」）。

但是，對歐瑟卡里的法爾伯或是與他理念相同的人而言，就絕對不會考慮特瑞森蒂亞的操弄方式。當然，部分原因來自他以歷史傳承做為行銷策略，這同時也是各大蒸餾業者奉行的準則。但在更深的層次上，對法國鄉村製酒工藝的熱情使他樂在其中。熟陳也有它變幻莫測之處，有批以可倫巴爾（Colombard）葡萄酒蒸餾、趣味盎然的草本白蘭地在桶中陳放八年後，嘗來卻不甚理想，這是否讓人感到頭疼？其實相當令人玩味。「它本來就不是一種平衡現象。需要足夠的時間，還要考慮分子動力的因素，」法爾伯說，看來他終究是位科學家——但比較偏向那種可以看到分子背後的神妙、精神層面的科學家。「我們可以投入時間；我們也準備等待。這本來就是一場棕色烈酒的遊戲，沒有耐心的人不適合玩。」

一波未平，一波又起

話說史考特終能為他的倉庫染色菌命名，所以，謎團是否水落石出？完全沒有。史考特在生物分類中將它正確地歸納到更廣的菌屬層級，然而……那又如何呢？之後有人對波端氏菌做了基因分析，指出它不過是某種酒窖真菌的遠親，兩者都噬食天使的分享。史考特仍在繼續探究這種真菌如何善用天使的分享——它似乎可以誘導波端氏菌分泌熱休克蛋白質，從而得以承受嚴寒酷暑，或許這也解釋了它如何存活在天候差異極大的棲身之地，從干邑、加拿大，到肯塔基。

為真菌命名幫不了希拉姆沃克蒸餾廠，他們仍舊無法把它從鄰居房舍上去除。雖然史考特曾建議用鹽水清洗，但最後蒸餾廠（現已併入酒類貿易集團保樂利加）對整個研究已失去興趣。他們轉而耗資以高壓水柱清洗房舍，如此似乎可讓政府環保部門滿意。蘇格蘭威士忌協會（The Scotch Whisky Association）的發言人公開表示，在事件中造成汙染的只是些尋常的真菌（他拒絕透露任何數據或研究人員姓名做進一步說明）。目前，在肯塔基州多層式儲酒倉庫附近，一群房舍遭到這種看似烟黴菌汙染的居民正在進行法律訴訟。

重大問題就這麼懸而未解。一種遠比智人古老、在地球上至少已存在一億三千五百萬年的真菌，如何在熟陳烈酒之地找到近乎完美的棲身處所，尤其是人類的烈酒歷史才不過短短數百年？「它是種都會型的極端微生物（extremophile），」史考特說。雖然都市並不算是特別極端的環境，但有時也相當令人驚訝。受熱集中的屋頂，或許是地球上少有的極熱所在，同時，自然環境裡也難以見到一如屋中角落般乾燥的位置。但以上兩處都有真菌存活。看來，在世上某些水果自然發酵的地方，必有自然出現的波端氏菌毗鄰而居。它也可能無所不在，平常趨於休眠，嗅到乙醇後便從蟄伏中甦醒。演化過程裡充滿了動植物找到如天造地設般生存環境的實例，看來就像大自然事先量身訂製。推測起來，波端氏菌——以及其他怪異、藏身於工業環境中的真菌，例如存活在噴射機燃油箱中，或晶片蝕刻溶液裡的——是人類出現前便已活躍於地球上的小傢伙。後來人類到來，更為它們打造了微生物環境中的天堂。

斯柏羅真菌檢測公司已搬到多倫多近郊的辦公地點，那裡從前是個工業區，如今則聚集了不少新創媒體公司和建築工作室。辦公室後方有個亮潔的小實驗室，仍在進行波端氏菌的實驗。

史考特認為它有可能是靠著露水擴散，因為乙醇溶於水的效率要比空氣高出二千一百倍。如果倉庫避免在每天露水出現的時間開關庫門，使得天使的分享沒有機會溶入露水，或許可以讓真菌的擴散受到抑制。「這很難說，」史考特說，「但誰曉得呢？搞不好我們已經有所發現了。」

史考特不是沒有其他案子。他因波端氏菌一戰成名，還為他爭取到多倫多大學的教職，目前他仍在該校授課。斯柏羅公司的生意也不錯，諮詢的客戶還包括省政府的毒物熱線，替他們分析菌類受害者的病情嚴重性，判斷是否需要洗胃，甚至換肝。同時，他也在調查家中微生物與孩童氣喘的關聯。然而，這些工作有時會令他感到厭煩。他還是想找出波端氏菌的生存模式。

老實說，我和史考特一起幹了件好事。在某個下雪天，我們駕車前往多倫多以北約一百六十公里處，位於休倫湖喬治亞灣南端的科林伍德（Collingwood），準備到那兒的一家蒸餾廠搜尋波端氏菌。史考特在谷歌地球（Google Earth）上發現加拿大霧酒廠（Canadian Mist）所在地附近的住家與牆壁滿是黑色物質，於是他想來這裡採集樣本。

在科林伍德，空氣中瀰漫著天使的分享的強烈芬香，一如在湖濱市。這裡的牆壁、路標，以及樹上都長了一層結實的黴菌，有些地方厚達八分之一英寸。

我在《連線》雜誌（*Wired*）上寫到史考特與波端氏菌的故事時，曾說史考特當時從一株光禿樹上剪下一截黴菌覆蓋的樹枝，然後扔進他的豐田休旅車後座。然而，真實情節是這樣的：他在駕駛座上將修樹剪刀遞給我，車子沒有熄火，而我則走進深及膝蓋的雪地裡吃力地剪取樣本。我們並未知會加拿大霧酒廠，所以史考特想盡快駛離現場。樣本被我匆匆丟到後車廂，返回多倫多的路上，我不停想著那真菌會不會跑進他的車廂襯墊內？

回到斯柏羅公司，顯微鏡下的樣本看起來卻完全不像波端氏菌。「這怎麼可能，」史考特說，看著從接目鏡投射出來的平板顯示器。「這些是啥玩意兒？」他用手指著一團團褐黑交錯的真菌上斑白的微小孢子。除了波端氏菌，他還看到其他東西。「裡面有這些圓圓、外表凹凸的東西，還長有平滑的菌絲。」史考特坐了下來，翹起了腿，手撐著下巴。他這會兒的模樣像是……被難倒了。一會兒，他站起身來。「沒關係。這樣很好。這下變得更有意思了，」他邊說邊笑了起來。今晚，他要調好瓊脂，看看會長出什麼東西來？

6 嗅覺與味覺

大約二十年前，普林斯頓大學有群經濟學家成立了一個品酒社團。他們為社團立了些規矩：聚會時間為每月的第一個星期一，風雨無阻——若是因故無法出席，必須找人代為參加。考量到有些葡萄酒相當珍貴，品過吐掉非常可惜，他們便安排車輛接送服務。儘管社團成員只有八人，每次聚會也還是要品八瓶酒，但他們所謂的「品嘗」可是要真的把酒「喝掉」。

社團裡最重要的規矩，就是必須以「盲品」方式進行所有品嘗。因此，大家事前都不知道斟入杯中的是什麼酒，評比結果也就不受酒標的貴賤左右。

普林斯頓這群學者最喜歡紅酒，尤其是產自法國波爾多的紅酒，然而，他們畢竟都是學界中人，真正熱愛的還是數據。僅用文字描述品後感言自然無法令他們滿意，他們亟欲將所有品嘗結果定性，以便統一區分葡萄酒的好壞。品酒社的創辦人之一李察・科萬特（Richard Quandt）便寫了一支電腦程式進行統計學試算，以妥善處理每次的評比結果——包括品酒共識、表決附議等。科萬特目前已經退休，資歷上可以看到，他著有不少微觀經濟學的教科書（還有關於賽馬賭局的書，另有一本探討狗的思考模式）。他滿口髒話，略帶俄國口音。「每次品酒會結束，我們就跑這程式，加些摘要，然後在網站公布，」科萬特說，「如果今天有人打算就葡萄酒評鑑的命題做些測試，我們可是試過一千零三十瓶了，而且每個月還會增加八瓶。」

他們的電腦軟體和成員（兩者同被封為「流動資產」〔Liquid Assets〕），影響力與日俱增。於是，普林斯頓的品酒會搖身一變成為美國葡萄酒經濟學協會（American Association of Wine Economics），同時開始出版期刊。原本的娛樂行為已然成為學術品酒的火車頭，帶著懷疑論者洶湧的撞向廣袤無垠、油水肥厚的職業葡萄酒評論家陣營。這是一列你不會想搭上的火車。

「那些職業酒評家，像是簡西絲・羅賓遜（Jancis Robinson）或羅伯特・派克（Robert Parker）之流，只不過是在嘗完後表達意見，」科萬特說，「而我們社團裡許多都是受過專業訓練、在大學從事計量經濟學研究的經濟學家。大家品酒後若有共識也可能純屬巧合，所以，建立統計上的顯著性實屬必要，不然所有品後心得都不過是瞎扯。可是，葡萄酒業界幾乎沒人認真看待統計上的顯著性。」科萬特的意思是，那些知名品酒人（甚至也包括品酒資歷深厚的自己）對酒的評分，都必須透過數學方法加以核實。換句話說，科萬特想把品酒人的喜好連結到葡萄酒的品質，以及不容爭辯的化學特質。假設你曉得葡萄酒裡有些什麼，你就能清楚判斷它的好壞，且能站在客觀立場。

但這實在遙不可及，誰也不曉得如何實踐。甚至沒人能夠從一杯葡萄酒（或啤酒、琴酒、任何其他酒）中完全肯定地辨識出所有成分，或所有氣味分子。也沒人確切知曉為何酒類嘗來如此？為何討人歡喜？更沒人確切了解人類的味覺感官。

平心而論，目前科萬特倒不真的認為人們，有能力對葡萄酒的品質、產地、製造者或口味做出真正客觀的評鑑，無論你多麼資深，因為他得到的數據是如此告訴他。「我們八個人的品酒經驗都很豐富，而且又這麼一起品了二十年，但是每次我們用統計學分析品酒結果時，出現的分歧還是多得驚人，」科萬特說，「每個人都擁有不同的效用函數（utility function），因此會各自針對葡萄酒的不同特徵來衡量。結果是，某人覺得很棒的一支酒，另一個人卻說很糟。看來，這個問題根本無解。」

你可能會認為「流動資產」成員長期下來彼此相得益彰，對葡萄酒也會更加了解。若真是如此，成員們品酒後理應達成更多共識，即使與外界不同調。可是，門兒都沒有。今天看到的分歧數據，跟二十年前一樣多。事實上，他們還引以為傲。

所以，科萬特覺得他們與職業酒評家主要的不同，在於酒評家往往言不由衷——舉個例子你就明白：科萬特在《葡萄酒經濟學刊》（*Journal of Wine Economics*）上有篇相關主題的文章，名為〈談葡萄酒鬼扯蛋〉（On Wine Bullshit）：

> 現今有許多拿葡萄酒大做文章的人，但他們討論的葡萄酒種類卻大致相同（泰半以波爾多產區為主）。因此，他們彼此間的共識實乃至關緊要。再者，他們的文章必須言之有物；換句話說，不該胡扯八道。令人遺憾的是，目前看到的酒評似乎一無是處。

這裡也要為葡萄酒品酒人（包括其他酒類的品酒人）講句公道話：要把某種飲食的氣味與口感說清楚，真的是件非常、非常不容易的事。想要清楚表達味道，特別是其中又融合了口感與香氣，往往會遭到貧乏的想像與有限的詞彙背叛。我們的敘事修辭取決於「芳香物的譬喻」（odor-object metaphor）——我們不會說聞到的「是」什麼，而是說它聞來「像」什麼。神經生物學家當納・威爾森（Donald Wilson）及心理學家李察・史蒂文森（Richard Stevenson）在《學習聞香》（*Learning to Smell*）中寫道：「在嗅覺的語彙裡，氣味與它實際的源頭幾乎總是難以細分。」苯甲醛（benzaldehyde）嘗來「像」苦杏與櫻桃。而櫻桃與苦杏嘗來本來就「像」櫻桃與苦杏，或者，像苯甲醛。倘若你從未嘗過兩者之一，或者更可能的情況是，你我二人對櫻桃的感知並不相同，那麼這種譬喻無疑只會讓你感到受虐般的無助。因為我們怎能武斷認定？我們的鼻子生而不同；我們的大腦差異更多。你吃過的櫻桃，也不見得跟我吃過的一樣。

那麼，我們要如何說出酒的味道呢？品酒時，我們該用什麼方法將口中的主觀感受連結到我們對酒的客觀認知，包括它的成分及製造方式？或許，研究酒的專家即將找到答案，這也不令人意外。這些對酒類味覺的研究向大家保證將能解讀各種味道……是的，所有味道，真的。酒精飲料使大腦將外在的量化形體編織成混淆的抽象模式，而且能力遠甚其他食物。

隱晦奧妙的品酒語彙

科萬特認為像派克這類的品酒人（也包括你那些會對餐廳酒單故作姿態的朋友），基本上都善於無中生有。此外，他們也像是擺攤的靈媒，以為可以自圓其說，殊不知他們僅是藉由察言觀色編出戲碼。「我無法相信一個人有能力單憑印象，就將葡萄酒中複雜的香味集合拆成八種成分，而且還能逐一辨識——像是一點菸草味、一點蜂蜜、一點柑橘、一點潮溼泥土、一點苔蘚，」科萬特說。回顧一九三七年，幽默大師詹姆斯・瑟伯（James Thurber）曾在《紐約客》雜誌（*New Yorker*）的一則卡通中嘲諷這種荒誕、無釐頭的鑑賞行為，裡頭的一名品酒人指著酒說，「這是勃艮第（Burgundy）當地原產的不知名品種葡萄酒，相信如此推測會令你感到開心。」羅爾德・達爾（Roald Dahl）在一九五一年寫過一篇出色的短篇故事〈品嘗〉（Taste），裡頭也將一位巧言令色的滑頭酒客描寫成一名假藝術家與騙徒。

若是非得找人為葡萄酒世界語彙的隱晦混淆負責的話，也許可以把這筆帳算到潘蜜拉・范戴克・普萊斯（Pamela Vandyke Price）頭上。她在一九七五年出版的《葡萄酒品鑑》（*The Taste of Wine*）裡，提出了一堆前所未見的品酒修辭，例如「平易近人的」（forthcoming）、「緊緻的」（pinched）、「稀薄的」（sloppy）和「活潑的」（vivacious），而不是使用比較具體或化學性的詞彙。從此以後，酒類的評論家紛紛仿效。

其實，當時普萊斯（可能是無意識的）嘗試在解決一個現實問題。如要細談品嘗與聞香，絕非討論其他感知，如色彩，可以相比。二〇一二年，以色列研究人員混合好幾十種氣味產生所謂的「嗅覺白」（olfactory white），這種組成的氣味不具刺激性，然而無論組成它的三十種氣味成分為何，聞起來都一樣。對他們來說，背後原理等同於中性的白噪音，或是白光——將許多不同波長的光以均等比例混合形成。光譜儀上可分出不同波長的可見光，讓肉眼看到不同顏色，但是我們並沒有讓複雜氣味中的「單純」香氣現形的氣譜儀。大部分人同意光波介於某個波長頻率區間時呈現「紅色」，我們不會再將它描述為「禁止標誌紅」或「血紅」。假設你沒有病理學上定義的色盲問題，那麼即便你對紅色的認知與我不同（我們又怎能確定？），你還是可以按照我的指示，剪斷定時炸彈上的紅色電線。

然而，嗅覺與味覺相去甚遠。對於這些感官接受的外界訊號，學者們正努力從哲學與科學角度進行探討，希望找出大家同樣熟稔的用字以便人們相互交流，不致造成誤解與困惑。

首先，我們得認清人類感官能力的極限。舉例來說，你可以向人詢問他當下能夠察覺幾種香氣——譬如在他啜飲一口葡萄酒後。一九九八年時，澳洲研究者安德魯・利佛摩（Andrew Livermore）與大衛・賴恩（David Laing）曾做過實驗，依照他們的論點，人們雖然可以在一到二秒內察覺複雜物質如咖啡或煤油的氣味，卻無法單獨區分出組成這些氣味的幾百種成分中的任何一種。

利佛摩與賴恩二人設計了一種叫做「嗅覺計」的設備，能夠把一到八種不同樣本的氣味以蒸氣形態噴出，為了確保濃度合宜，所有樣本氣味會先經由氮氣混合。（他們的嗅覺計是用一台蘋果IIe型電腦控制，這裡我不得不說，他們開始實驗時，這台電腦已高齡十五歲，是台老古董了。）實驗中選用的特定氣味成分，全都顯示在電腦螢幕上：煙燻、草莓、薰衣草、煤油、玫瑰、蜂蜜、乳酪及巧克力。現場有二十六個自願接受測試的人，他們只需做一件事：嗅聞排氣孔噴出的氣味，然後回報聞到的是什麼東西。當氣味成分只有一到四種時，受測者能夠很快且毫不猶疑的將成分辨識出來。可是一旦加入更多氣味成分，他們就變得反應遲緩……辨識的正確率也驟減歸零。當嗅覺收到的氣味超過四種後，大腦基本上會把它們揉擰在一塊兒，而這個組合起來的「完形香氣」（gestalt aroma）便會被大腦解讀成是某物體的氣味。

十年後，賴恩與同事們在另一個實驗中也得到類似結果，這次的受測團體更大，他們的任務是去察覺並分辨三種口味（鹹、甜、酸）和三種氣味（肉桂、青草及指甲油去光水）。這些受測者能夠正確區分出所有口味與氣味後，研究人員就展開各種複雜的組合測試，可能同時送出五到六種口味與氣味。受測者仍然可以辨別各種口味，但對氣味的感知則完全錯亂了。

科萬特曾提到人類感官不夠敏銳，他說得沒錯，而且正確的程度或許遠超過他能想像。有篇研究文獻的標題言簡意賅，就叫〈氣味的顏色〉（The Color of Odors），足以抹滅你對任何人有能力品嘗出任何味道的薄弱信念。研究是如此進行的：三位法國研究者拿了兩款波爾多的葡萄酒展開實驗，一款是白葡萄酒，使用賽美蓉（Sémillon）與蘇維濃兩種葡萄釀製，另一款是紅酒，選用的葡萄是卡本內蘇維濃與梅洛。

他們先讓受測者在日光燈照明下用透明酒杯品嘗這兩款酒，並請他們以所有能想到的字眼分別描述。在這個實驗中，品酒者的感受是否一致並不重要，研究人員也不在乎品酒者對色澤及口感的認知或共識，只要他們永遠分得出一種是「紅酒」，另一種是「白酒」即可。

接著，研究人員取出一種毫無香氣或味道、萃取自葡萄皮花青素的色素，將它滴入白酒中，使酒色變紅。在隨即展開的第二輪測試中，受測者品嘗了白酒與染成紅色的酒（其實也是白酒）。第二次的結果可說是品酒賽事中的一大災難。所有受測者幾乎無一例外，繼續沿用第一輪測試中的白酒評語來描述白酒。然而，他們也用同樣的紅酒評語來描述這次染成紅色的白酒。他們根本無法區分。僅憑顏色（不分香氣或口味）就主宰了一切，讓他們的大腦有所期待，也直接成為口中感受。

神級酒評其來有自

那麼專家呢？在高級的餐廳裡會有專業侍酒師向你介紹酒單，把每款酒的風味說給你聽，並建議最合宜的菜餚搭配。的確，這些侍酒師的味蕾必定經過長期訓練。

國際侍酒大師公會（The Court of Master Sommeliers）的認證共分四級，若想成為侍酒大師，必須逐級晉升，最後還得接受一場嚴苛、分三部分的期終測試，在其中一場為時二十五分鐘的實物考核中，候選人必須正確識別六種葡萄酒——指出葡萄品種、國家、產區及年分。每年都有幾千人通過前兩級的認證測試，但是只有一、二百人報考第四級，也就是包含實物考核的最高一級，且大約只有八到十人通過。今天，全世界只有二百多人擁有「侍酒大師」認證。

提姆・蓋瑟（Tim Gaiser）就是其中一位。他已不再為餐廳工作；現在他為葡萄酒顧客提供諮詢。我是直接到蓋瑟位於舊金山日落區的宅邸拜訪他，因為——我先自首——儘管我對棕色烈酒頗有心得，但對葡萄酒我的詞彙就僅限於「嗯，味道很好」，或「哦，我不太喜歡」等空泛評論。我從未掌握箇中技巧。

我們在他家飯廳的餐桌坐下，蓋瑟遞來一張公會的說明文件，上面為有志成為侍酒大師的人列出品酒要領。蓋瑟將葡萄酒形容為一種「集體幻覺」——這個說法與科幻小說家威廉・吉布森（William Gibson）筆下的「賽博空間」（cyberspace）相去不遠——但又說人們還是能在彼此的感知上找到共通性。「我們說羅亞爾所產的卡本內葡萄，紅色果實會比黑色的多。它有紅色的花朵、色彩分明的綠色草梗和綠色菸葉的氣味，含有白堊土成分，酸度高，丹寧含量卻不太多，而且甜度非常低，」蓋瑟說，「你取得了這些知識，別人也告訴過你，而當你實務經驗十足，且這些知識也能隨時浮現腦中時，你便有了專家的造詣。」

如同所有侍酒師，蓋瑟對品酒有套自己喜歡的作法，他也很樂意表演給我看。他從廚房取來一瓶羅亞爾的卡本內弗朗。他說，卡本內弗朗需要搭配餐點才能帶出這瓶偉大葡萄酒的好味道，不過蓋瑟替我倆各倒了一杯，然後將自己的酒杯傾斜成四十五度角，湊近鼻前約二、三公分處。他的嘴巴微微張開，然後嗅了一口酒的香氣。「就像我，鼻子一湊近杯緣，所有感覺馬上出現。現在，我正在建構影像。」蓋瑟啜了一口，吐掉，他說，這時他的心靈之眼前方打開了一張網格，仿若火車站裡懸於屋頂的一面大而發亮的時刻螢幕。所有被他點名的口感與氣味，連同圖象，此刻正從他的視線下方逐一浮現。「味道有那麼點兒粗鄙，」蓋瑟說，「然後出現了，像是紫羅蘭。好比紅色或紫色的花朵。裡面有種暗淡、陳舊、帶著土味的元素，還有種無機成分，像是白堊。」

接著評論葡萄酒的結構與質感——酸度、丹寧和餘韻，相同情節又來了一次。蓋瑟為酸度分級時的視覺形象格外鮮活。「我的意象裡有一把量尺，大概是從這到這，」他邊說邊像個空手道選手般，用手刀在前方空氣中比劃著，切出一段長約一・二公尺的隱形線條，「上面有顆紅色小球。我看著它移動直到停止。」看來蓋瑟已經自我修練成一名非常專門的聯覺者（synesthete），有意的將一種感官刺激轉換成另外一種。

我啜了口卡本內弗朗，感想如下：對，味道相當好，我覺得啦。我認為它嘗來有點酸、有點單薄，不過總覺得羅亞爾的葡萄酒差不多都一樣。我反倒欣賞義大利溫布利亞產區的葡萄酒。不高興可以告我。

顯然，蓋瑟已經違反科萬特的普林斯頓品酒社團中最重要的規矩：他啜飲前已事先知道那是瓶什麼酒。若是盲飲的話，他還能表現得這般條理分明，或是區分得出所有成分嗎？「你問我的命中率有多高呢？我想會超過七成，」蓋瑟說，「如果樣本非常好，而且都是經典酒款的話。」

聽來條件未免太多了點。葡萄酒世界中充滿了陌生（而且通常也令人愉悅的）酒標與調和酒。蓋瑟承認它們足以令人迷惑，侍酒大師也不例外。就他而言，品酒時要想辦法不去抹滅主觀印象，反而應該加以分享。「我深信葡萄酒不是一板一眼的，」蓋瑟說，「我們應該竭盡所能的形塑品酒經驗。」

確切一點來說，他的經驗是歷經記憶與刻意植入語彙的洗禮後所形成。二〇一一年，義大利帕多瓦大學（University of Padua）與澳洲麥格理大學（Macquarie University）的研究人員組成了測試團隊，比較專業侍酒師、業餘葡萄酒愛好者及侍酒師學員在辨識能力上的差異。測試內容相當嚴酷——品酒者面對的是五十種氣味，其中十種屬於平常居家生活裡聞得到的味道，比方說鞋油或大蒜，另外四十種是葡萄酒。在這些葡萄酒中，受測者必須確切指認十款義大利葡萄酒——五款紅酒與五款白酒。剩下的三十款葡萄酒則是用來迷惑他們的鼻子。還有，品酒時不准喝，只許聞。正如我所說：嚴酷。

首先測試的，是他們對一些特定氣味物質做出精確描述的能力——也就是由裁判評斷他們使用的形容詞是否合宜。接下來，就進入辨識葡萄酒的測試。

或許正如你所預料，訓練愈充分的人，想到的修辭也愈多。描述氣味時，他們可以取用的詞彙庫較大。但是當他們開始對研究人員所謂的「葡萄酒相關氣味物」進行盲認時，侍酒師並沒有表現得比新手更出色。比起新手，專業人士的嗅覺並未顯得較為敏銳或訓練有素。另一方面，你可能也已猜到，專業侍酒師和學員在辨認特定葡萄酒時表現比較傑出，即便背景中充斥許多令人分心的其他葡萄酒樣本。至於業餘者，他們可以嘗出葡萄酒的味道，但是無法指出是哪一款。

蓋瑟有關自身經驗的說法，在此獲得印證。他與其他侍酒師（或許包含那些有辦法辨識其他酒類的人）所做的，是將新氣味或口感與自己記憶庫中品嘗同級葡萄酒的經驗進行比對。他們與常人的差別不在天賦，或是構築出如科萬特指稱的「葡萄酒鬼扯蛋」的能力，而是在他們的經驗。

另外再提個例證，雖然只是件莞爾小事：幾年前，我與幾家美國大廠的威士忌蒸餾大師共進晚餐。餐廳酒單上列出的單一麥芽威士忌非常搶眼，於是在餐後，坐在我旁邊的專家點了五杯頂級蘇格蘭威士忌。他點的每一款我都喝過——也許是年分較輕的實惠版，不過我仍信心十足的自以為能夠單憑嗅覺將它們一一區分出來。過了幾分鐘，侍者送來托盤，只見上面擺著五只相同的玻璃杯，全都盛有高約四分之三英寸的金黃色液體。侍者還來不及開口，這位蒸餾師已盯著盤子將五杯酒名正確無誤的唸出。他不靠聞香或品嘗——而是僅憑顏色。

回顧帕多瓦－麥格理的侍酒師研究，其中最耐人尋味之處就是，雖然侍酒師和學員的表現領先業餘者，但是沒有領先「太多」。新手們從滿分十分中得到七・五的平均分數，專業人士僅拿到八・六分。「目前我們的看法是，圍繞著葡萄酒主題打造的話語能力，或許會讓侍酒師過度高估自己的專業能力，」研究人員如此寫道。他們暗指人們累積了許多描述葡萄酒的詞彙之後，往往自以為辨識葡萄酒的能力高人一等，實則並非如此。所以下回到高級餐廳，面對酒單時要勇於灌籃得分，因為侍酒師對葡萄酒的鑑賞力可能還沒你高。

品酒的科學

啜飲葡萄酒時，你會覺得它像太多東西了。舌頭上滿布著味細胞——許多味細胞簇集後組成一個洋蔥形的小結構，稱為味蕾。受體分子位於這些細胞頂部開口處，是感受外界刺激的鍊狀蛋白質結構。當它偵測到特定分子時，隨即會引發一連串的內部運作，導致相鄰的神經纖維分泌些許稱為神經傳導物質的化合物，就像在說：「喂，我這裡發現味道了——請告訴大腦，好嗎？」

順道一提，味蕾的結構絕對不像一幅地圖，不是小學課本上教的那樣。除了四種基本味道（酸、甜、苦、辣）的感受細胞遍布整個舌頭外，還有感知第五種味道「肉鮮味」（meaty umami，日文稱作「旨味」）的細胞。有些研究味覺的科學家認為，還有更多基本味道有待發掘。其中一種叫做：醇厚味（こくみ，音kokumi），或叫肉脂香（fattiness）。

任何一杯葡萄酒中，乙醇分子的占比最高可達百分之十五。（啜飲一口桶裝強度原酒〔cask-strength〕的威士忌，裡面的乙醇成分可能過半。）而乙醇是種詭譎多變的激味分子（tastant）。它能促使受體覺察甜味與苦味，但本身也是種刺激物，而且透過完全不同的機制被大腦感知。口腔內的受體稱為「多樣性受體」（polymodal nociceptors，意指它們可以偵測許多不同感覺）可以察覺痛感（與一線之隔的癢感）、冷熱感和各類化學刺激。受體不同於味蕾；它們主要藉由眼睛周圍的三叉神經從腦部穿出，通過鼻竇，進入下顎與舌頭。我們因此得以感受到辣椒素這種化學物質所傳遞的辣椒灼熱感，以及薄荷醇帶來的薄荷清涼（兩者都帶有少許痛感）。

相對來說，乙醇的分子比較細小，略帶親脂性——也就是說，它傾向與脂肪分子形成鍵結。而細胞膜的成分多為脂肪，因此乙醇能夠直接通過。當酸度強得超乎尋常，口腔內的痛覺受體可能就沒有機會啟動，因為酸類的分子太大且帶電，無法通過構成細胞膜的脂肪。但是對於在乳酪中製造鮮明口感的脂肪酸，乙醇可以輕易穿透。

話說回來，酒中的成分遠不止乙醇一種。所有發酵過程中酵母產生的（或未受波及的）物質，以及蒸餾器頂部出現的成分，全都存在酒裡。所以，我們該如何品嘗一如葡萄酒或蘭姆酒般複雜萬千的液體呢？這裡的關鍵就在鼻子。味覺與嗅覺的整合與互相作用，在大腦中形成了我們認為的味道。

當你嗅到花香，或是爐上調理的食物，香氣是經由「鼻前通路」（orthonasal olfaction）沿著鼻孔內壁抵達鼻腔上方。然而在吃東西時，口中的咀嚼、吞嚥和吸氣動作會把氣味分子帶往喉嚨後方，進入鼻竇，即所謂的「鼻後通路」（retronasal olfaction）。據某些研究人員研判，如果缺少了咀嚼、吞嚥，感知能力會受到限制。也就是說，假如受測者在實驗中把口中的激味物質吐掉——例如品酒，最後的測試結果可能會嚴重失真。看來，普林斯頓品酒社把酒通通喝掉的作法也是正確的。

總之，一旦揮發後的潮溼氣味分子滲入鼻竇，會立刻接觸到一塊四分之一英寸開外、結構嚴密、帶有皺折且表面布滿黏液的組織，那是鼻黏膜上皮組織（nasal epithelium）。神經元便覆蓋在黏膜之下，它的末梢具備偵測氣味的受體分子。至於這些受體如何運作，至今無人徹底了解——各種受體都是由蛋白質組成，在其次單元的氨基酸彼此間的親近或互斥作用下，形成了較大的分子與鏈結形態。嗅覺受體（olfactory receptors）中共有七個跨越細胞膜的通道區域，不過，組成蛋白結構的氨基酸種類則大多尚未鑑定。嗅覺受體擁有七道細胞膜通道的事實，直到一九九一年才被哥倫比亞大學科學家琳達・巴克（Linda Buck）與李察・艾克索（Richard Axel）發現，兩人更因此獲得諾貝爾獎。

受體神經元束集後形成的管狀突起稱為軸突（axon），會從眼球正後方一片稱為「篩板」（cribriform plate）的篩骨穿過。（頭部受到重創時，顱骨可能會易位，或使篩板橫移，像把刀似的切斷形似麵條的軸突。喀嚓一下！就喪失了嗅覺。）

軸突穿過篩板後，連結到兩個大腦伸出的突點，稱為嗅球（olfactory bulb）。神經元會在這形成一團團的嗅小球（glomeruli）結構，大量的運算就在裡頭進行。嗅覺敏銳的老鼠大約有一千八百個嗅小球（但是做為嗅覺受體的基因多達一千種），可以偵測到的氣味分子數量相當驚人。人類的嗅覺受體基因顯然少了許多，只有三百七十種，但是每個嗅球中藏有多達五千五百個嗅小球，運算能力強大。所以，必定另有玄機。

大腦收到的所有氣味訊號最後整合於嗅覺皮質（olfactory cortex），同時也接收邊緣系統與主司情緒反應區域的訊息——主要來自杏仁核（amygdala）與下視丘。因此，大腦處理氣味時，除了對化學分子進行辨識，也牽動我們的好惡感知，以及一般的情緒反應。

就某方面來看，我們身體大部分的感受都是間接感受。譬如視覺，是靠光線投射在視網膜，在眼球後方一張細胞網格上形成色彩，並連結到視神經；聽覺，是聲音（其實不過是氣壓變化造成的波動）在鼓膜縮放間產生的特殊頻率，經由許多細微軟骨解讀，一路傳向聽神經。觸覺則與味覺相同，須憑藉許多感受細胞直接與刺激物接觸，經由神經連結將訊號傳遞至大腦進行處理。這些物理效應（氣壓、光子反射等）發生在刺激物與感官之間，都只算是一階微分方程式。

然而，嗅覺就不太一樣。當我們聞到某種氣味時，我們的確從空氣中嗅入了源頭物質破碎的細微分子，它們碰撞到的神經元直接連結到大腦。所以嗅覺是直接感受，從氣味源頭、氣味分子到大腦感知之間不須經過層層轉接。這是我們最原始的知覺。

當你把一杯葡萄酒湊近口鼻，嗅聞酒杯上方的空氣，這時酒中揮發的分子撲向你的鼻黏膜上皮組織。當你啜飲，口中的多樣性受體紛紛捕捉酒體質地及溫度。於是你有了「口感」，這是一種對黏性及收斂性的主觀評價，丹寧在此扮演重要角色。事實上，這是在你唾液中的蛋白質被剝離時所產生的感覺，直接從三叉神經末梢接收。你的味蕾則感受到乙醇帶來的甜味與苦味，以及酒中其他成分的複雜口味。

接著你把酒吞下，此刻你的上皮組織接收到一批截然不同的揮發性有機化合物。就在這個當下，你會嘗到酒桶橡木的味道，以及你曾聽聞的繁多酒評用詞——黑莓、皮革、牛奶糖、青草、青蘋果。同時，乙醇本身也會使這些味道發生變化，因而影響你的認知。（沒人真正曉得乙醇是否讓紅葡萄酒變得更加可口，不過就我個人經驗，我可以告訴你，無酒精啤酒或許還不錯，「去酒精」紅酒嘗起來簡直活受罪。）

酒中的其他滋味與香氣也會逐一現身。一杯調酒裡可能混有多種不同蒸餾酒，各有各的化學特徵，再加上各種果汁以及糖類。裡面有些無法自溶或溶於水的分子，遇到乙醇後變得可溶，在口中溫度作用下揮發，方便味細胞與鼻黏膜上皮組織吸納。

那麼，含有二氧化碳的酒又如何呢？二〇〇九年，哥倫比亞大學一組研究人員在味覺專家查爾斯・祖克（Charles Zuker）的領導下，發現舌頭上偵測酸味的細胞可以釋出酵素，催化二氧化碳轉成碳酸氫鈉離子（即烘焙蘇打粉成分）與質子，就是把氫原子上唯一的電子剝離後的形態。質子是構成酸類的主要物質之一，會讓舌頭察覺酸味。其實這是二氧化碳與水化合形成碳酸的結果，是一種可逆作用。另外，這也解釋了為什麼我們會覺得汽水的氣泡跑光後變得太甜。因為，缺少二氧化碳產生的酸性加以中和。

在嗅覺及味覺的更深層次，研究人員認為飲酒後有種「攝取後反應」（postingestive

effect）伴隨乙醇而來，所造成的感覺或許會令你哭笑不得。動物通常會把它當做味覺的一部分。它的滋味或許並不討喜，但其後的效應卻頗為迷人——於是我們會有別具一番風味的感受。不過，也有例外，假如你的肝臟無法分泌足夠的乙醇脫氫酶（占亞洲人口三到五成），那麼只要攝取一點點酒精，身體就會產生狂飲後的反應。換句話說，你上大學時曾有喝下劣質蘭姆酒的慘痛經驗，譬如喝了酒便嘔吐，便是味覺研究者亞利山大・巴奇馬諾（Alexander Bachmanov）所說的「某種古典制約反應」（Pavlovian conditioning）。

當然啦，乙醇會讓人成癮，可能使你陷入一種膠著境地，儘管不再喜歡它的味道，厭惡它造成的後果，希望就此戒掉，卻還是難以抗拒。「大部分動物都討厭乙醇，」巴奇馬諾說，「但若是讓他們受到乙醇帶來的影響，就會產生獎勵效應。一旦動物得到夠多的獎勵，就足以調適口感喜好。」

巴奇馬諾身形瘦削，蓄著鬍子，說話時帶點斯文的俄國腔，他在位於費城的莫內爾化學感官中心（Monell Chemical Senses Center）擔任研究員，這裡是全世界第一流的嗅覺與味覺科學研究機構。他研究老鼠及小型鼠類攝取乙醇後的反應，通常乙醇是種極少與野生鼠類扯上關係的化學物質。巴奇馬諾的論點（頗具爭議性）指出，「沒有人」真的喜愛乙醇的味道。「是的，我認為如此，」他咬著指甲說道。為什麼有人會喝呢？「我認為那是因為乙醇喝完後可以讓人心情愉快。」

巴奇馬諾確實應該感到緊張。因為，本質上，他所主張的論點，無異於宣告了酒品專賣店、葡萄酒鑑賞界、家庭釀酒坊、雞尾酒文化、《葡萄酒觀察家》的所有文章，以及侍酒師口中吐出的、除了棄酒之外的所有言語，基本上，都只是企圖遮掩酒精難喝事實的違心之論。這番論述要比「科萬特級」的鬼扯蛋嘲諷更強烈，堪稱是場英雄級的鬼扯蛋嘲諷。但是，巴奇馬諾有辦法證明嗎？

「如果你不介意老鼠味道的話，請隨我來。」他說道。

我們走向大樓的實驗室區，撲鼻而來的……天哪！空氣聞起來就像阿摩尼亞在油鍋中翻騰，又像置身於火力全開的中國餐館。沒事的；老鼠都關著，也活得好好的。我努力安慰自己，裝出沒在怕的樣子。

打開一道上鎖的門，我們走進一間開放式衣櫥大小的房間，裡面乾爽清潔，層層金屬架上擺滿鞋盒狀的塑膠容器。容器裡面裝著：老鼠。網蓋上懸吊著碎飼料，以及兩支玻璃管——血清吸管，這麼說比較專業。針對這項特殊實驗，吸管中裝有兩種不同濃度的糖液，然後測試各種鼠類的反應。如果老鼠從 A 管食取的糖液比 B 管來得多，牠的喜好便一目瞭然，管上刻度的差異則能將喜好程度予以量化。

不過，兩支吸管的測試結果並不足以說明「攝取後反應」。為此，巴奇馬諾想到的辦法是使用「測舔儀」（lickometer）。其實他喜歡管它叫「戴式味覺計」（Davis gustometer），這樣聽來比較文雅，但不管如何稱呼，那是一具帶著籠子的儀器，上面可以更換飼養瓶供老鼠舔食。所有瓶子分別插入一段時間，抽換時，電腦會統計每個瓶子被老鼠舔食的次數。「整個實驗時間為十到十五分鐘，過程裡，這些動物會面對幾種液體。」巴奇馬諾說。由於實驗時間很短，攝取後反應還來不及發生。所以，情況是，老鼠喜歡則舔，不然就不舔。

因此，按照巴奇馬諾的說法，人類的行為與老鼠一致。乙醇帶給大部分人的感覺有四種：甜味、苦味、灼熱感，以及一種不太舒服的氣味。乙醇濃度相對較低時，譬如百分之十（相當於烈性啤酒或淡葡萄酒），大部分老鼠不會去舔。顯然，它的苦味與不討喜的氣味壓過了甜味。

然而，對甜味極度敏感的老鼠表現得剛好相反；牠們喜愛乙醇。此現象不僅只存在於老鼠。研究報告顯示，嗜酒的人也比不喝酒的人更喜歡蔗糖濃縮液。

當乙醇濃度來到百分之三十或四十（接近蒸餾烈酒），所有老鼠又開始感到嫌惡。

這時，即使那些極度嗜甜的老鼠也受不了灼熱感或苦味。如果趁這機會重新教育老鼠厭惡甜味（在甜味液體中滲入會造成噁心的氯化鋰），牠們也會變得厭惡酒精，巴奇馬諾這般說道。

他又做了另外幾個測試，想看看老鼠是否對乙醇中相對較高的卡路里有興趣，或是喜好牠們嘗到的其他成分。但是，這些假設全都無法加以證明。判斷老鼠是否嗜食乙醇的唯一指標，只在牠們察覺甜味的敏銳與否。所以，就算你說這些老鼠對苦味的感知度低於對甜味的敏銳度，甚至對甜味太過敏銳，重點是，只有不尋常的老鼠才會喜歡酒精的味道。

巴奇馬諾在莫內爾的同事布魯斯・布萊恩（Bruce Bryant）指出，那些高濃度的乙醇也是種刺激物。由於乙醇善於穿透細胞膜，在多樣性受體的感知下，飲酒時其實是會「痛」的，不過你有辦法適應這種感覺。巴奇馬諾做了結論，酒精帶來的攝取後反應可以消弭它的不悅口感。事實上，「超級品嘗者」（super-taster）——對各種味道特別靈敏（覺得氯化鈉特別鹹、檸檬酸特別酸）——不會覺得乙醇更甜，反而是更苦。此外，據調查，超級品嘗者的飲酒量低於一般人。這些事證也支持了巴奇馬諾的主張：味覺感官較為敏銳的人不喜歡喝酒。

其實談起雞尾酒的歷史，巴奇馬諾的論點同樣站得住腳。調製雞尾酒時，人們總會添加糖或含糖物，想盡辦法讓難喝的酒變得美味。照巴奇馬諾的解釋，我們其實根本就不喜歡酒中主要成分的味道，因此，除了伏特加，任何一杯酒都添加了許多讓我們規避那種主要味道的誘導劑。那些同屬物，以及其他味道與香氣，就好比在一道不太理想的主菜上頭灑上的美味醬料。

囓齒類動物在實驗中會直截了當的讓你知道牠們的好惡；然而，牠們沒法形容嘗到的滋味。我們人類都能感受食物的口味與氣味，但若是想更深刻的加以表達，我們勢必得把食物的口味與氣味訴諸言語，告訴彼此。

氣味的共通語言

幾個世紀以來，人們不斷嘗試在口味及氣味的描述上找到共通語言，希望能一如電磁頻譜般精準地區分各種香氣的頻率。西元一七五二年，瑞典植物學家卡爾・馮・林奈（Carl von Linne）——即生物命名學界大名鼎鼎的林奈烏斯（Linnaeus）——曾經試著為氣味進行分類，希望逐一找出組成每種香氣的基礎氣味。他的這項努力無疾而終，但是其他研究者卻紛紛跟進，並各自提出新的作法。一九一六年，有位德國生理化學家號召了一群志願者對氣味進行分類。實驗中，他假設有個看不見的三角稜柱體，一面是以「芳香味」、「腐臭味」及「乙醚味」做為三角形切面的三點座標，另一面則是「辛辣味」、「燒焦味」及「樹脂味」，然後他要求受測者嗅聞四百一十五種不同氣味，沿著柱面界定出各種氣味所屬的位置。這項實驗同樣徒勞無功。又過了十年，化學家厄尼斯特・克羅克（Ernest Crocker）和洛伊德・韓德森（Lloyd Henderson）打算將他們認知中的四種基本氣味分別連結到特定的化學物質——譬如，把「芳香味」連結到乙酸苄酯（benzyl acetate），「燒焦味」則是癒創木酚（guaiacol）。照他們的模式看來，足可歸納近一萬種人類能夠感知的氣味。然而，他們仍以失敗告終。

後來，研究酒類的科學家打破了僵局。他們發明的「香氣圖譜」（aroma map）是一種概念上的突破，羅列了品飲酒類時所能感受到的所有氣味與口味，展現於一張餅狀圖上：即一個輪盤。

莫頓・梅爾嘉德（Morten Meilgaard）是首位將酒中滋味的阡陌紛雜描繪成圖的先驅。西元一九二八年於丹麥出生的梅爾嘉德，起先是位專門研究酵母的分析化學家，在後來的生涯裡又像位傳教士般雲遊世界研究啤酒。

一九七〇年代早期，梅爾嘉德決定為所有啤酒中的風味做出分類。首先，他盡可能把啤酒中所有成分加以解析，接著找出每種成分足以讓專業飲者產生感知的濃度，分別計算比值。他用這些數值製作了一個資訊圖表，那是個色彩繽紛的輪盤，一如蘋果派般切割成塊，最外圈的格子裡寫上了各種風味：青蘋果、霉味、金屬味、蛇麻子等。這是張充滿視覺張力的導引圖，對整個業界幫助極大，因此在一九七九年，歐洲啤酒大會（European Brewery Convention）、美國釀造化學家協會（American Society of Brewing Chemists），及美國釀酒師協會（Master Brewers Association of America）一致採用。

梅爾嘉德的作法在製酒業引起廣大迴響，尤其是對另一位研究風味的學者安・諾伯（Ann Noble）帶來重大啟發。當時，正值一九八〇年，她人在英國進行一次學術之旅，與同行的風味科學家們共赴一場聞香巡禮，其中也包括吉姆・史旺，也就是我在第五章提到的那位威士忌專家。「我們開著車穿梭在蒸餾廠間，」諾伯說，「我們的鼻子如同獵狗般靈敏，每當一種氣味出現時，我們就像中了頭彩那樣興奮。」後來，諾伯到了加州大學戴維斯分校從事研究工作；現在她已退休了，不過仍舊住在學校附近一棟永遠迎向陽光的屋子，屋裡擺飾著各種來自非西方國家的樂器。她邀我到樓上的辦公室會晤，她那隻混有羅威納犬血統的德國牧羊犬在一旁翹著鼻子，不懷好意地看著我，似乎對我們的學術討論頗感不耐。

三十年前，諾伯還在波爾多研習葡萄酒，那時她便嘗試為酒中的各種化學特徵找出合適的香氣術語。後來，當她教授一門品酒課時，便鼓勵學生在課堂上互相交流，試著描述他們嘗到的風味。「我希望大家建立一致的詞彙，人人都懂，這樣才能好好分享心得。」於是，她開始將香氣的形容詞彙分門別類，寄給其他研究葡萄酒的科學家，其中大半科學家都寄回了他們的想法與修正。這項交流對她日後的工作頗有助益，特別是當她開始慢慢建構出體系，需要爭取這些科學家的認同時。

諾伯葡萄酒芳香輪盤（Noble Wine Wheel）於一九八四年初次發表，普及的版本在一九九〇年正式校定，現今已成為一項正式的參考圖鑑，並翻譯成多國語言。「輪盤上展現的文字，」她說，「只是一些形容詞彙，如此人們比較容易找到恰當用詞來描述風味。不過，我還可以另外教你如何分辨非常特別的香氣。」這裡的主要認知是：為了讓主觀感知連結到客觀印象，必須教育大家使用一致的用詞來描述同樣的事物——就好比從今開始，所有人都同意光譜上某個特定波長區間叫做「紅色」。她的這項努力旨在將品酒語言從譬喻升格為定義。

在某些品酒圈中，諾伯的輪盤甚至被視為教條。「有些人會這麼說：『安・諾伯說過只能使用這些詞彙！』」她語帶嘲諷，一如祖伯、達爾和科萬特對酒評人士做出的訓斥，「我可沒說只能用這些字。我只說你可以透過這些字做進一步的引申。」

接著，許多人搞出了自己的香氣輪盤。蘇格蘭威士忌研究協會製作了一個，麥卡倫威士忌（Macallan）也做出一個。其實，製作香氣輪盤頗費工夫。「這是我做過最難的一件工作，」南茜・弗雷莉（Nancy Fraley）說道。她是位蒸餾顧問，花了三年時間協助小型精釀威士忌蒸餾廠製作自己的香氣輪盤。「我沒指望這能為我賺到大錢。我心裡只想著有一天當我把它做好了，而且實用，」她輕拍著印出來的輪盤圖說道，「大家會把它當成工具。」一些小型、不受拘束，又勇於嘗試的蒸餾廠，已經開始在進料單上添加各式各樣奇怪的穀物做為原料。按照法令，傳統蘇格蘭威士忌只能用大麥，波本威士忌只許用玉米、大麥、小麥和裸麥。然而，這些新玩家卻試著使用藍玉米、高粱、二粒小麥、小米、藜麥和苔麩（teff）。「正規的蘇格蘭威士忌香氣輪盤，只適合用來判讀大麥芽的氣味，」弗雷莉說，「可是，現在一大堆蒸餾廠甚至不知道自己在搞些什麼名堂。」

香氣輪盤已經成為幫助蒸餾廠迅速步上正軌的主要工具；其他領域也使用。龍舌蘭、干邑，以及琴酒都有自己專屬的輪盤——除此之外，還跨界到香水、乳酪、巧克力、咖啡，乃至體味。在各行各業中，香氣輪盤形同賦予了鼻子共通的語言。

酒中成分一一現形

當眾人對氣味有了共通的語言，便能與酒中的化學特徵相連。至少，出發點是如此。赫瑞瓦特大學（Heriot-Watt University）校園裡的蘇格蘭威士忌研究協會正朝此目標默默努力，它距離愛丁堡機場約十分鐘車程，是一個行事低調的機構。

酒中含有大量的同屬物，包括那些口味、色澤、香氣，甚至其他類似酒精的物質，好比說甲醇和異丙醇（isopropanol）。光是威士忌中的同屬物就超過一百五十種，當中某些能夠被人覺察的，都是以十億分之幾的比例存在酒裡。（順便一提，琴酒中能夠被人嘗出來的通常只有三、四十種。）此外，還有那些不知名的化合物，雖然可以透過蘇格蘭威士忌研究協會實驗室的精密儀器檢測出來，但是都還沒有命名，也尚未做過化學分類。

伏特加在風味科學上算是一個典型的未知領域。按照律令，無論它的基質為何（穀物、葡萄，還是傳統的馬鈴薯），伏特加的成分只能是水和乙醇；蒸餾廠或可斟酌調整這兩種成分的比例，除此之外，沒有任何花樣。換句話說，一瓶標準容量的伏特加，就只裝有七百五十毫升的H_2O和C_2H_6O（乙醇的分子式）。不過，伏特加的死忠愛好者堅信，即便最純的伏特加也存在著不同口味。從表面上看，他們的說法毫無根據。照道理，除非摻雜其他物質，譬如曾有人舉報某些廠商添加甘油以增加黏稠度，否則所有高級伏特加的口感都應相同。然而，那些堅持存在口感差異的人士有這麼一個論點，他們說，當酒精濃度超過百分之四十（也就是八十酒度），H_2O分子的結晶會形成足以羈押乙醇的小小囚室，稱為晶籠化合物（clathrates）。研究人員表示，這些讓水分子大致構成結晶牢籠的氫鍵，其長度及強度為伏特加帶來不同的口感。不過沒人曉得背後原因；畢竟口腔中不存在能夠嘗到氫鍵強度的味蕾。

倘若你能分毫不差地掌握一款上好的蘇格蘭單一麥芽威士忌中的分子組成與濃度（當然也適用其他烈酒），那麼試想一下它能帶來多大的好處。首先，你不須再花大錢往酒裡添加其他分子來提味。或許可採用價格遠低於橡木的材料製桶，或是可以透過更簡單的方式為大麥發芽。也許你還能利用新穎的氣候控制系統加速達到熟陳後的豐醇，甚至更佳。此外，你也會因此擁有一種化學識別標誌，如此一來，不但可以查緝仿冒，更能讓那些徒有虛名的蒸餾廠無所遁形——比方說，就像印度的那一大堆「威士忌」。

基於此出發點，威士忌產業創立了蘇格蘭威士忌研究協會這個機構，致力對這項有著三百五十年歷史的工藝進行透澈的解構與分析。其實，製酒業以前也設立過類似的研究機構——譬如一九三〇年代及一九四〇年代時，波多黎各的蘭姆酒商曾出資供拉菲爾・阿羅約成立實驗室，時至今日，他的研究成果與專利仍是業界的一盞明燈。另外，在加州大學戴維斯分校，那三間試產葡萄酒、進行風味研究的實驗室同樣功不可沒。若要問到這裡進行實驗的優先順序，那麼跟著錢走就能看出端倪。這裡我們看到的，是加州一家具主導地位的葡萄酒家族事業。加大戴維斯分校的這三間建築，便是取名為羅伯・蒙岱維葡萄酒暨食品科學研究中心（Robert Mondavi for Wine and Food Science）。

自一九五〇年代以來，風味化學家一直透過氣相層析儀將複雜混合物中的化學成分逐一解析。儀器下，不同分子移動的速度各異，通過偵測器時，可根據其速度「峰值」掌握分子特徵。棘手之處在於所有分子都須具備揮發性，都必須以氣體形態擴散。（高效能液相層析儀則是另一項相關技術，能夠解構非揮發性物質。）這項技術在一九八〇年代中期發展出足夠的解析能力，於是開始被當代的風味化學家採用；到了二〇〇〇年代，技術更加精湛，可以用來辨識分子特徵。於是，移動峰值一路連結到了特定風味。「這就是我們在這裡做的事情：定量描述性分析，」蘇格蘭威士忌研究協會的研究主管戈登・史蒂爾（Gordon Steele）說道。他將旗下人馬分成了幾個小組，讓他們接受威士忌品飲訓練，各小組接著便得替自己察覺的風味適當地命名。他們進行味覺研究時使用的都是最尖端的技術。

通常在蒸餾廠，首席調酒師肩負著維持一貫風味的重責大任，他不但對產品瞭若指掌，甚至對過往十年來種種「擇優混搭」（reciprocals）的單一麥芽威士忌如數家珍，以致能夠確保味道始終如一。而今，在蘇格蘭威士忌研究協會裡，高效能液相層析儀及氣相層析儀質譜檢析（gas chromatography-mass spectroscopy），已取代了首席調酒師所具備的主觀認知、經驗，以及感官記憶。

「一切順利的話，你會找到能夠辨識的化合物，以及所屬的香氣，」史蒂爾說，「比較詭異的情況是當你發現一種香氣，但是卻沒有從屬的化合物。」看來，人類的鼻子要比質譜儀來得敏銳——我們可以覺察到機器無法偵測的氣味。

我們在蘇格蘭威士忌研究協會參觀了各個專門實驗室，其中有研究蒸餾化學、熟陳作業的，還有鑑定大麥品種的。結束後，史蒂爾終於帶我來到一個充滿威士忌氣味的房間。裡頭到處都是酒瓶，其中許多一看便知是冒牌貨，大多數的酒標上印的都是錯置的英文字，讓人聯想到它們大概來自亞洲。例如，一只斜肩的方形酒瓶上貼著「獎賞威士忌」名稱，造型像極了傑克丹尼爾，甚至還貼著熟悉的黑色酒標。史蒂爾把瓶子撬開後，我們都聞了聞。那味道令人覺得彷彿走在沃爾格林連鎖藥局（Wallgreens）陳列感冒藥的貨架旁。也許它是大麥做的，也許不是。「但是你要如何在法庭上證明呢？」史蒂爾問道。「搞不好裡頭還摻了點蘇格蘭威士忌。」

實驗室主任克雷格・歐文（Craig Owen）將酒瓶拿去。他比史蒂爾年輕，穿了件非常合身的條紋襯衫，別著法式袖釦，打著領帶。歐文湊近瓶口深深嗅了一下。「這東西放了一大堆香草醛，這就是它的味道。」歐文說。

走進隔壁房間，實驗檯上擺滿了一排排微波爐大小的機器。他們便是在這兒進行那些具有法庭效力的分析。史蒂爾和歐文帶我走到其中一組按照作業程序設置完成的機器前。那是一台質譜儀，連接到一台氣相層析儀——看似尋常。不過，我又注意到氣相層析儀的輸出端，它除了連接到電腦螢幕以顯示各種分子的峰值訊號外，還在末端接了一個像是醫院用的氧氣面罩。

這個作業程序名為「氣相層析嗅覺測定法」（gas chromatograph olfactometry），是將有機化學運用到味覺研究的重大進展。那個面罩叫做「嗅口」（nose-port）；受測人在它面前坐下，鼻子湊近這台高度精密的氣味研磨機，當裊裊的氣味分子飄過偵測器，也會順便進入鼻中。受測人隨即將氣味以文字描述寫下，這時他／她必須從「香氣圖板」（aroma palette）上選出大家一致同意的用詞——例如，泥煤、酒尾香（feinty）、油滑、花香、酯味及硫磺。在場人人訓練有素，當他們接收到，比方說，草莓氣味時，他們會選擇使用香氣圖板上的「酯味」。這些選項完全來自分子移動達峰值時對應到的特定風味。所以說，若你已知分子種類，就可依循此法得知它聞起來的氣味。當然，你仍會遇到沒有相應氣味的分子，以及不知所屬分子的氣味。

面罩旁附帶著溼潤器。「因為它很容易造成你嗅覺疲勞。」歐文說。

品酩的技術

所以，現在我們一方面有了共通的語言來溝通品酒時的主觀經驗，另一方面，也有適當的分析技術用以解析酒中物質的客觀組成。那麼，我們究竟是如何將大腦感知到酒時的語言，連結到「氣相層析嗅覺測定儀」產生的數據呢？

答案是，透過數學。

「要是在十五年前，我會告訴你葡萄酒裡的硫化物根本一無是處，」海蒂嘉德．海曼（Hildegarde Heymann）說道，她是加大戴維斯分校的感官科學家。葡萄酒中，硫的化學成分通常出現在硫醇基（thiol groups）以及如硫化氫的無機硫醇（mercaptans）內。「但在過去十五年中，我們發現到，揮發性硫醇正是讓紐西蘭白蘇維濃別具風味的原因。現今的氣相層析儀技術，終於可讓硫化物的內蘊成分一一現形。其實，你都聞得出來——像貓尿味、百香果、熱帶水果、葡萄柚等——雖然大家如此形容，我們卻往往無法找出產生這些氣味的化合物。而當我們終於發現它們都是些什麼化合物時，我們又開始猶豫，想著怎能再回頭去重新定義這些化合物呢？」

安・諾伯退休後，工作由海曼接掌。目前海曼有了氣相層析儀相助，協以有力的統計學方法，正在整合香氣輪盤製作者所提出的以詞彙為主的種種想法。首先，她要訓練一組品嘗者進行座談。她組織了一個十二人的座談小組，大家在會議室裡圍著桌子坐下（有時也會在她辦公大樓的品飲教室內進行），品嘗二十款葡萄酒。「我會讓大家先從最複雜的兩款酒開始嘗起，讓他們先有點成就感，」海曼說道。

接著，她要組員描述他們嘗到的味道，但是有個原則：若是品嘗者使用的詞彙無法讓海曼建立具體的參考標的就不合格。舉例來說，不能用像是「美味的」（delicious）這種籠統詞彙，但是「蘋果」或「紫蘿蘭」（指花朵本身，非顏色）都是合格的用詞。要想出適當的用詞並非易事。「如果一個人從未受過這種訓練，能夠想出三到四個字就已經相當不錯了，」海曼說，「若是箇中老手，通常可以說出十二到十五個形容詞。」

海曼這時會把所有組員貢獻的品酒詞彙寫在會議室白板上，仔細剔除意思相近的字。然後，小組再繼續品嘗下兩款酒。同樣的操練會一遍又一遍的進行，大家努力磨合出一致的參考標的。「也就是說，你我二人的紫蘿蘭應該是指同一種紫蘿蘭。」明白說，她要利用品嘗小組感官上的明確認知建立一種新的香氣輪盤。

接下來，海曼要製作參考標的。「隔天，你帶來各種與蘋果相關的東西，進一步確定是否與他們的認知吻合。」她說。假如小組提到的是「熱帶水果」，她就會帶來一些罐裝的熱帶水果汁。她準備的「蘋果」可能是切片後浸過中性酒精再脫水的美國五爪蘋果。海曼讓小組成員先嗅聞這些標的物，然後比較標的物與他們從酒中所聞香氣的相似度，給出從一到九的評分。這個過程會反覆進行；座談小組將不斷嗅聞葡萄酒與參考標的，直到大家對於兩者的契合達成一致共識。座談會每星期舉辦三次，每次一小時。

（你大概有點納悶，誰有這麼多時間參加這種座談會？加州法律明文規定，品酒會成員必須至少年滿二十一歲，因而大學部學生很難混進來討杯免費的酒喝。「我們意外地招攬到一批特定年齡族群，」海曼說。有群六十出頭的健泳社社員是品酒座談會的常客，所以她永遠不愁找不到人。「他們一旦說好要來，就一定會準時出席。他們真的樂此不疲。」）

最後，座談小組嘗完了所有葡萄酒，也對所有參考標的達成共識，尤其是在反覆操練後建立了無庸置疑的標準。「接著，我對他們說：『太好了，現在我們進入正題。』」組員們來到樓上的小房間內，對面就是海曼的辦公室，組員們會再次品嘗葡萄酒，並將風味告訴她——現在，海曼會在化學分析中，將這些風味與化學物質連結起來。

概括來說，整套演練的重點在於：品酒小組對香氣的認知要先達成共識，那麼當他們使用特定語彙形容氣味時，海曼便知道他們所指為何。他們從公認的語彙裡，挑出香源物的譬喻，進而連結到實際的化合物。「我們矯正小組成員的用字，培養他們使用相同的話語，其次，我們校正言語的精準性，使它可以成為一種翻譯系統。」海曼說道。於是大家對含意的解讀有了共識，邏輯上的規律建立了統計分析的基礎。

舉例來說：葡萄酒業者口中的「風土」往往令海曼感到好奇，那是葡萄酒因產地不同而構成其獨特性的元素。但它也是個令人迷惑的措辭，因為按字面解讀，它傳達一種近似於與葡萄酒莊泥土相關的意涵，而不是指，比方說，當地的微型氣候，或微生物的種類。對此，海曼比較喜歡使用「地區性」或「特定地點」等字眼。她向澳洲十家不同產區的葡萄酒業者發出了申請研究用酒的請求，其中每個產區都正式名列於世貿組織的「地理標示」（Geographical Indication）中，她請這些酒商寄給她二〇〇九年分的卡本內蘇維濃——請酒商們揀選自認最具其產品代表性的樣酒。（以科研名義搜括葡萄酒，這主意真不錯。）

隨後，她讓十八位受過訓練的組員品嘗這批葡萄酒。品嘗結果經過複雜的統計運算後，果不其然，所有品飲後的參考詞語都分別對應到葡萄酒中的特定化合物；此外，各產區的卡本內還各自對應到一些不同成分。另外，海曼也對來自加州、華盛頓州，以及阿根廷的梅貝克葡萄做了大致相同的實驗——不同之處在於，他們自行用葡萄汁釀酒，分別在加大戴維斯分校釀造，或委託阿根廷一家釀酒廠，因為他們這次要盡量減少發酵中的變異。「每個地區都有構成自己葡萄酒特色的脈絡。」她說。

海曼透過統計模型仔細探究品嘗者在趨近量化差異上的程度，藉以將他們從葡萄酒中感知的氣味與化學分析產生關聯。分析結果在一個方格座標上展開，區分葡萄酒差異的兩條主軸分別是：化學與感官。

她的研究方法最顯著的成就，莫過於直接對科萬特式的鬼扯蛋論點提出反駁。海曼相當清楚普林斯頓流動資產小組做的事情——可說太熟悉了。「他們為什麼不跟感官科學家討論一下呢？他們預設的立場完全不考慮任何複雜成因。」她表示，他們對品酒結果所做的統計缺乏重心，因為他們只重視質性資料，而質性資料在概念上問題重重。海曼所做的，是對感知到的氣味做量化分析，無論該氣味是否討喜。

她建立了新的方法論。在整個製酒業，無論從事啤酒、葡萄酒或烈酒生產，很少見到業者為了改良產品，建制一套嚴格的實驗室測試機制。大部分業者只做基本的品質控制，而且在關鍵環節，他們多半仰賴少數幾位老員工受過訓練的口鼻與大腦。事實上，這些與化學及生物學息息相關的產品在面對消費者時，酒標設計、酒瓶造型，或酒吧裝潢的重要性，可能不亞於瓶中倒出的酒液。主觀意念並沒有錯——說到酒類的賣點，人們會根據國際苦味指數（International Bitterness Units）或泥煤濃度的PPM值做選擇，同樣也會受到店中的精美木質鑲板和LED的眩目光彩影響來取捨。品酒課老師常講的一個笑話就是，即便受過訓練，學員們在盲品會中總是給予有盒子包裝的葡萄酒較高評價。研究報告也顯示，當人們曉得自己喝的是瓶較貴的葡萄酒時，給的評語也比較好。當然啦，你和初戀情人迷失在托斯卡尼某個小鎮的雨夜時，喝到的那瓶紅酒絕對是此酒只應天上有。不過萬一你失戀了，孤單地看著電視重播的《星際爭霸戰》時，可別再喝這瓶酒了。

話說，有回我和朋友在芝加哥一家現已歇業的高級餐館共進晚餐，有位全國知名的美食評論家就坐在離我們三公尺遠的地方。他為美國一些時尚、休閒雜誌撰寫令人愉快的個人用餐及烹飪心得，不時也會出現在電視上——換句話說，他屬於廚師們爭相取悅的人物。

只記得當時我們緊盯著美食評論家的餐桌看，甚至忘了自己那晚吃了些什麼。數著他桌上的盤子，相信主廚正不斷地奉上各款小口珍饈，整個廚房忙得不可開交。不久，服務生已在他桌上擺滿了豪華而豐盛的正餐，足可比擬古羅馬盛宴。此外，每當餐館為他換上新的一輪菜色（收走舊盤、送上新菜），還會同時為他打開一瓶新的葡萄酒。我無法將酒標看清楚，不過只見隨著每瓶新開的酒，杯子也愈來愈大。最後，當主菜送到時，隨之而來的葡萄酒杯已有十八英寸高、金魚缸般大小（在此聲明絕無虛假）。

對於餐廳的任何儀式，或是為特定主顧的特別演出，我倒沒有意見。舉例來說，當我在紐約一家我常光顧的餐廳裡慎重地點了瓶葡萄酒後，那位葡萄酒領班便會走到餐廳正中央一張大桌前開始替我醒酒，他會做出誇張華麗的姿勢對醒酒器中的酒進行「調節」（seasoning），不時輕嗅一下、啜一小口，確認酒況已完美無瑕。整個過程彷彿虔誠的舞台旁白，成為大家目光的焦點——而點了這瓶酒的人，尤其感到無比風光。

不過，客觀而言，我知道這項儀式的表演性質大過實質意義。葡萄酒倒入杯中後，它的風味自會隨著時間產生變化，當然，醒酒手續可以有效去除瓶中遺留的任何一點酵母或酒糟，但是，葡萄酒在一個價格昂貴的水晶製平底醒酒器中與空氣作用的效果，不見得比特百惠牌（Tupperware）的平價醒酒器好上太多。造型時髦的酒杯或許可為飲酒經驗增添趣味，但是酒杯造型對人們感知風味的能力幫助不大。「這裡頭沒有科學，」馬西米利安・里德爾（Maximilian Riedel）說道，他是世界某知名品牌的執行長，販售高價、精美的葡萄酒及烈酒玻璃器皿。「我們不談杯口上緣或是分子氣流等理論。我們的做工取決於葡萄酒業者的喜好與想法。」當葡萄酒釀造者要求提供新款的酒杯造型時，里德爾會問哪種外形可將他們最自豪的酒品特色完美呈現。如今，除了為各種葡萄酒、清酒，以及烈酒打造酒杯，里德爾也特別製作裝水的玻璃杯。「玻璃杯各種不同杯緣直徑的構造，會帶給你不同的味道，而我所謂的『味道』，指的是種心滿意足。有些玻璃杯的造型會讓你看了口渴，想喝上更多，也有一些能夠讓你的味蕾清爽，」里德爾說，「你一定不敢相信，水在口腔內的滋味也能千變萬化。」

他沒說錯。我的確難以置信。不過我知道一項研究結果：人們用弧線造形的啤酒杯時，喝啤酒的速度會快上六成。

依我看來，我在晚餐時見到那知名評論家的經驗，說明了有關酒類知識的主要話題。製酒人與消費者對於做出一瓶好酒或一杯美味調酒背後深不可測的神秘事物同感著迷，並能持續樂在其中，因而造就出這門生意、這項藝術。若再提到酒精攝取後反應對情緒控制的影響，則涉及了大腦中發生的變化（也是下一章的主題），所以酒與人的關係更形特殊。我們飲酒得到的感官認知或許和飲用方式少有關係，甚至毫無瓜葛。

離開海曼的辦公室時，我腦中已裝滿了各式各樣品飲葡萄酒的技巧。就在這當下，我注意到布告欄上她貼的一小張標示。上頭用俐落的無襯線字體寫著英國統計學家喬治・博克斯（George E. P. Box）的雋語：「統計學家與藝術家的壞毛病別無二致；他們都會愛上自己的模式。」

7 身體和大腦

從心理學家艾倫・馬拉特（Alan Marlatt）的訃聞中可以看出，他生前是位無私的心靈導師、頗具爭議的學者，曾經有過多段婚姻。馬拉特在二〇一一年過世，當時，他以推動毋須完全禁飲的戒酒療程而當紅。

四十年的職涯就這麼三言兩語帶過著實草率，尤其他還曾在酒的研究上解決兩大棘手難題：如何引導人們進入無法確定曾否飲酒的情境，以及如何在此情境中對實驗對象進行研究。馬拉特在一九七三年和兩位同事發表了一篇名為〈喪失控制能力的濫飲：實驗性模擬〉（Loss of Control Drinking in Alcoholics: An Experimental Analogue）的論文。他們在研究中探討為何有些人一旦喝了酒就停不下來。究竟是酒精促發的生理反應，抑或是種學習到的行為，如同社交飲酒，僅是過量而已？

馬拉特需要一種可靠的安慰劑，以確保實驗成功。在大多數研究化學物質對人體造成效應的科學實驗中，實驗對象都會預期自己即將攝入一種活性劑。但根據基本規範，接受實驗的人員必須分成兩組，一組是接受有效測試劑的實驗組，另一組則稱為「對照組」，過程裡的所有安排與實驗組完全相同，只是使用的測試劑不含特定效力。科學家藉此確立實驗的超然性，排除任何不可控制的巧合、時間因素，乃至其他不明原因的影響……而馬拉特根本無法排除酒精對人們造成的影響，因為只要杯中的液體含有此種物質，就很難不被察覺出來。它的味道相當不同。

他們試過在無酒精飲料裡滴幾滴琴酒之類的東西，仍然沒能騙過實驗對象。於是，實驗團隊改而採用伏特加，調配得當的伏特加可以趨近無味。「我們在實驗室度過許多黃昏後的大好時光，試遍各式各樣的酒精飲料，」十年後，馬拉特如此記載，「直到我們終於做出一種能用的測試劑。」最後，他們的完美成品是用一份伏特加兌以五份奎寧水（tonic water），冰鎮後飲用。在實驗中，受測人員幾乎猜不出自己的測試劑是否含有酒精。事後證明這是個不同凡響的成就，因為有別於一般實驗僅能將受測人員分成兩組，分別投以藥物（伏特加奎寧水）或安慰劑（奎寧水），馬拉特可將人員分成四組：除了典型飲品測試中的兩組——期待乙醇／喝到乙醇、期待安慰劑／喝到安慰劑，還有期待安慰劑／喝到乙醇，以及或許是最重要的一組：期待乙醇／喝到安慰劑。馬拉特稱此方法為安慰劑的對稱式設計；意義上，這代表研究人員首次能夠讓受測者無法確定測試劑中是否含有酒精，混淆其認知，然後觀察實驗結果。

這項成就同時也為馬拉特日後的工作方向定了基調。他的工作團隊在實驗時對受測人員說明他們參加的是一項「味覺研究」，請他們就飲料的味道提供主觀意見。在這些受測人員當中，無論是偶爾小酌者、嗜酒者，或行家級酒客（招攬方式是請「配合的酒店服務生，以及酒客經常光顧的地區酒吧侍者」發放報名表），在喝了測試劑後都不會出現行為失控的徵候，除非他們認為自己喝到的是酒精飲料。而且在「期待安慰劑／喝到乙醇」的受測組員裡，嗜酒者所喝的量也沒有比非飲酒者來得多。這說明了人們心中的期待（對飲酒後果的認知）與乙醇所能造成的影響關係重大。

大約就在論文發表同時，馬拉特離開了威斯康辛州立大學，轉往華盛頓州立大學任教。他在西雅圖創辦成癮行為研究中心（Addictive Behaviors Research Center）研究他的期待理論，並致力為此打造更接近真實情境的實驗環境。按其論點，人們對酒精發生反應的誘因不只在於其香味與滋味是否存在。就心理因素而言，在昏暗光影及背景音樂營造的氛圍下，酒精可為高腳椅上並肩而坐的人們召來一陣陣的感官襲擊。由於不能在酒吧裡設立實驗室，馬拉特決定在實驗室裡弄個酒吧。

馬拉特選定校園內某個教學大樓的二樓，在裡面設置了一個狹長的吧台，後面則擺上各種玻璃杯和一瓶瓶的酒。他們模仿酒吧，把燈光調暗，裝好音響，並在吧台外側放置五把高腳椅。同時還裝了偵訊室用的雙面鏡、攝影機以及麥克風。馬拉特把它稱為「酒精行為研究實驗室」（Behavioral Alcohol Research Laboratory）——簡稱 BAR Lab。

他打造了一個可以模擬飲酒感官及行為經驗的虛擬實境——如同科幻片裡的全景影像酒吧。「我們要凸顯的是，除了酒精之外，還有許多不同因素共同促成飲者醺醉。酒精是人們在社交活動中吸收的藥物，而環境是重要因素，」金・弗洛姆（Kim Fromme）說道，她曾是馬拉特的學生，目前是德州州立大學的心理學家。「坐在自家的飯廳獨飲，完全不同於你和朋友們到酒吧同飲。馬拉特想出了這個主意，比照酒吧設置實驗室——除了禁止吸菸外，昏暗光線、霓虹燈光、音樂，一切都跟真的酒吧一樣。」

馬拉特利用這個實驗室觀察到酒精如何對人造成影響的諸多現象。他發現，如果向那些期待酒精／喝到安慰劑的人充分暗示他們喝到的是酒精，他們會有喝醉的表現，包括口齒不清、臉紅，而且容易受到一旁異性的吸引。觀察得更深入些，當受測者依其社交習慣攝取少量或中等分量的測試劑後，若又處於令人分心的情境——讓他們身處派對或觀賞情色電影（酒的研究的確有趣，對吧？）——對喝到酒精的暗示所產生的反應，要比那些一個人獨飲、有機會暗自體悟自身酒醉情況的人來得明顯。簡言之，我們的心理狀態足以支配酒精對我們影響的程度，其效力不遜於酒精對心理狀態帶來的影響。

酩酊大醉的情況不難分辨，即便其徵狀因人而異，比如有些人會變得暢所欲言，有的卻沉默寡言，有人會興高采烈，也有人悲從中來。此時，專注力受到干擾，出現協調障礙；也可能講起話來語無倫次。接著你會覺得疲憊，甚至直接趴在吧台上睡去，因為此刻你體內每公升血液含有大約十七毫莫耳（millimole）的乙醇，即每分升（deciliter）八十毫克——通常寫成「0.08 mg%」，又稱為〇・〇八血中酒精濃度，這是美國大部分地區法定的酒醉判定標準。

高濃度酒精是一種傳統的中樞神經抑制劑。比方說，濃度介於每分升二百五十至三百毫克時，它具有麻醉效果。這時你會昏迷，感覺不到疼痛。達到每分升四百毫克時，乙醇成為一種溶劑，喝下去足以致命。

馬拉特建立的系統，達成數十年來學者們一直夢寐以求的研究——了解血中酒精濃度達到〇・〇八的「過程中」所出現的各種現象。大家都認同酒精可能造成的危害，特別是酒後駕車或操作機械時的致命風險。習慣性的大量飲酒可能成癮，不僅對酗酒者帶來毀滅性後果，甚至可能殃及身邊的人群。乙醇可能傷害的人體器官包括肝臟、胰臟、腎臟、循環系統，甚至大腦。它屬於精神科用藥，因此意味著可能帶來精神科藥物濫用的所有嚴重後果。

那麼適量飲用呢？應該完全無害——甚至有益健康，因為一方面在紓解壓力的功效上，它是種不錯的化學物質；另一方面，酒中有種叫白藜蘆醇（resveratrol）的化合物，多半出現於葡萄酒中，據研究可以延緩生理老化的某些主要徵兆。這裡並非倡導狂飲，或站在酒精本位的立場發聲，而是立意於短暫的神奇剎那。這麼說吧，就是喝下第二杯酒的第一口時——當眼神早已游移它去，大腦仍欲罷不能地捕捉著微弱的感官跡象，那股暖意與蔓延的悸動，也許頓時之間你更有自信、更加欣喜。而在那之前，你全身緊繃；此刻則已獲得解脫。朋友們看起來變得個個順眼。再來一杯宛若明智之舉，當然，難以消受的人也不在少數，或許你就是其中之一。這時，胃液開始翻騰，你會坐立難安。儘管原因莫名，但你面紅耳赤，感到焦慮，整個過程令人煎熬。要你再喝上一杯簡直就是椿苦差事。

現在談到一個人受酒精影響的程度：血中酒精濃度來到〇‧〇四至〇‧〇五時的狀況——研究人員稱其為「相關影響區間」（relevant range）。以社交飲酒的語彙表達，這已來到了「請再給我杯啤酒」和「不用了。買單」的臨界點。這也是大部分人飲酒到達的情境，卻鮮少納入研究的範疇，實在非常可惜。不過，馬拉特為「相關影響區間」帶來了全新的研究視野，因為他知道裡面暗藏玄機。

雖然乙醇在地球上自生自滅地存在了一千萬年，被人類特意製造的歷史也有一萬年，又經過近代科學家超過一個世紀的鑽研，人類至今還是無法完全明白微量乙醇對身體造成的影響。乙醇的分子細微，輕輕鬆鬆便能滲透細胞膜，幾乎可以抵達人體所有器官。它是能夠造成疼痛的刺激物（但是兼具痲痺效用）；它含有高熱量（卻沒有營養）。血腦障壁（blood-brain barrier）在它面前形同虛設，它在大腦中同時扮演興奮劑及中樞神經抑制劑的角色。就單一個體而言，酒精的影響取決於他的攝取條件。在個體之間，則會因為基因與經驗的不同而各異；另外，也隨著不同群體的遺傳、環境及傳統而有所不同。

兩杯黃湯下肚，衍生的故事令人目不暇給。

酒精對人體有何影響？

實驗室的歷史中，曾經有位配合度最高、化名為「艾厄斯」（Ius）的志願者。在這篇一九二〇年代的研究論文〈睡眠中肛門注射稀釋酒精後反應〉（Effect of Dilute Alcohol

Given by Rectal Injection During Sleep）裡，他是一連串實驗中唯一的受測對象。

艾厄斯當時大約二十五歲，是位哈佛大學醫學院的學生，個頭不大：身高一百六十八公分，體重五十八公斤。據報告描述，他身體健康，「習慣性的透過飲用啤酒攝取少量酒精」，並且「非常聰明，合作意願高」。連續六天，他在晚上六點左右前往波士頓卡內基營養研究中心卡本特（T. M. Carpenter）的實驗室報到，接受灌腸，接著便進行實驗。以下摘錄自心理生理學家華特・邁爾斯（Walter Miles）的實驗日誌，因為臨床紀錄最是令人驚駭：

他躺進醫療用呼吸器，這裡使用的是封閉型，可將俯臥其中的實驗對象完全罩起。一旁設置好的呼吸描記器將會整夜記錄受測者的所有身體反應，聽診器已在可以測得尖心脈搏的位置固定讀取心跳數，電極片……縛貼在他的雙手手腕與左膝蓋處，可在夜間向制式心電圖儀傳遞訊號；另外，受測對象的肛門已插入用來注射酒精或控制液的導管。在所有調整設置就緒後，他也已經躺定一段時間了，呼吸艙罩往下移動就定位，代謝實驗正式開始。入夜之後代謝數據測量會持續進行。我們透過計時器與電氣信號，對他的頭部位置間歇性地放送聲響。如果他醒著，便會按下手中的電子按鈕回應。通常到了晚上九點，代謝實驗的一切前置作業均已完成，艙門也完全覆蓋。受測對象總在此時進入睡眠狀態。兩個半小時後，肛門注射啟動……

卡本特博士使用滴注法緩慢地進行酒精液或鹽液注射，重力滴落高度約莫一公尺。注射時間大約為二小時，期間內並未吵醒受測對象。

我把情況簡單整理一下：一群職業研究人員找來一個骨瘦如柴的哈佛大學醫科生，用沾溼的紗帶在他的手腳綁上粗糙的金屬電極，再把他塞進一只密閉的棺材，不斷對他播放嘈雜噪音直到他不省人事，接著透過塑膠管對著他的屁股灌酒。

約莫早晨六點時，卡本特研究團隊打開棺材，讓艾厄斯出來，接著（首先讓他上個廁所、洗個澡）檢查他的代謝情況，並測試他對各種刺激的反應。邁爾斯這時會記錄他的心跳數、聽到巨大噪音時的眨眼速度、手指遭受輕微電擊的耐受力等各項測試結果。

艾厄斯的犧牲，是否換來任何見解高明的學術發現呢？讓一位長春藤資優生在實驗後整星期舉步維艱，究竟贏得了哪些令世人驚豔的成果？若論及真相，必定讓艾厄斯當場崩潰，因為實驗後來無法做出任何定論。唯一能確定的是，他接受乙醇而非鹽水注射後的幾個早晨，行動會變得略微遲緩。這點發現似乎太過膚淺。

主要是，一九二〇年代對酒的研究才剛剛起步，學者們更傾向調查乙醇造成的「各種負面影響」，而未著力於它的實質效應。當時，工作時飲酒的現象相當普遍，然而就一個才剛邁入工業革命後時期的社會，人們在「工作時」通常必須在辦公內聚精會神、全神貫注，不然就是需要操作具有高度危險性的機械設備。例如，農人喝醉時在玉米田中播種，或是操作蒸汽挖土機。所以，邁爾斯只不過想知道艾厄斯，或其他習慣飲酒的人，在飲酒次日能否正常工作。營養實驗室就微醺主題做的許多實驗中，有一項便是測試實驗對象受到酒精影響後的打字能力。

營養實驗室的研究旨在建立關於消化與營養的基礎知識。然而，他們並不確定人類有能力經由肛門吸收乙醇——或其他物質（你確實可以）。

事實上，最後的實驗結果顯示肛門吸收乙醇的能力相當好。（他們也不覺得難為情。）透過正常管道把酒喝下——也就是說，從嘴巴——新陳代謝會先從胃部及上側腸道展開。如果是從大腸灌入，乙醇會穿透腸壁，進入腹腔，在腸子間浸潤，能更快地滲入血管（並抵達大腦）。

邁爾斯的團隊對此毫不知情；這也是問題所在。一九一三年，營養實驗室的負責人弗朗西斯・班尼迪克（Francis Benedict）拋出了他那份〈酒精的生理影響調查計畫提案〉（Proposed Tentative Program for an Investigation of the Physiological Effects of Alcohol）。沒多久，班尼迪克就把實驗室的一個房間改裝成裝滿生理研究器材的設施，專門調查乙醇的影響。

當時，神經科學才剛剛起步；所以，醫療影像也不成氣候。科學家懂得一些基本的遺傳機制，但還不曉得什麼是DNA，更別提如何進行觀察了。各種測試儀器自然也非常原始。譬如，有種用來觸發膝蓋神經反射的L型器材，以一支鐘擺與磁鐵簡陋地組成，看來似乎更適合用來當作刑具。受測者開始進入記錄眨眼及眼球運動的階段時，班尼迪克與助手雷蒙・道奇（Raymond Dodge）寫道：「現在開始得用人造睫毛來節制他們的眨眼規律。我們用黑色紙張裁剪……強力阿拉伯膠確實提供了可靠的黏著效果。」沒錯，他們還在人的睫毛上貼了紙。

班尼迪克打算為人體在接受這些怪異測試後產生的新陳代謝及反應數據，建立一套衡量基準，以便用來與受到乙醇影響後的數據進行比對。簡單來說，他想為自己的實驗建立可靠的對照控制組。這便是馬拉特在六十年後解決的問題。當測試劑是乙醇時，「所有」實驗對象，無論人類、老鼠或果蠅，都喝得出它的特殊味道。人們因此產生先入為主的反應——包括他們口中對感覺的描述，甚至生理機能的運作也因此改變。班尼迪克團隊用了不少手段，企圖讓受測者分不清自己拿到的是酒精或安慰劑——嘗試了包括柑橘精油、辣椒及糖，結果全都失敗。他也試過將乙醇封裝到藥物中，但是受測者無法吞下如此大量的巨型藥丸。透過胃管灌入的方式和靜脈注射一樣，都會令人抗拒。最後，班尼迪克只好放棄；在他的實驗中，只要測試劑含有酒精，受測者幾乎總能發覺。除非，像艾厄斯般從肛門注入。

邁爾斯正是如此迷戀這些充滿奇技淫巧的實驗。他為自己在卡內基營養實驗中心的研究結果出了本著作，書裡還提到許多比班尼迪克更為瘋狂的舉措。其中，我最感興趣的是一件測試手眼協調的裝置——他製作的「進擊鐘擺」（pursuit pendulum）會不規則的朝各個方向潑灑液體，受測者必須盡可能接住。（微醺的人表現如何？想必更糟。）

全書二百七十五頁洋洋灑灑描述各色各樣的此類實驗，文末，邁爾斯確認了當時狀況。「在抑制劑作用下，器官效率下降……定性分析顯示，攝取此種物質後之藥效，降低了人類生理機能的有效性。」邁爾斯寫道。這就是最後的結果。各位觀眾，酒精會讓你反應遲鈍。或許大家可以放輕鬆點，就讓研究人員去把所有事情弄清楚。

乙醇的人體潛航

從你啜了第一口成人之飲開始，體內的化學機制便已啟動。身體會想辦法把乙醇氧化、分解，然後轉化成可供利用的形態。只要乙醇繼續隨著血液流動，就會讓你感受到它的存在；它在血液中停留的時間取決於許多因素。在胃部及上側腸道中，乙醇會被直接吸收，而當裡面充滿了食物，自然也就吸收得比較慢。飲酒速度愈快，身體吸收也愈快……直到一個臨界。換言之，酒精濃度太高時，反而會對消化道發揮它的抑制劑功效，使生理機能慢下來，吸收的步伐也隨著放緩。面臨如此情況，乙醇也成為一種刺激劑，你的胃會因此分泌黏液，使得消化作用更加遲緩。

胃中大部分的乙醇會被導引至肝門靜脈，這是進入肝臟的門戶。在這裡，乙醇會遭遇一種稱為乙醇脫氫酶的酵素襲擊，並且被它氧化，分解成乙醛，而乙醛可是個壞傢伙。

讓我們看一下它的分子構造。首先，有個看來像賓士汽車標誌的分子，一個顛倒的Y。它的正中央是一個碳原子，以雙鍵連結至頂端的氧原子，底下兩隻腳則各自鍵結到一個氫原子。這是防腐劑甲醛的分子式。若是將其中一個氫原子替換為其他原子或分子，就會生成不同的醛類。假如替換的是醋酸分子（醋）便形成了乙醛。

少量的乙醛不至於造成大礙，不過，乙醛非常容易引起化學反應——它與其他分子的親和性極強，所形成的化合物，又稱加合物（adduct），幾乎可以攪亂接觸到的所有物質。乙醛附著在DNA時，會生成至少一種致癌化合物，干擾人體的甲基化（methylation）過程，也就人體按照特定規律、依不同基因合成蛋白質的作用。乙醛還會緊緊攀附在構成細胞骨架的微導管、支撐結締組織（connective tissue）的膠原蛋白，以及血液中運送氧氣的血紅素上，甚至破壞神經傳導物質中產生血清素與多巴胺的機能，這可能導致人們對酒精沉迷上癮，喪失正常生理反應及感受快樂的能力。

負責分解乙醇的肝細胞必須從血液中耗用比平常更多的氧，才能維持這項化學反應——它們正在進行的是一場複雜而徒勞的騙術遊戲，不斷從一長串分子上剝離電子，然後再將它們加回去。這條長鏈上的遊戲最後會隨著自由氫離子、質子的出現告終，而此刻卻需要更多的氧原子與它們鍵結，以製造水分。結果，形成了缺氧的情形；肝臟的周邊組織細胞因缺氧而窒息，因此難以承受毒素與病原的侵害。（我們還是從這道化學作用中得到了一些東西——食品科學家以每公克有多少千卡〔kcal/g〕做為衡量營養比重的單位，節食者一般將其簡稱為「卡路里」。你日常食用的碳水化合物〔好比麵包〕每公克可以貢獻四．一千卡熱量，然而乙醇幾乎是它的兩倍。不過，乙醇帶來的卡路里多半沒什麼營養價值，裡面沒有維生素、礦物質，或挾帶而來的蛋白質。所以，我猜這是為什麼有人倡導飲用啤酒的原因：啤酒富含蛋白質。尤其對飲酒者而言，來自乙醇的卡路里可能占每日總卡路里的百分之十；這時，新鮮果汁調配的雞尾酒或許是不錯的選擇。酗酒的人從乙醇攝取的卡路里，更可能高達百分之五十。）

當然，肝臟的主要功能是排毒。「你不小心被割傷時，身體會有所反應。免疫細胞齊聚，在傷口產生疤痕，最後會痊癒。肝臟受到傷害後也會做出類似的反應。免疫細胞會前來收拾殘骸，修復損害部位，產生纖維化現象，」克里夫蘭醫學中心的病理生物學家蘿拉．納吉（Laura Nagy）說道。她曾研究過乙醇對肝臟的影響。「萬一你飲酒過量，使得免疫細胞來不及修復，壞損的組織就會一直存在。」這種發炎反應通常都是免疫系統對抗感染所引起，可是一個發炎、受到乙醇浸潤的肝臟卻「更加」容易產生病變。沒人知道原因為何。

經常性飲酒（即使還稱不上狂飲）還會讓肝臟失去另一項主要功能：分解與代謝脂肪及脂肪酸的能力。脂肪開始累積在肝臟；「脂肪肝」是經常性、過量飲酒的癥候，更嚴重一點，則是肝硬化的前兆。

目前為止，喝得還算暢快嗎？別急；事情才正要開始變得有趣。首先，我們得想辦法除掉乙醛。肝臟可以製造幾種稱為「醛去氫酶」（aldehyde dehydrogenase）的酵素——

ALDH1及ALDH2等，用來代謝乙醛。人體能否產生足夠優質的醛去氫酶酵素，是判斷一個人能否飲酒的關鍵因素之一。在中國漢族、台灣及日本的人口中，大約有半數人所製造的ALDH2完全無法發揮功能。這也是造成所謂亞洲人臉紅反應的原因，所以你會見到有些亞洲人酒後出現臉紅的特徵。伴隨而來的還有惱人的腹部症狀，更糟的還有——據研究，日本人飲酒導致食道癌的機率高於其他人。

乙醛產生的副作用著實令人厭惡，因此也被用來製成第一種治療酒癮的藥物。服用戒酒硫（disulfiram，較耳熟的藥品名稱是安塔布司〔antabuse〕）後，能阻斷醛去氫酶的生成。也就是說，戒酒者仍可飲酒，也能喝到醉，但是會嘔吐。這是種有效的逆向強化劑。

肝臟沒有代謝完的乙醇會再次進入血液。喝完第一杯酒後，乙醇會在二十分鐘內讓你產生尿意，因為它對腎臟內一種叫做「血管加壓素」（vasopressin）的神經傳導物質形成抑制作用，這種物質有個別名叫抗利尿激素（antidiuretic hormone），簡稱ＡＤＨ。基本上，ＡＤＨ促使腎臟牢牢抓住體內水分；一旦失去作用，構成腎臟組織的細管壁面會從海綿狀變成通暢的導管。頓時間，所有液體流進膀胱，而你得排出，這也使得人體中的電解質（鉀、鈉及氯化物）濃度升高。對經常過量飲酒或酗酒的人來說，這個現象會造成更多傷害，使肝硬化的情況更形嚴重；不過，適度飲酒者的腎臟反而因此受惠，因為乙醇也扮演了抗氧化劑的角色，看來倒可降低罹患第二類糖尿病及腎臟病的風險。

因此，只要適當節制乙醇的攝取量，人體內存在的各種生理機制是有辦法加以調適的。真正精彩有趣的事情發生在大腦——乙醇在那兒的行徑將會出人意表。開始進入正題之前，讓我們先參加一場派對。

乙醇對大腦做的好事

艾倫・葛文斯（Alan Gevins）說自己剛開始沒打算談到酒精。身為舊金山大腦研究中心負責人，葛文斯擅長以腦電波圖（electroencephalogram，簡稱ＥＥＧ）測量腦中的電流活動。其實，他最初只想測試一款輕便的可攜式ＥＥＧ測量頭套；另外，最重要的是，它具有無線功能。這時才跟酒扯上了關係。「我想從制式作業的框架中跳脫出來，」葛文斯說，「畢竟我們離不開人群和社交。」他需要找到可以在真實社交行為中記錄大腦活動的方式——不能使用ＭＲＩ機器或大腦掃瞄儀。「於是我突發奇想，做了更前衛的決定：帶著十個人一起喝醉。」

學術界利用ＥＥＧ研究酒精也有很長一段時間了。由於它對大腦電流活動取樣迅速、持續，而且每次取樣可在短短幾毫秒內完成，因此EEG非常適合用來密集觀測一段時間內的所有變化（不同於磁振造影技術產生的空間解析圖）。亨利・貝格雷特（Henri Begleiter）實驗室在此領域締造不少佳績，他們曾藉由「阿爾法慢波」（slow alpha）頻譜揭露了乙醇會引發顯著大腦反應的事實。

葛文斯做了一個可伸縮的尼龍帽，上面帶有許多電極。這帽子戴上後有點可笑，不過看起來還沒到電子生化人那般怪異。「在我們測試過的各種藥物中，酒精可說獨一無二，」他說，「它能讓整個大腦發亮，就像個燈泡一樣。」即便從技術角度而言，乙醇是種抑制劑，但是體現在EEG時，它表現得像是種興奮劑——在相關影響區間內，讓大腦陷入一種痴迷狀態。飲酒後約一小時才會達到巔峰效果，但是當它發生時，特徵非常明顯：所有電極區此刻同時出現反應。

他召集了十五個朋友和同事，有科學家、工程師、研究助理、管理者，並且宣布這項計畫。派對中，大家享用了壽司、法式點心、馬丁尼、海風雞尾酒，還有EEG頭套。「我對自己調的馬丁尼感到驕傲，」葛文斯說，「橄欖上乘、酒味甘醇。我選蘇托力伏特加（Stoli）做為基酒。」等大家酒過數巡，他發了呼吸酒測器，確定所有人的血中酒精濃度（Blood Alcohol Concentration）都已到達〇・〇七左右（他說，有幾個人醉得很厲害，甚至超過〇．一〇）。結果相當圓滿。葛文斯做的帽子，以及他為了解讀波值所設計的公式，可以幫他判斷一個人是否進入了痴迷狀態。

這是使用EEG衡量酒精作用的一項偉大成就，也成功引進了葛文斯設計的無線EEG頭套；迄今，他已用來測試超過一千五百人。儘管EEG研究可以展現乙醇對大腦的終極影響，而且表現相當不俗，但是對於分析直接原因（proximate cause）幫助不大。

其他藥物就來得簡單許多。嚴格來說，酒的研究者都會羨慕其他藥物的單純直接。若是研究海洛英這種類鴉片衍生物的效應，你知道自己面對的是大腦中一種會對類鴉片發生作用的受體──大腦也會生成自己的衍生型類鴉片，稱為腦啡（enkephalins），是令我們愉悅的神經迴路中的一分子。（釋出類鴉片的神經元，最後會將傳導物質噴向分泌多巴胺的神經元，大腦用它來傳遞獎勵訊號，於是我們會感到快樂。）海洛英、嗎啡，以及鴉片，都可在這道機制中運作。那麼大麻呢？也沒問題。大腦內生有大麻受體（cannabinoid receptor）。

但是，酒精就不一樣了。「老實說，我們不清楚酒精在分子上的結合對象。目前還沒人知道。」喬治．柯布（George Koob）說道，他掌管著國家酒精濫用與酒癮研究院（National Institute on Alcohol Abuse and Alcoholism），是位行為心理學家，也是全球首屈一指的藥癮研究專家。「酒精分子相當小，能輕易地進入體液中，並在神經系統到處流竄。所以當你愈來愈醉，身體會出現許多變化。愈來愈多的神經元會被它動員，先從大腦皮質發難，然後一路蔓延到腦幹（reptile brain），而那裡存在著所有主司獎勵的傳導物質。」

根據柯布的論點，乙醇首先會侵入額葉皮質（frontal cortex），也就是大腦最外層，然後進入海馬體（hippocampus），乙醇似乎會先干擾此區負責建構記憶的神經元。這些神經元被阻斷後，你便喪失意識或記憶。等到乙醇深及小腦時，你就會開始出現運動協調障礙——步履踉蹌、口齒不清等徵狀。說得沒錯吧？「事實上，這完全說不過去。」柯布說。因為這段敘述沒有說明乙醇「如何」滲透到這許多區域，也沒交代它在這些地方做了什麼事。

或許正因為沒人完全清楚大腦的運作機制，問題才會如此棘手。神經科學的信條主張，大腦是一個由神經元構成的網絡——多達一千億條神經元，而彼此間形成的連結數超過一百兆，這還是最保守（又或者是最沒問題）的評估。這個龐大複雜的網絡上進行的運算，形成了我們的心智。這個網絡上的通訊形式，基本上分為兩種：「增加」（或按神經學術語：興奮神經脈衝），以及「減少」（叫做抑制信號）。每一條神經都可能同時接收到成百上千個興奮及抑制信號，各種信號持續累積後，會刺激神經發出自己的信號。於是，當好幾兆個信號在腦中縱橫交錯時，大腦便有了意識。

就結構而言，神經元實體間不會有所接觸；彼此間拉開的距離使它們剛好不會發生碰撞。它們之間的距離稱為突觸（synapse），這個間隔的寬度大約只有百萬分之一英尺——二十至四十奈米。當神經元之間需要隔著突觸間隙（synaptic gap）進行交談時（傳遞興奮或抑制信號），它們會互相朝著對方噴出化學物質，即神經傳導物質。大致來說，興奮信號是靠著一種叫「麩胺酸」（glutamate，等同於麩胺酸鈉〔monosodium glutamate, MSG〕，即味精中產生鮮味的物質）的神經傳導物質傳送。另一方面，抑制信號依賴的傳導物是γ—胺基丁酸（gamma aminobutyric acid），簡稱GABA。

在相關影響區間內，乙醇會阻斷一些麩胺酸受體，並啟動GABA受體，因此形成了一個雙反機制：拒絕促使大腦活躍的信號，激起促使大腦放慢的信號。於是，在釋出GABA的神經元主導下，那些我之前提到、會製造讓人愉快的腦啡的神經元則受到抑制。簡單來說，GABA讓我們保持平靜狀態。若將它關掉，你會感到振奮。

從乙醇聯想到類鴉片，再關聯到多巴胺，乃至感覺愉快——「這個迴圈相當小，所以你會說，沒錯，在某種程度上，類鴉片在酒精的作用裡摻了一腳。這是顯而易見的。」神經科學家珍妮佛・米契爾（Jennifer Mitchell）如此表示，她任職於愛莫利維爾市

（Emeryville）的厄尼斯特・嘉露醫學研究中心（Ernest Gallo Clinic and Research Center）。

米契爾女士，黑髮，講起話來眉飛色舞、神采飛揚，兩隻耳朵（在我們共進早餐那天）一邊戴著三只耳環，另一邊兩只，手指上有許多戒指，披了條橘色圍巾。她是在奧勒岡州里德學院念書時，開始對藥物研究產生興趣，那時因為缺乏有效的法令政策，她的許多同學無力抗拒大批藥物的誘惑，於是濫用並沉淪其中。米契爾本想仔細探討藥癮的煎熬，而當她看到周遭那些比實驗結果更加震撼的上癮者，她便決定為自己訂定更積極的研究模式。她要找出上癮的原因。

後來，這些研究的目的轉為致力於開發治療酒癮的藥物，且目前已有兩種問世——其中一種就是安塔布司，是可以讓飲酒者嘔吐的醛去氫酶阻斷劑；另一種是那屈酮（naltrexone），可以阻斷大腦中的獎勵通道，飲酒者就無法享受酒精帶來的愉悅效應。美中不足的是，服用那屈酮的人也會對所有事物失去興趣。

兩種藥物對人體的影響都過於廣泛。米契爾與許多研究者一樣，希望把乙醇影響大腦的枝微末節詳實列舉出來，以便對症下藥進行阻絕，不致矯枉過正。「回想在念研究所時，我把老鼠放到盒子裡，然後我瞪著牠，牠也回瞪我，我做些觀察，寫點紀錄，再把老鼠放回籠中，」米契爾說，「手邊雖然有三十年來累積的資料，但多半是對老鼠或家鼠的實驗結果，偶爾有幾隻雪貂、天竺鼠或豚鼠，或是幾隻貓。你不禁會想：『我真不曉得這些實驗究竟是否適用於人類。』」

米契爾確信自己得觀察人類大腦──並非上癮者或酗酒者的，而是當一般人進入相關影響區間時的大腦。「中度酣醉，而不是爛醉。」她如此補充。

從來沒人做過這種實驗，因為想完成這種實驗極為困難。首先，米契爾必須找到特定的酒精受體標的──別忘了，迄今為止，無人確定那都是哪些受體。不過，學界出現了一些論點。舉例來說：類鴉片受體。而此受體其實分三種類型，分別以希臘字母 μ（mu）、κ（kappa）、δ（delta）標示，其中 μ 型類鴉片受體似乎對消遣性毒品發揮的作用最大。若是刻意把老鼠培育成不具此受體，牠就不會飲用酒精或攝取鴉片。

米契爾找來一種強效的類鴉片，叫做卡芬太尼（carfentanil），藥效更甚海洛英千倍。她需要的倒不是藥效。卡芬太尼之所以號稱強效，是因為它與 μ 型類鴉片受體的結合度非比尋常；換句話說，只要你追蹤它在大腦中的行徑，便可看到受體被觸發的情形。追蹤方式與第三章裡嘉士伯實驗室的賽巴斯汀・麥爾觀察發酵時分子軌跡的方法雷同。你必須先為追蹤的分子標記放射性原子。

於是，米契爾找上了擁有粒子加速器的國家實驗室，那裡可以替她製造放射性碳同位素C_{11}。這便是她為卡芬太尼做的放射性標記；接下來，米契爾可以透過正子造影斷層掃描儀（簡稱ＰＥＴ掃描儀）即時掌握卡芬太尼在大腦中的一舉一動。

簡單描述實驗進行方式：實驗對象注入放射性標記的卡芬太尼，並喝下酒。當乙醇導致μ型類鴉片受體特別活躍時，就會在掃瞄儀上顯現出來。

聽來簡單；要得到官方許可就沒那麼容易了。為了做這項實驗，可得大費周章，需要驚動的單位多達半打，包括國家實驗室、幾家醫院，還有二、三個其他機構；此外，由於米契爾做的是人體實驗，她還得取得每個機構的監管單位許可。兩年過去了，米契爾招攬到的志願者人數也達到一定說服力。最後，她的實驗對象成員（科學家稱為Ｎ值）也只有二十五人（其中有十三人為重度酗酒者，另外十二人則很少喝酒），全都是透過美國的大型免費分類廣告網站Craigslist招募而來。

接下來，她又遇到一個新的問題：如何讓他們達到〇・〇五的血中酒精濃度。最理想的方式應該是透過靜脈注射注入乙醇，同時監視血中酒精值，並視需要透過調控閥調整滴速。但是米契爾借不到設備，而此刻她的實驗對象都已進入ＰＥＴ座艙，而且也從靜脈注入了半衰期極短的放射性藥物，這時才來安裝調控閥也不恰當。

所以，米契爾決定讓他們直接飲用，但是要按每個人的體重和性別計算出合宜的酒精濃度（通常來講，女性代謝酒精的速度較慢，對乙醇的反應要比男性高出一倍）。她使用的是實驗室規格的高濃度乙醇，只用了些許果汁來稀釋，以便盡量減少吞服的液量。實驗對象得在PET座艙中待上一整天，可是，我們已經曉得，酒精會抑制血管加壓素。「剛開始我真沒料想到這點，直到有人在座艙裡喊著他們要小便。」米契爾說。（可見米契爾找的這些志願者都沒有艾厄斯敬業，那位睡眠中肛門慘遭修理的受害者。）

等到座艙裡的人受到酒精影響，達到理想的酩醉程度，那些帶著放射性標記的超級海洛英也開始漫遊於大腦各處，這時你該起身打獵。不過，這個完美情境需要做點修正——假如你做的影像研究漫無目標，最後只能隨意指著某個大腦區域編造故事，這就像任由你替人戴上自由黨或保守黨的帽子一樣。若要進行一個合理的影像分析，即便研究對象的N值為二十五人，你仍需建立「重點區域」（regions of interest），也就是按照你的理論，大腦中會出現反應並顯示在掃瞄儀上的區域。在此例中，你會將它們和那些不該與類鴉片受體發生關係的對照區域做比較，也要和那些擁有類鴉片受體但是自外於獎勵機制的區域進行比對。

米契爾的「重點區域」的確都亮了起來，主要位於：伏隔核（nucleus accumbens）。如果你從額頭正中央偏下方處往後腦方向直直鑽進去，就會找到它；另外，還有位於眼球上方的眼窩前額皮質（orbitofrontal cortex）。

「眼窩前額皮質的表現尤其讓人驚訝，」米契爾說，「它主司認知控制和執行控制，負責功能的執行、做出判斷，衡量事物的輕重緩急，讓你有所取捨。顯然這是偏於賦格的區域，至於伏隔核，則表現得比較像是『我想要，去得到它。我受到激勵了。』所以，在這個模式裡，眼窩前額皮質負責讓伏隔核知所分寸。」

最後，她的論點（仍有疑點尚待驗證）是：乙醇促使這些區域釋出內生性的類鴉片，提供了少量心情愉快的感知，但同時也牴銷了人的自我控制能力。結果是，人們會喝下更多的酒，做出更糟的決定，這也是為何相關影響區間如此重要。有關過量飲酒後發生的所有事情，也就由此展開。

退化的語言能力

長久以來，研究斑胸草雀（zebra finch）鳴唱對語言的學習及運用具有借鑑意義，因為牠們的歌聲節奏並非發自本能，而是向父執輩學習得來。餵牠們乙醇時，這些鳥也真的會喝，有時還喝得不少，血中酒精濃度甚至來到相當於人類的〇・〇八。據一場會議上的研究簡報所說（尚未經過學術審查，可信度有待商榷），草雀到達酒醉程度時，鳴唱會變得含糊不清。歌聲零零落落，節奏也不再清晰。簡單來說，把斑胸草雀（也就是因達爾文的研究而廣為人知的鳥）灌醉後，牠們跟人類一樣也會口齒不清。

對人類而言，乙醇產生的麻木效應會直接反映在舌頭與喉嚨，讓人話語中「D」和「T」的聲音難以區分，或是把「sh」的發音唸成了「sss」。按照語言學家的說法，這種現象稱為發音環節異變，而乙醇還會導致超音環節（supra-segmental）異變，譬如，說話的整體速度放慢，語音的抑揚頓挫改變。講話時的超音環節異變與肌肉的控制力也許不無關聯，而漏字或插入錯字則多半可能牽涉到神經層面。

其實，乙醇對話語能力的影響早已人盡皆知，甚至可透過電腦偵測出來。二〇一一年時，國際間有個利用電腦研究語言的團體邀請學者們參加一項競賽：開發一個可以只透過分析聲音，便能判斷說話者是否喝醉的電腦軟體。當時，主辦這項計畫的程式開發人員意有所指地暗示，這個系統完成後，功能上可取代呼吸酒測器，而且還能遙測酒醉，不過他們更感興趣的課題應該是語言辨識能力。

依照他們的遊戲規則：偵測的成功關鍵，繫於一個相當出色的德國酒後語音資料庫（German Alcohol Language Corpus），裡面儲有幾十名德國人醉酒後的說話錄音，以及這些人兩週後在清醒狀態下的錄音。

「主要的概念在於，一個喝醉的人說話時會帶有不同的重音，」王威廉（William Yang Wang）如此說道，他是卡內基美隆大學的電腦研究生，負責帶領其中一個參賽小組，「我們的基本假設是，你在清醒與喝醉時說話的音素（phoneme）會有很大差異。」

王威廉其實是想研究電腦如何從人們的話語中掌握一個叫做「興趣程度」的特徵——也就是判斷發言者「熱衷」於特定話題的程度。想像一下民調機構和行銷人員將會多麼喜歡這種功能。然而他說，這個方法知易行難。「也許你喝醉時，講到某些字的速度會變慢，但清醒時卻能夠輕鬆帶過。人喝醉了可能會不時重複某些話。」王威廉說。所以，他的組員也把注意力集中在說話速度和聲帶振動，亦即基本發聲頻率（通常男性和女性分別高於一百八十赫茲及二百五十五赫茲，在酒精影響下，會變得比較高）。

王威廉的程式大約只有百分之七十五的正確率，因此沒能贏得這項競賽，自然也無法取代公路警察用的呼吸酒測器。當血中酒精濃度較高時，譬如接近或超出〇・〇八時，它表現得比較準確。但是他坦承，在血中酒精濃度介於相關影響區間時，它的程式表現得並不出色。王威廉表示，說到評估一個人的酒醉程度，人們的親身觀察仍然具有主場優勢。「現實中，人類大腦其實是對多重模式訊號進行運算，它在這點上要比電腦來得優秀，」他告訴我，「我在酒吧裡可以看著酒客的頭部動作、肢體語言，還能同時聆聽他們的話語和用字遣詞。」所以說，酒保總能比呼吸酒測器更早發現你是否喝太多了。

酒裡的惡魔

我們一路探討著乙醇對身體及心理的影響，但別忽略了酒中的一些其他物質也會在心理層面造成影響。有些人說龍舌蘭酒會造成身體不適，或是喝了紅酒會頭痛，那是酒中的同屬物在作怪，而酒中同屬物的種類及多寡因酒而異，對大腦和身體的影響也隨之不同。

說到含有對身體不利同屬物成分的酒類，苦艾酒或許是最惡名昭彰的一種。在二十世紀之初，法國人每年喝下九百五十萬加侖的苦艾酒（相當於四千八百萬瓶），有一陣子，它甚至成為放浪形骸的享樂主義者的代名詞。苦艾酒使用一種蒸餾酒做為基酒，可能來自單純的伏特加，或是本身已具風味的白蘭地，然後再添加藥草或植物調味。主要的成分是茴香；在這方面來說，它就像希臘的茴香烈酒（ouzo）、土耳其的雷基酒（raki）、薩布卡琴酒（Sambuca），以及其他甘草提煉的歐亞地區烈酒。添加的藥草也包括蒿草（wormwood，又名蠕蟲木，苦艾酒的主要成分），裡面含有少量的側柏酮（thujone），可以讓人陷入迷幻。在二十世紀初，側柏酮被當成「苦艾中毒」的罪魁禍首，據說受害人會出現類癲癇症狀，窮凶惡極又具危險性。（就在不久前的一九八九年，美國《科學人》雜誌（*Scientific American*）上還有位研究者撰文表示，名畫家梵谷就是因為苦艾酒中毒而自殺的。）早在一九一五年，歐洲大部分國家和北美地區更將苦艾酒列為非法飲料。

各種爭議在雞尾酒歷史中如潮水般此起彼落。不論如何，缺了苦艾酒，你就調不出「亡者復甦二號」（Corpse Reviver #2，以琴酒、君度橙酒〔Cointreau〕、公雞美國佬〔Cocchi Americano〕、檸檬汁及苦艾酒調製——有些人會喜歡用麗葉酒〔Lillet〕代替公雞美國佬），甚至也調不出道地的「賽澤瑞克」（Sazerac，材料包括裸麥威士忌、裴喬氏苦精〔Peychaud's Bitters〕、方糖及苦艾酒——公認是有史以來最早的調酒）。至於隨後出現的不含蒿草成分的苦艾酒替代品，像是保樂茴香酒（Pernod），可能只配用來料理白酌蝦。所以到了一九九〇年代，紐奧良有位名叫泰德・布里克斯（Ted Breaux）的愛酒人士一頭栽入了為苦艾酒洗刷冤屈的行動。他執意弄清楚，禁令頒布前的苦艾酒配方中，側柏酮的含量是否真能致人瘋狂。

他花了幾年的時間，收集有關苦艾酒的相關素材與用具——包括用來將方糖懸於杯上的鏤空湯匙、透過瓶口讓水流經方糖溶入苦艾酒的精美玻璃器皿等。後來，布里克斯還找到一份禁令發布前製作苦艾酒的公認範本。他照著這本冊子製作了一些，結果做出來的酒難以下嚥，讓他百思不解。

最後，布里克斯終於透過管道買到一瓶貨真價實的苦艾酒。他用注射器穿過瓶塞吸取了一點品嘗。比起他之前做的那些酒，這真是輝煌的一刻。他這瓶禁令前的苦艾酒「質地一如蜂蜜，具有獨特的草本花香，酒體溫和圓潤，有別於一般烈酒。」布里克斯接受《連線》雜誌訪問時如此說道。

他又找到了幾瓶禁令前的苦艾酒，接著他四處奔走，為這些酒做氣相層析儀檢定，並設法透過實驗機構進行配方的逆向工程分析，終於鑑定出一個幾乎與禁令前版本完全相同的結果——檢驗過程中也發現，禁令前的苦艾酒中，側柏酮的含量大約只有百萬分之五，遠不至於讓人產生幻覺，但酒精濃度卻高達一百四十酒度（百分之七十）。如此也足以解釋，為什麼有些人在長期飲用後引起身體抽搐，甚至出現自殺傾向。

（苦艾酒的特徵頗令人玩味：它的酒體呈半透明狀、帶點綠色，摻水後酒液轉呈混濁，幾乎接近乳白色。各類茴香酒，例如苦艾酒、希臘茴香酒，或是法國茴香酒，都含有一種油狀主要同屬物，稱為茴香腦〔anethol〕。剛從瓶中倒出時，酒液中的乙醇和水維持著平衡狀態。若是添加更多的水，乙醇會脫離茴香腦油而消溶於水，產生較大的液態顆粒。於是，瞬間形成的乳液色澤，使得酒液從半透明變成了完全不透明。）

就算苦艾酒中的側柏酮尚未達到致命的劑量，也不能將它的其他同屬物等閒視之。一九六〇年代晚期的一項實驗中，研究人員讓受測者分別飲用伏特加、波本威士忌，以及充滿各種同屬物的「超級波本」威士忌（研究人員並未鑑定出是哪些同屬物）。結果受測者的血中酒精濃度大致相同，腦電圖上也呈現相似狀況——出現較多波幅小的阿爾法波活動，看來就如同疲勞時的反應。不過，此般效應在喝了超級波本的那一組受測對象身上持續得特別久，也更加明顯。

那麼，原因為何呢？或許是組織胺造成的，那是一種過敏反應物質。許許多多的研究不斷探討著各種酒類中組織胺的多寡，但不論是紅葡萄酒、白葡萄酒、清酒或啤酒，多少都含有一些組織胺。有的研究指稱紅葡萄酒的組織胺較多，但也有其他報告表示各種酒類其實都差不多。

也有人懷疑酪胺（tyramine）的嫌疑最大，它似乎不是發酵作用的產物，而是製酒過程後半段產生乳酸的細菌所為——也就是說，加工過程裡出現的微生物。有些葡萄酒釀造者會利用它們的特性，將發酵後可能造成口感生澀的蘋果酸剷除，讓紅葡萄酒的口感滑順。一般來說，唾液中的酵素能夠分解酪胺，讓它沒有機會造成危害，不過有些人無法產生足夠的酵素，也有些人服用的降血壓藥物會阻斷酵素生成。對這些人來說，酪胺的效應可能令人相當難受。在人體中，酪胺的分子結構會轉變，能夠滲入儲存正腎上腺素（norepinephrine）這種使人興奮的神經傳導物質的蜂巢組織中，並將正腎上腺素逼入體內，刺激心臟加速搏動，讓人亢奮。即使你能分泌足夠的酵素，酪胺仍然可能像乙醛一樣，讓你出現臉紅及噁心的徵狀。有些研究（同樣也是個案）指出，不論紅葡萄酒或白葡萄酒，酪胺的含量都不高；又有研究說，紅葡萄酒的酪胺含量比較高。科學的陪審團在此不予置評。

就個人經驗來看，我知道有不少人喝了紅葡萄酒後頭痛，會特別怪罪酒中的亞硫酸鹽，雖然有點道理……但是可能性不高。在所有人口當中，的確有一小部分會因亞硫酸鹽而出現氣喘，甚至頭痛的反應，而就生理機制而言，亞硫酸鹽的確也有可能促發組織胺釋出。然而，紅葡萄酒所含的亞硫酸鹽，其實「低於」白葡萄酒。

假如你真想找出酒後頭痛的化學元凶，我會建議你偵訊另一名嫌疑犯——5－羥色胺（5-hydroxytryptamine），也就是我們常聽到的血清素。它是大腦中用途廣泛的神經傳導物質，主導許多重要功能，包括情緒調節。精神科用藥中的百憂解（Prozac）是一種選擇性血清素再回收抑制劑（selective serotonin reuptake inhibitor）；它可以加強腦中血清素的效能。紅葡萄酒可以誘使血清素釋出，並且比白葡萄酒的效率高，而且紅葡萄酒跟百憂解一樣，會在神經元的突觸部位抑制血清素的回收。它會阻斷受體吸納血清素的作用，尤其對一種稱為5-HT$_1$的亞型受體而言特別明顯。另外，許多廣為普及、藥效極佳的偏頭痛處方藥，例如翠普登（triptans，以葛蘭素史克藥廠〔GSK〕旗下的Imitrex品牌販售）正是對這種受體進行作用。當然，這樣的結果並不讓人感到意外。而大約三分之一的偏頭痛患者表示，喝了紅葡萄酒後頭痛就會發作。

總之，飲酒對人的影響，不單是因酒而異、因人而異，也因時而異——即使乙醇含量一致。令人感到難解之處，並不在於各種出其不意的現象，反倒在於酒在分子機制或神經迴路層面上的不按牌理。處理其他濫用藥物的行為時，都有可以依循的模式和清楚明瞭的參考作法，也較能掌握結果。酒精飲料則全然不同。它毫無章法，也沒有模式可循。

飲酒與暴力

一九六九年，兩位人類學家克雷格・麥克安德魯（Craig MacAndrew）和羅伯・埃哲頓（Robert Edgerton）在著作中更為平鋪直述地說明這個問題。他們的書名很吸引人，叫做《酗酒行為：社會面之解讀》（*Drunken Comportment: A Social Explanation*），基本上以人種、血統為出發點進行研究，集合了他們對世上各種文化在飲酒行為模式上的觀察心得。在麥克安德魯與埃哲頓所建構的思維中，他們對全球酒精飲料普及後導致人們失去自我約束力，以致破壞社會常規的想法提出挑戰。事實上，他們還認為，每個人種的飲酒行為不但會受到其文化習俗的制約，而各種文化的習俗（同樣的說詞！）也各不相同。

那麼，我們會問：究竟乙醇會不會使人產生暴力行為？比方說，曾經群聚於現今美國亞利桑那州與墨西哥邊境地帶的帕帕勾族人（Papago），會狂飲一種由北美巨形仙人掌發酵而成的飲料直到爛醉，但這種飲料只有在每年一度的旱季尾聲才能釀造。釀成後，帕帕勾族會舉辦一場慶典；族裡的男人紛紛致詞，然後在宴飲中醉倒。過程中並未發生暴力事件。可是歐洲人帶著威士忌一同到來後，帕帕勾族在非豐年祭的時刻也有酒喝，這時他們開始出現「醉後狂暴」行為，嚴重時甚至傷及家人。

再看到大溪地原住民。剛開始，他們拒絕接受歐洲人抵達時餽贈的酒，那是船上的標準備糧之一。然而時過境遷，後續來到的歐洲人在原住民身上看見各種酒後暴力傾向。不過到了麥克安德魯與埃哲頓的時代，當他們再次審視大溪地人時，發現許多人都沉淪於酒癮之中，只是暴力行為已不太常見。

麥克安德魯與埃哲頓在書中分別敘述酒精對不同文化所造成的影響，而其中許多文化的人民在酒後的反應上，恰好形成鮮明對比。書裡讓我覺得最有趣的一個段落如下：紐西蘭毛利族習慣在兩種場合上飲酒：「休憩」和「宴會」。休憩通常是在週末午後，是屬於男人們的聚會，大家或躺或臥地喝酒、打盹，或聽著收音機，一起打發幾個小時。而宴會上則是有男有女，入夜時分才會舉行（徹夜不停），往往以打架與性愛收場。所以說：清一色男性酒聚時，眾人總能平和醉去。男女共聚的酒宴，幾乎等同都市週末夜晚的暴力場景。

日本沖繩縣平良村的住民「也有」兩種不同的飲酒場合。男人們在工作後的清酒聚會中經常失控，即便交情再好的朋友也可能發生口角或鬥毆事件。然而，在村裡舉辦同時邀請男女來賓的宴席上，大家卻表現得本分而守禮。即使村民們在宴席上喝多了，酒酣耳熱之際或許會開開黃腔，但也不致出現暴力或太過變態的舉動。

麥克安德魯與埃哲頓在他們的假設中表示，酒精對人們造成的影響，全然受到文化規範的約束。唯有處於一如美國般，對酒精飲料時而打壓、時而吹捧的「混沌文化」時，乙醇才可能導致人們出現危險行為。麥克安德魯與埃哲頓直接挑戰了傳統認知的極限（但並未逾越），指稱乙醇本身並不會對人們帶來任何內在效應。「就算大腦生理學家能夠充分而仔細地闡明酒精對人腦所產生的千般萬種效應，」他們在書中寫道，「對於他們的精闢論述，『以及』依其論述對人類行為似是而非的重新詮釋，我們仍舊不以為然。」

《酗酒行為》一書具有指標性意義；然而，一如任何一九六〇年代晚期跨學科的社會科學著作，它也飽受各界批判。全書的主要根據是來自十九世紀末到二十世紀初一些主觀的人類學報告，而當時歐洲科學家對其他文化真實情況的觀察往往有欠周詳。文獻中的許多研究者都是男性，大部分時間的訪談對象也是男性，意味著他們可能忽略了女性對酒精飲料的看法。而或許最重要的是，據羅賓・儒恩（Robin Room）這位專門研究酒精及其效應的社會學家所言（他本人相當推崇麥克安德魯與埃哲頓的觀點），書中提出乙醇在某些文明中不會造成影響（醉酒與清醒並無二致）的證據確實相當薄弱。有異於任何其他遭到濫用的藥物，後續大規模的人口調查研究顯示，乙醇對人的影響之一，就是會提高暴力傾向。當然，非法藥物的「市場」本身就充滿了暴力，但就藥物本身而言，除了某些興奮劑（例如甲基安非他命〔methamphetamine〕）外，酒精是唯一潛藏促發暴力行為效果的藥物——且不分種族與性別。雖然如此，麥克安德魯與埃哲頓的著作，仍然代表了行為主義者與生物學家在乙醇認知上的一道鴻溝。

美酒或毒藥？

自從艾倫・馬拉特在西雅圖設立酒吧實驗室之後，他的理念開始在學界風行起來。心理學家詹姆斯・麥克基羅普（James MacKillop）在喬治亞大學也設了一間，規模稍微小些，他是從行為經濟學的角度研究酒精成癮現象。酒吧實驗室的雙面鏡上用喬治亞大學的校徽做為裝飾，受測者在電腦上挑選他們想喝的下一杯酒，上面顯示的虛擬價格也會隨之增加。「我的專案經辦在懷孕期間到酒品專賣店補貨時，人們看她的眼神可真是嚇人，」麥克基羅普說道。威爾・寇爾賓（Will Corbin）在亞利桑那州立大學同樣設了一間，主要目的在於協助矯正學生們的酗酒問題。（不少設有酒吧實驗室的大學都盛行狂飲派對，或坐落於龍蛇雜處、社區酒吧盛行的城鎮，這樣的情形絕非巧合。）

然而不論設在何處，酒吧實驗室中觀察到的人類詭譎行為，實難印證到幾十年來以動物為基礎所做的細胞培養與研究。「兩者間的分歧就像大峽谷那麼深。」馬拉特的弟子弗洛姆如此說道。為了在名稱上不落俗套，弗洛姆將她的實驗室取名為「撒哈拉」（SAHARA），英文全名有「酒精、健康及風險行為研究」（Studies on Alcohol, Health, and Risky Activities）之意，提供了相當多元的模擬情境。它的內部裝潢十分引人入勝，有個L型吧台，燈光別緻，還採用不少感官誘導裝置，營造出「飲酒環境」的氛圍。弗洛姆甚至還自創美味的雞尾酒安慰劑。「它能激發你的嗅覺感官，我會當著你的面調製。瞧，這是杯很有效的安慰劑。他們喝了之後，回報的所有感覺、表現的任何行為，都與酒精的藥理作用扯不上關係，而是出於期待。」

除了弗洛姆的實驗室，德州大學奧斯汀分校也成立了瓦格納酒精及成癮研究中心（Waggoner Center for Alcohol and Addiction Research）。「我參加過他們的期刊小組及研討會，那裡談的全是分子及生物理論。我和他們可說是雞同鴨講，雙方閱讀的期刊也不同，而且還使用不同的方法，」弗洛姆說，「我相信酒精對人類的效應，是不可能從分子或動物實驗中看出端倪的，因為裡面牽涉到其他先天因素。」

「參加他們的雞尾酒會，一定讓妳渾身不自在。」我說。

「所以我們在酒會上不談工作。」弗洛姆答道。

打從馬拉特就人們的期待心理著手研究成癮問題開始，幾十年過去了，與弗洛姆有志一同的後繼研究者對此課題已做了更深入的探討。他們發現，當人們對即將發生的飲酒情境抱持正面期待時（這些人的共同點是比較外向、性生活比較美滿等），結果也往往一如預期的皆大歡喜。反過來說，負面期待的結果正好完全相反。如果你覺得自己飲酒後會變得衝動或做出後悔的事，就很可能真的製造出一個令人難堪的夜晚。至於你會建立何種期待，究其根源，有很大的成分是來自你的早期生活經驗、你從媒體中接收到的訊息，或是小時候從父母身上看到或還記得的酒後行為，如果他們飲酒的話。

弗洛姆打算在下一階段的實驗中，建立兩個學派間的橋梁。過去六年來，她持續觀察德州大學學生的飲酒習慣，她的方式是使用一份可靠的自我問卷。目前弗洛姆已經掌握超過二千名學生的問卷回覆，數據範圍頗廣，涵蓋了孩子們入學前在家中的情形，乃至就學後直到完成學業的整個過程。現在，她準備向這些學生收集唾液，嘗試以基因定序從中找出一組可能與酒精攝取有關的基因。在我們交談當下，實驗室剛寄出第一批的五百件樣本，送往相關機構進行基因型別鑑定。「我們預料其中有種血清素載具的基因多型性（serotonin transporter polymorphism）與實驗室觀察到的鎮靜效應有關，另外兩種分別叫做GABRA2和OPRM1的基因，則與興奮作用有關。」弗洛姆說。不同的基因表現型別會對酒精有不同反應，而根據這些反應，就理論上而言，長期下來我們可以預測人們日後出現危險酒後行為或成癮的可能性。

弗洛姆表示，總有一天，她在酒吧實驗室的研究及調查收穫會與基因化驗結果吻合，也能和其他研究者的成果達成一致，包括那些透過影像分析（例如米契爾）或她的實驗室無法進行的高血液酒精濃度實驗。「我堅信即使大家方法不同，但都能找到答案，希望最後的結果殊途同歸，」她說道，「儘管已經投入這研究三十年，我也不敢說自己已經把一切都搞清楚了。」

所以說，每個人的酒後反應（即便節制在適量的「社交」範圍內），實在是非常個別性的體驗，成因眾多，受到文化常規約束、經驗誘導，也會因場合及時序的關聯性而有不同表現。在種種起伏轉折的推波助瀾下，基本上，科學家們只能回答：「我們也不清楚確切原因。」

一九八三年，記者雷納德・葛羅斯（Leonard Gross）從一個非常特別的觀點探討這些問題，他的書名同樣令人心動：《喝多少才算過量？社交飲酒的影響》（*How Much Is Too Much? The Effects of Social Drinking*）。雖然他在書中並未直搗問題核心，但是優雅隨興的敘事手法也別具一格。葛羅斯提到，有位密西西比州的參議員在一九五八年時曾被問到對於威士忌的看法，他是如此回答的：

若你說，威士忌是惡魔之釀、天懲之毒，甚至褻瀆貞操的嗜血惡靈，是，那它確實是掠奪自幼童口中的麵包；若你說，是這種邪惡之飲傾覆了正直慈憫的高塔，脅迫基督教的善男信女就此墜入無以復加、難以啟齒的不堪慘境，讓他們飽受煎熬，無助、無望，那麼，的確，我當竭盡全力與其對抗。

但是，當你提到威士忌時，若你指的是言談的潤滑劑、哲學內涵之酒、摯友相聚時飲用之物，使大夥發自內心慶頌歡唱、笑逐顏開，眼神流露知足暖意；若你指的是耶誕歡欣；若你指的是那為踏入嚴寒清晨的老邁紳士鼓舞心志的振奮之飲；若你指的是那協助人們讚賞喜悅、感受快樂，而或許就在那當下，忘卻生命中充滿悲情、傷心與煩憂的本質，倘若這就是你所指稱的飲料，它的販售所得豐盈了國庫，從而悉心呵護著國內的幼童、盲者、失聰者、喑啞人，以及那許多令人憐憫的長者及無依無靠之人，也讓我們得以建造公路、醫院和學校，若是如此，我當誓死捍衛。

這是我的立場。我絕不退縮；永不妥協。

8 宿醉

早安，陽光！你感覺糟糕透了。

窗間灑進來的光線真是……「那個」。你口渴得厲害，急著找水，萬一看到食物，瞬間，又被一陣噁心感淹沒。你的腸胃亂潮洶湧；接下來的事情，你得直接進廁所處理。由於某種原因，你看不懂床邊的鬧鐘，但心裡確定，這以前從來不是問題。

此刻，你至少有兩種以下症狀：頭痛、精神萎靡、腹瀉、缺乏食慾、顫抖、虛弱，以及噁心。你還可能出現脫水現象，感覺遲鈍——變得笨拙、較不協調。親愛的朋友，你正處於宿醉之中。

科學家為它取了個莫測高深的學名：*veisalgia*，源自希臘文的algia，意為「疼痛」，以及挪威語中的kveis，意指「放蕩狂歡後的心神不寧」。實際上也形容得相去不遠。

情況或許更糟——嚴重宿醉甚至可能引發一種叫「艾爾佩諾症候群」（Elpenor syndrome，又稱酒後行為症候群）的意識分裂狀態，名稱取自荷馬史詩《奧德賽》

（*Odyssey*）中的一名水手。故事中，他在奧德修斯（Odysseus）與船員準備離開色琦女神之島（Circe's Island）前的守夜工作，卻在女神宮殿屋頂上喝醉了。醒來的清晨時分，艾爾佩諾的同伴們正忙於出發前的工作，艾爾佩諾由於宿醉的關係，不慎從屋頂摔下身亡。沒人發現艾爾佩諾失蹤便直接啟航；後來奧德修斯與他在冥府相遇，他苦苦哀求奧德修斯回到島上，將他的屍身葬在無名塚內——因為他對自己的死法深感羞愧。這種感覺，大家或許似曾相識。

怎麼說呢？可以看看政府的責難。政府機構時常試著把所有因宿醉和飲酒，以致次日無法工作所造成的生產力損失加總起來，換算成人們飲酒對經濟形成的傷害。在美國，統計出來的數字是每年一千六百億美元。

即便我們努力在飲酒時量力而為，仍難保不出差池。據統計，大約有百分之二十三的人不會發生宿醉（科學界稱他們為「怪咖」），但還是有數百萬人，甚至數十億人難以倖免。然而（讓人吃驚的是），「造成宿醉的因素有哪些？沒人能夠確定，」流行病學家強納森・郝蘭德（Jonathan Howland）說道，「該如何解決這難題？也沒人曉得。」甚至直到最近十年，研究者才對宿醉的基本定義有了共識，但是為找出解決之道所展開的認真研究卻少之又少。

儘管普遍不受重視，但現今已發明出一些或可用在舒緩宿醉的化學藥劑。回顧起來，當時有一小群專門研究宿醉的研究者，他們甚至已為宿醉現象提出一些架構性的解說。

郝蘭德專精於急救醫藥領域，任教於波士頓大學公共衛生學院，主要鑽研老年人死亡因素。不過到了二〇〇〇年代中期，他和布朗大學的酒精及毒品濫用研究者達瑪瑞思・羅森諾（Damaris Rohsenow）開始對重度飲酒產生的效應進行研究；如同我在前一章所提到，羅森諾曾與艾倫・馬拉特合作，一起打造出第一間酒吧實驗室。他們當時比較感興趣的，是宿醉如何影響到工作能力。「我們對宿醉的一大堆症候並沒有太多興趣，倒是比較關心過量飲酒後，隔日人體出現的損傷，」郝蘭德說，「我們是基於此點才對宿醉進行了解，不過剛開始只當它是造成人體損傷的可能成因。」

他們隨後發現，除了斯堪的那維亞地區的研究者曾在二十世紀中葉做過一些毫無頭緒的研究，整個科學界幾乎完全忽略了宿醉。當時，還沒有所謂的對照研究，或是足以在宿醉發生時評估其嚴重性的檢驗設備——為了進行有效的研究，必須使用這種設備。

任何曾經體驗過宿醉，曾自不量力地喝下那致命一擊的最後一杯、踉蹌跌入計乘車內狼狽返家的人，必定會對宿醉的救急與治療方法深感興趣。然而，儘管美國國家衛生研究院（National Institutes of Health）轄內所有機構都投入酒精防治及毒品濫用的研究，其中卻沒有任何與宿醉相關的研究項目。二〇一〇年，有人為此做了統計。國際生物醫學期刊引用文獻的資料庫PubMed，其所收納過去五十年中以酒精為研究主題發表的引用文獻，共有六十五萬八千六百一十篇——大多是關於作用方式、成癮、相關疾病等研究課題，而研究宿醉的就只有四百零六篇。就這麼一點。

一路走來，還是有些研究者沒有死心，不時進行著類似郝蘭德與羅森諾做過的嘗試。二〇〇九年時，荷蘭就有個名叫喬利斯・弗斯特（Joris Verster）的研究者，他找了一群人召開一場非正式會議。他們稱自己為「酒精宿醉研究小組」（Alcohol Hangover Research Group），還做了個徽章。看上去像是盾牌造型，頂部寫有AHRG四個字母，但是字體間隙配得不太好，盾面的圖案是一只打翻的酒杯和幾滴灑出來的酒液。背景畫了裝有一品脫啤酒的玻璃杯，杯子上的飾圖——請準備好頭昏吧——又是這整個徽章造型的縮影。這種典型的無限迴圈式構圖，正足以讓宿醉者忍不住吐出來。

過去二、三年間，酒精宿醉研究小組大致掌握了一些基本要領。按照身高和性別來看，一般人的血中酒精濃度超過〇・一〇時，幾乎可以確定隔天一定會宿醉，症狀會在十二到十四小時之後來到頂點。事實上，當血中酒精濃度開始往下掉到或接近〇的時候，宿醉症狀反而最為嚴重。若干研究者指稱，宿醉現象會發展成類似輕微的戒斷症候群，就像毒癮戒斷時出現身體發冷和起雞皮疙瘩的症狀，其實不然。兩者間的某些症候一樣，實則不同。比方說，戒斷者會同時出現高血壓和腦電圖上的快速波動，而宿醉者剛好相反。簡單來說，人們在連續多日飲酒後突然中斷，於是發生戒斷現象；宿醉則是僅僅一次豪飲後出現，而且持續時間有限，所以也就不會看到奇異的影像。

羅森諾和郝蘭德也研究了那百分之二十三不會宿醉的人。他們認為，這些人或許可以幫他們找出宿醉敏感度的基因基礎。根據假設，免於宿醉的能力來自於變異型的乙醇脫氫酶基因；為了加以證實，羅森諾和郝蘭德運用了一般的實驗手法：找來一群幸運的志願者（或是不幸的，看你怎麼想）讓他們一直喝到血中酒精濃度達到〇・一二。之後，他們直接在實驗室裡就寢，一旁有急救人員照看。隔天早上，這些志願者必須填寫一份由郝蘭德與羅森諾所設計的「宿醉嚴重程度衡量問卷」（Acute Hangover Scale questionnaire）。

他們檢視了受測者四號染色體上叢集的乙醇脫氫酶基因變異，想找到單一核苷酸（single nucleotide）的多型性——該基因中唯一發生變異的鹼基。他們有了些許斬獲：ADH1C基因上的變異，似乎與缺乏宿醉感知的特質有所關聯。但它也有負面效應：這種變異會導致酒精成癮的風險。如此一來，正好說明不易受到酒精影響的人同時最有可能對酒精產生依賴。但無論如何，這個發現相當初淺。「我們的研究經費頗為拮据，只夠我們檢驗四組基因，」郝蘭德說，「而且也只能對大約一百人做這四組基因的檢驗。」郝蘭德的研究小組後來在一次會議上做了簡報，但是從未將它發表以接受學術審核。

相同情況也發生在一項試驗性專案，那次他們把喝醉的人塞進磁振造影儀中。這個小專案沒有對外發表——研究人員在實驗室裡找來八名正在進行另一項宿醉實驗的受測者，讓他們進入運作中的磁振造影儀，在他們進行標準的認知及專注力試驗時，掃瞄他們的大腦，查看發生反應的部位。當時，他們看到受測者腦中出現變化的地方相當分散凌亂，似乎沒有太大實質意義。不過，雖然酒醉的受測者在試驗中表現得不比對照組差，卻需要用到更多的大腦才能勉強過關——也就是說，他們的大腦皮質有較多區域出現反應。羅森諾認為這是一種稱為「補償性動員」（compensatory recruitment）現象的實際案例，代表大腦必須運作得格外吃力才能完成同樣的事情。人在宿醉時身體或許並未受到損害，但會降低大腦效率，做起事來力不從心。

酒精宿醉研究小組在研究宿醉的成因或治療上也許沒有太多成就，不過他們倒是仔細探討了各種既有論述。他們做出的結論也來勢洶洶：你從別人那兒聽來的任何有關宿醉的原因，幾乎全是錯的。或是按照郝蘭德的經驗，比較精準的講法是：全都未經證實。

脫水現象？其實不難理解。酒精會抑制抗利尿激素，你平時得仰賴這種血管加壓素來避免發生頻尿。此外，飲酒時你或許就不太喝水了。但是根據研究資料，宿醉者體內電解質含量與對照組的差異不大——即使不同，也和宿醉的嚴重程度無關。所以沒錯，喝酒會讓你脫水，但是脫水不是造成宿醉的原因。話說回來，你可以喝杯水。現在你體內的水分得到補充了，但這樣是否治好宿醉了呢？

那麼乙醛這項乙醇在體內分解時產生的有毒副產物呢？這個推論倒是不錯；乙醛致毒的許多症狀都出現在宿醉中。不過可惜的是，宿醉發生後，當體內的乙醛值跌到最低，反而是宿醉最嚴重的時候——同樣的，乙醛與宿醉的嚴重程度不成比例。客觀說來，要檢測乙醛也並不容易，它的揮發性極強，消失的速度通常快到來不及讓人讀取有效數值。不過，你應該可以把它從名單中剔除。

直覺上，血糖值似乎與宿醉關係密切。脫水導致血中葡萄糖水平下降，這時人體會設法製造替代性的能量來源，因此產生了游離脂肪酸、酮類和乳酸，使得血中的酸性比平時還高。這情形稱為代謝性酸中毒，症狀同樣和宿醉有幾分相似。當然，宿醉的確與低血糖值息息相關，然而沒人能夠反覆驗證提高血糖值是否就能減輕宿醉症狀。學者在研究中發現另一個有趣的現象：身體中存在乳酸鹽會讓人宿醉得更嚴重……而讓人體產生大量乳酸鹽，唯一的可能就是同時攝入乙醇和葡萄糖。下次要記得告訴調酒師別在杯緣抹上糖霜；或許我們得將含糖酒飲潛藏的風險謹記在心，然而，現在就下定論也未免操之過急。總之，脫水時可以補充水分，低血糖時可以適量攝取葡萄糖或果糖。但是，它們並非宿醉的解方——宿醉隔天早上當你痛苦地醒來時，糖幫不上忙。

含糖酒飲製造了令人迷惑的謎團，卻也使得我們對同屬物含量較高的酒類抱持戒心。你可能聽人說過，比起紅葡萄酒，伏特加讓你發生宿醉的機會要小得多。這個傳言或許有幾分可信度。對於棕色烈酒中產生其特有口感的一些同屬物，像是丙酮、丹寧或糠醛（furfural），研究人員做的毒性及效應研究相當有限。的確如此，譬如有項研究（我得說，它相當冒進，因為它只在會議中簡單提及，並未發表）曾對各種酒類造成宿醉的嚴重程度做了排名，由高至低分別是：白蘭地、紅葡萄酒、蘭姆酒、威士忌、白葡萄酒、琴酒，最後才是伏特加。

話又說回來，伏特加並非不會造成宿醉。在一項調查中，研究者對豪飲波本或伏特加以致血中酒精濃度來到〇・一至〇・一五的人（可說是爛醉如泥的程度）進行比較，結果所有人都發生宿醉。不過根據反應，飲用波本的人宿醉情形「更加嚴重」。

如果說，我們要把責任推給某種同屬物，或許可以仔細看看甲醇。你買得到的任何一種酒精飲料中，幾乎都能找到它的身影，但是成分不至於高到產生毒性，因為那可會要你的命。人體中的乙醇脫氫酶酵素可以快速將它分解，如同乙醇脫氫酶會將乙醇轉化成乙醛，只是甲醇分解後會成為甲醛，而甲醛分子具有毒性，會帶來非常惡劣的後果。學界對此莫衷一是，因為一些研究排除了甲醇及其代謝物的效應，不過有種作法引人側目：頗有效果的「以毒攻毒法」（hair of the dogs）——喝更多酒來舒緩宿醉症狀。喝進更多的乙醇或可暫時緩解宿醉，因為它讓身體停止分解甲醇。

假如你喝了甲醇，剛開始出現的情況就和喝了乙醇一樣。在醫學術語上，兩者都是中樞神經系統的抑制劑。當你喝下更多甲醇後，幾個小時內可能都還不會出現狀況，甚至整天都沒事。之後，你會發作：出現嘔吐、頭暈目眩，以及類似流感的諸多症候。這是因為乙醇脫氫酶正在分解甲醇，生成甲醛，這很糟糕，但是這個階段不會持續太久。真正的問題是接下來產生的甲酸——也就是蟻酸。

甲酸，或是其酸化合物甲酸鹽（formate），會阻斷一種稱為細胞色素氧化酶（cytochrome oxidase）的酵素的運作機能，而這種酵素對細胞的攝氧功能不可或缺。正常情況下，眼睛，特別是視神經，需耗用大量的氧——所以最早出現的一些窒息性衰竭症狀，包括了視野縮小、色盲等。換句話說，當你喝下大量甲醇，眼睛會第一個受到損害。事實上，我們發現甲醇致死的受害者都有共同徵狀，他們的視神經和大腦都出現壞死現象。

細胞色素氧化酶的功能持續惡化，最後會導致受害者全面性神經中毒（neurotoxicity）。即使你得以存活，恐怕會留下一些類似帕金森症的後遺症，如震顫、口齒不清、不良於行，以及意識不清。

重點就在這裡，乙醇脫氫酶會優先處理乙醇，而不是甲醇——不少醫生治療甲醇中毒者的方式，就是對他輸以大量的酒。乙醇脫氫酶會因此忙於處理乙醇，甲醇就沒有機會變成甲醛，也就不會生成甲酸或甲酸鹽。最後，患者透過尿液排出甲醇，或是呼出它揮發後的氣體。

以毒攻毒法一度是受人信賴的治療方式。在飲酒氾濫的年代，例如禁酒時期之前（以及期間內），酒吧的晨間雞尾酒選單可說是當時整個時代背景的寫照。這些酒品被稱為晨間的「提神酒」（pick-me-ups），其中包括傳統酒單上絕大部分加入雞蛋一起調製的酒，譬如拉莫斯琴費茲（Ramos Gin Fizz）。我最喜歡的是亡者復甦二號，我在前一章談到苦艾酒中毒時曾經提過。名字裡的「亡者」指的是前一晚飲酒過量的可憐蟲。如果《奧德賽》裡的艾爾佩諾宿醉醒來時，身旁有人給他一杯亡者復甦二號，那麼他或許可以活到今天。好啦，不是「今天」，不過我想你明白我的意思。

時至今日，普世價值中，早餐時可以喝的雞尾酒還真不多。含羞草（Mimosa）、灰狗（Greyhound），以及香檳兌柳橙或葡萄柚汁倒還能被接受，另外還有血腥瑪麗系列中幾款以烈酒基底加上番茄汁調製成的雞尾酒。（有空試試用龍舌蘭酒當基底——如此調出來的酒叫「血腥瑪莉亞」〔Bloody Maria〕，味道真的不賴，不像血腥瑪麗那樣，嘗起來只像杯壞掉的番茄汁。）壞消息是，藉由喝更多酒的解酒方法，只不過延緩了無法避免的宿醉症狀，而且萬一變成習慣，往往會在老年引發許多酗酒性疾病。認真思考起來，此話倒也不假，然而根據調查，每十個社交飲酒者中，至少有一人承認自己曾經試過這種偏方。

關於宿醉的真實成因，現今最到位的論點指稱它是身體的發炎反應，就像我們感染疾病時的情況。宿醉會造成發炎，進而導致血液中充滿細胞激素（cytokines），這是人體免疫系統交互作用時分泌的信號分子。韓國一個研究團隊發現，宿醉的受測者出現介白素－10（interleukin-10）、介白素－12（interleukin-12）以及丙型干擾素（interleukin gamma）濃度升高的現象。如果將這幾種激素注射到一名正常受測者體內，他會出現各種常見的宿醉症候，像是噁心、胃腸道不適、頭痛、發冷和虛弱。當細胞激素高於正常濃度時，潛在效應更值得關注，記憶構建功能會遭到破壞，這也說明了乙醇引起的失憶症狀。

聽來真是壞得無與倫比，但是曙光也隨之綻現。因為研究者一旦掌握宿醉的機制，就可以對症下藥了。

宿醉有解？

說起網路上的小道消息，很少有比「Yelp推薦」（Yelp是在全球擁有一億篇商家評語的世界級平台）更令人沒信心的了；不過，根據Yelp推薦，我和兩個兒子正走進的這家寬敞、通風的商店裡，有著舊金山東灣區最棒的中藥師傅。它位在奧克蘭唐人街的邊上，周圍有些輕工業廠房和停車場，街坊鄰居中胡亂湊合著幾家行動電話代理商，旁邊則緊挨著傑克倫敦廣場。

我不會講中文，所以在手機的瀏覽器裡用英文打出「oriental raisin tree」，結果找到了這個植物的拉丁名*Hovenia*，還有中文名稱「萬壽果」（即枳椇的果實）。我把手機遞給櫃台後那位慈眉善目的店員看。「你們賣這個嗎？」我問他。

「噢，」他笑著說，「是用來解酒的。你要買多少？」問倒我了。對中國草藥，我懂多少呢？「大概，夠用個四次吧？」

只見他點了點頭，在玻璃櫃台上鋪了一張方形蠟紙，接著轉身面向那整面牆上數不清的抽屜，每個大小都如同昔日圖書館用來裝索引卡的專用抽屜。他拉開其中一個，伸手探入，掬出一捧細枝。這捧細枝在我眼前的紙上散開，然後他示意我……什麼？可以嗎？

「嘗嘗看，」他說，「味道很好。」

我試了。還不錯。味道像肉桂。「我要怎麼服用？」我問，「拿來泡茶嗎？」

「每次用四分之一左右，泡茶喝。」他說。他用這張蠟紙把這些萬壽果樹枝裹成一個小包，繫上繩子，交給我。總共還花不到五塊錢。

走回車上時，我七歲大的兒子問：「爸，那是做什麼用的？」

「當你喝了太多酒，那東西應該會讓你舒服點，」我說。我刻意提高嗓門，反而感覺自己像個騙子。我是個講求「有效成分」的人，不太相信身心療法或氣功。但是經我兒子這麼一問，卻讓我費盡唇舌向他解釋各種不同文明的醫療方式，以及相較之下，西方科學檢驗方法的好處。他為了跟我作對，也許將來會成為心靈能量治療師。

依我推斷，這次情況不同，因為萬壽果樹枝中極可能含有一種證實有效的成分：蛇葡萄素（ampelopsin），也稱為二氫楊梅素（dihydromyricetin），存在於萬壽果中，在傳統中醫藥典裡也有提到。據稱，它可用來防止醉酒，還可治療宿醉。或許吧。

李察・歐森（Richard Olsen）是加州大學洛杉磯分校的神經生物學家，這些知識就是他告訴我的。他對酒精做過研究，特別是針對血中酒精濃度從零到幾杯酒下肚後的相關影響區間。據他說，在此區間內，人體神經機能對酒精的反應非常特殊，從而提供了引人注目的治療標的。

歐森的論點尚未獲得廣泛認同，他認為血中酒精在低濃度狀態時，GABA這種神經傳導物質扮演了最重要的角色——尤其是，這是種對酒精有著特別反應的受體。一般來說，受體叢集在其他神經元輸出區的尾端，隨時準備接收釋出的傳導物質。但是更多的受體會遍布在整個神經元上，並不會完全集中在突觸區。「散布在其他位置的受體比較沒那麼密集，但是數量驚人。」歐森說。

它們的任務是應變神經傳導物質過度氾濫的情況——對波濤洶湧的神經傳導物質做出反應，因為當信號太過強烈時，突觸後受體（postsynaptic receptors）會難以招架。這些「突觸外受體」（extrasynaptic receptors）對麻醉劑和乙醇的感知能力似乎也特別敏銳。「它們含有一種獨特的亞單元，稱為delta，而這項R型delta-GABA受體（delta-GABA-R）就是我們的寶藏，」歐森說。按他的說法，這是「大腦中一種特有的乙醇受體，在你喝下一杯葡萄酒後，就會對低濃度乙醇做出反應。」

假如歐森的論點正確，他很可能發現了大家亟欲找尋的乙醇治療標的。而他的論點可從一種名為「RO154513」、作用於該受體的苯二氮平類藥物（benzodiazepine，例如強效鎮靜劑「煩寧」〔Valium〕）的功能上得到印證：這種藥物會阻斷老鼠身上的乙醇效應。用在人身上，它也可以把你搞定。（平心而論，大腦不同位置有各種不同的A型GABA受體亞型，在構造上各不相同，對苯二氮平類藥物產生的反應也截然不同。）另一件有利的證據是：在持續攝入乙醇後，大腦會調適出一種正常耐受機制。神經元開始發展出稍微不同的受體，使得你對乙醇的敏感度下降，也比較不易受到GABA影響——換言之，神經元變得不太容易被阻斷。如此一來，大腦中一些特定區域就會變得過度興奮，進而導致顫抖，這情形就相當於抽搐的前兆。這種症狀與宿醉非常相似。

歐森的團隊知道，他們必須找到一種只對突觸外GABA受體的delta亞單元發生作用的藥物（而且不會造成其他影響）。歐森指導的一位博士後研究生梁京（Jing Liang）便開始從祖國的草藥裡尋找答案，先對傳統中醫宣稱可以解酒的中藥進行試驗。梁博士加了入我們的會議，一開始默不作聲，現在突然尖聲說道：「萬壽果。在亞洲已經使用了五百年，我在一家雜貨店買到的。」

「雜貨店？幹得好。」歐森說，顯然非常欣賞她的機靈。

他們在實驗室純化這些植物，直到析出能夠作用於適當受體的一種成分。那是一種類黃酮（flavonoid），一種常見的分子系列，而且已經有了個「蛇葡萄素」的稱號。不過他們根據有機化學的命名規則做了討論，取名為：二氫楊梅素。

「梁京在一個會議上就我們的發現做了簡報，會後，我們邀請有意願的朋友去酒吧親身體驗，」歐森說，「目前尚未發表結果，所以不能向食品藥物管理局（ＦＤＡ）提出藥效證明，不過好處是，我們可以自己做個臨床實驗，看看需要使用的劑量——這樣既不會危害人體，又能提供我們想要的效果。」

「後來怎麼樣呢？」我問，「有效嗎？」

他說，所有使用試劑的人一致反映，酒醉的感覺不像以往那麼厲害，而且隔天的宿醉症狀也比較輕微。科學研究會議向來以會後的酒吧聯誼著稱，而我相信酒精研究會議的成員會表現得更加狂野，結果也最為慘烈。

「妳自己試了嗎？」

「噢，當然啊。」梁京說。

「她酒量根本就不好，」歐森說，「因為亞洲人代謝體質的關係吧。」

不久後，我發電子郵件向梁京詢問進展，她告訴我，他們的金主已經把二氫楊梅素做成一種不需處方即可購買的保健食品，商品名稱叫「BluCetin」。「我每天服用兩次。」梁京說。她說現在睡得比以前好多了。

解宿醉秘方

二〇一二年，有位出自杜克大學的麻醉師傑森・伯克（Jason Burke）買了輛巴士，那是款一九九三年的老鷹十五型，之前是基督教團體傳福音時用的遊覽車。他把巴士從田納西州開到拉斯維加斯，然後進行內部裝修，裡頭還隔出一間設有許多臥鋪的休息室，最後在巴士兩側漆上「宿醉天堂」（Hangover Heaven）字樣。

宿醉的人大約付個一百六十元，就可以上車打點滴。注射的點滴中除了生理食鹽水，還添加了維生素和抗氧化劑；此外，消費項目還包括消炎藥和止吐劑。「我一直很容易宿醉。只要喝個三杯葡萄酒，隔天我就有得受了。」伯克說。那時，他大多靠著安舒疼（Advil）和佳得樂（Gatorade）來緩解不適，等他開始擔任住院麻醉師時，從其他住院醫師那兒（更別提藥劑師、護士，以及幾乎所有能取得藥物的人）聽說了生理食鹽水靜脈注射法。那些人到拉斯維加斯或其他地方旅行時，甚至還把設備裝在隨身行李中。「有一天，我正在恢復室裡值班，周圍都是手術後的患者，他們正在經歷甦醒後的噁心、嘔吐和頭痛症狀。我當時也處於週末過後的嚴重宿醉中，」伯克說，「我那時心想，我在這裡用來舒緩病患術後不適的方法，應該也可以用來對付宿醉。」

果不其然，靜脈注射緩解了不少人的宿醉症狀。芝加哥有個診療中心也提供類似服務。伯克表示，自他的巴士開始營運以來（他也可以開到你下榻的旅館），他的公司已經為超過一萬人提供治療。「我在北卡羅萊納上大學時曾是兄弟會成員。那時政府還沒插手做些惱人的事，譬如喝酒要先看證件之類的。我努力念書，也玩得盡興。不過比起今天，真是小巫見大巫，」他說，「上個週末我們才剛碰到令人嘆為觀止的宿醉場面。一共處理了十五袋嘔吐物。」

這些方法真的有效嗎？很多人相信電解質飲料那一套，像是佳得樂或倍得力（Pedialyte）。但是它們的功效全都未經證實，不過消炎藥和止吐劑這一類的藥物聽來倒還不錯。伯克在自己的網站上也刊登了些看來頗為牽強的忠告。「多花點錢喝比較純的酒，」伯克在上面如此提醒，接著才建議你或許可以買他的維生素補充品——其中沒有任何一種成分被證實可以預防或緩解宿醉。「適量飲酒；喝大量的水來緩解脫水情況；食用維生素及營養成分高的食物，補充酒精導致的流失；從事跳舞或其他安全的運動，以便藉著流汗排出毒物。」換言之，都是些口耳相傳的老調重彈。另外，人們最常用的自救方式，像是服用阿斯匹靈、大量喝水，或吃頓油膩的早餐呢？說來讓人沮喪，從來沒人拿它們做為科學研究主題。

所以，研究人員究竟試過哪些化合物？過去幾十年來，他們一直試著找出偏頭痛和宿醉之間的共同點。通常，兩種患者都有頭痛，以及類似疲勞、畏光和怕吵的症狀。一九八三年時，芬蘭的一群研究人員對此關聯性做了更深入的探討。他們事先已知，如果對正常人施以高劑量的免疫系統化合物前列腺素（prostaglandin），可以立即複製出類似宿醉的徵狀——頭痛、臉紅、噁心、腹瀉，心神不寧等。此外，前列腺素升高，也是人體出現發炎反應時的特徵。

芬蘭人手上有種叫做「托芬那酸」（tolfenamic acid）的處方消炎藥。美國沒有販售這種前列腺素抑制劑，其他國家的醫生會開這種藥來解決偏頭痛，這時它的名稱是「Clotam」。然而神奇的是：它真的有效。他們讓二十幾個受測者服用二百毫克的托芬那酸；這些人英勇地喝到了血中酒精濃度高達〇．二，接著再服用二百毫克的托芬那酸，然後睡覺。其實，我的意思是他們直接昏迷不醒。

十二個小時後，根據受測者回報，所有主要宿醉症狀多半都已大大減輕，但服用安慰劑的對照組就沒這麼幸運了。對照組成員出現的頭痛、口乾舌燥、嘔吐及噁心、虛弱等所有症狀，都來得嚴重許多。

研究者們還有另一個好消息。他們從一種稱為「梨果仙人掌」（*Opuntia ficus indica*）的帶刺球莖表皮萃取物中，找到了治療宿醉症狀的化合物，並且已被證實有效。墨西哥餐廳裡會用這種植物肥厚的鰭瓣，也就是仙人掌葉，與蛋一起做成美味的料理。這種植物似乎也能激發人體產生熱休克蛋白，這種具保護力的分子有助於修復受損的細胞。人們體內若能製造愈多這類蛋白，就愈能克服高原反應——常見徵狀包括頭痛、噁心和虛弱。梨果仙人掌萃取物也能抑制前列腺素生成，進而對抗宿醉，緩解症狀。就算它的效果不如托芬那酸，梨果仙人掌仍然擁有一大優勢：它可以在藥房買到，是一種不需處方的草本保健品。

此外，研究者在其他幾種化合物中也有令人振奮的發現。有種使用印度傳統阿育吠陀草藥合成、名為「Liv.52」的產品看來不錯，只是這份研究報告來自製造商，可信度不免令人質疑。製造商宣稱，他們的產品採用了幾種花朵，主要包括續隨子（Himsra）及三果木（Arjuna）等成分研磨的粉末調配而成，可以幫助肝臟加速代謝乙醇。不過，相較於研究人員從萬壽果中析出了二氫楊梅素，目前還沒有人從Liv.52分離出活性成分，或是將它印證到某種機能。

伯克在他的靜脈注射包中調配了多種維生素，但是說到對宿醉症狀有療效的維生素，只有一種叫做「吡硫醇」（pyritinol）的B_6同源物——兩者的不同之處在於，吡硫醇是由兩個B_6分子鍵結組成。不過沒人曉得它為何可能有效。

我們可以說，伯克為宿醉者調配的注射包，大概比一杯波本酒加兩顆生雞蛋要有效一些。他讓宿醉者睡在安靜環境裡的作法，可能也發揮了某種效果。「我會買老鷹款的巴士，就是看上它能提供一段舒適的旅程，」他說，「人們在宿醉時，千萬不能讓他們覺得顛簸。」可見他的確很用心。

瘋狂人體實驗

上面提到的消炎藥Clotam、維生素B_6的同源物吡硫醇、阿育吠陀草藥合成的Liv.52，以及梨果仙人掌萃取物，是少數經過臨床實驗、證明對治療宿醉有幫助的四種藥品或保健品。另外，名單上或可加上歐森分離出來的二氫楊梅素，儘管它尚未歷經密集的人體實驗。既然我手中已掌握許多關鍵資訊，我覺得有必要找人實際體驗一下。

所以我邀請了幾位酒量很好的朋友來家中作客，事前還保證一定會讓他們喝到我最特別、名貴的酒藏，還會幫他們叫車回家——條件是，他們要答應喝醉，並試用我的宿醉療方。除了Clotam，我備齊了所有前面提到的東西，同時請我朋友羅伯帶上他的呼吸酒測器，以便確定我們都達到〇・一的血中酒精濃度。一切就序後，我們就開始了。

起先，羅伯大多在喝加了冰塊和萊姆的龍舌蘭——他正在奉行高蛋白、低含糖的飲食戒律。但是乙醇是摧毀戒律飲食者意志力的超級殺手；喝到第四杯時，他想改喝邁泰（Mai Tai）——以兩種蘭姆酒、杏仁糖漿，以及庫拉索酒（curaçuo，柑橘香甜酒）調製。另一個朋友艾力克是位職業的蛋白質化學家，此刻正在對我的單一麥芽威士忌酒藏展開有系統的調查。看著艾力克手中的威士忌，我也忍不住替自己倒了一杯。我還調了杯薇絲朋（Vesper），這是伊恩・佛萊明（Ian Fleming）為〇〇七電影中的詹姆斯・龐德量身設計的雞尾酒——裡頭有琴酒、伏特加、檸檬，另外按照佛萊明的風格，還須加點帶有苦味的基納利萊（Kina Lillet），這是種用金雞納樹皮（quinquina）做的開胃酒。不過，現今已買不到基納利萊了；我加的是公雞美國佬。

我準備好的解酒用品都堆在咖啡桌上。為了讓大家有點概念，我把這一章裡提到的事情一五一十的向羅伯及艾力克解說。此刻大家都已經喝了兩輪，或許在酒精的作用下，我覺得他們聽得津津有味，但也可能是我自說自話得相當開心。

坦白說，就科學性而言，我的這項實驗談不上嚴謹。首先，我沒有對照組。我只是請羅伯和艾力克在服下解酒用品後，告訴我這些東西是否改善了他們的宿醉症狀。

我們幾乎一開始就遇到麻煩。我們喝了不少酒後，羅伯拿出他的呼吸酒測器，這是上回做完一個專題報導後留下來的其中一具。它得裝上乾電池才能運作，於是我們裝了一組全新的電池，可是打開後卻發現機器無法校準。羅伯呢，依然按照機器側面寫的步驟，對著它吐氣，直到聽見喀嗒聲響，可是這時上面的讀數似乎是〇・四，已經達到致命標準，應該送急診了。所以，我們最後沒法曉得自己的血液酒精濃度是否來到神奇的〇・一水平。

基於某種原因，大家似乎覺得如此一來，我們一定得「完全確定」自己已醉到足以在隔天產生宿醉才行。於是，我又幫大家準備了另一輪酒。後來甚至連德國安德卜格消化酒（German digestif Underberg）也拿了出來，我還記得那一瓶瓶用紙包住的袖珍酒瓶。

從當時的筆記裡，我看到自己調了一款叫做「寡婦之吻」（Widow's Kiss）的雞尾酒——卡巴杜斯蘋果酒、蕁麻酒和廊酒。在平日，這會是款非常可口的雞尾酒，只是實驗中的調製及飲用過程，我已完全沒有印象了。到了這裡，筆記上的文字已經變得像塗鴉，難以辨識。

我讓羅伯服用了吡硫醇——不過沒跟他講我前晚已經試過，在三杯酒後，它真的對我頗有幫助。艾力克屬於亞裔血統，很可能遺傳了典型的乙醛不耐受體質，我給他的是Liv.52。（當然也沒告訴他學術界對這款藥做的研究最少，以免對他造成心理影響。）我讓他們當下先吞一劑，並請他們隔天醒來時再次服用。

接著，我拿起手機，可是此刻它看來卻是全然陌生的科技產物，簡直就像外星人放到我口袋裡的東西，我努力嘗試終於透過Uber為羅伯叫了輛車。車來了，不過司機卻停在拐角處，離我家門口有段距離，我只好穿著拖鞋扶羅伯走過去。艾力克的未婚妻也在場，她只喝了兩杯酒，艾力克好不容易才被她從椅子上撐了起來，卻又立刻癱成一團。最後，我們半推半擠的把他塞進車裡——至少，我記得他們是這樣回家的。第二天早晨，他們都沒出現在我的客廳裡。

我依稀想到還沒讓任何人試那個仙人掌萃取物，但也不曉得該怎麼辦。我自己吞了一片二氫楊梅素後，就撲倒在床。

隔天早上真是悽慘無比。在過去，我最糟的宿醉症狀主要是嚴重腸胃不適，以及可怕的噁心感（在此略過比較輕微的症狀）。但這次我還會頭暈目眩、意識模糊——比如說，我不記得怎麼打字了。所以，現在我要再列出幾條我懷疑是酒醉造成、很像偏頭痛的症狀。儘管天上雲層頗厚，微弱的幾絲陽光也還是讓我痛苦萬分，額頭裡就像有條正被火車碾過的鐵軌。我立刻豁了出去，掏出Liv.52、吡硫醇、梨果仙人掌，每種都吞了一顆，喝了半口水把它們一股腦的全沖下肚——我能做的全做了——現在就靜靜等死吧。我回到床上，直到下午三點才有辦法爬起來。

起床後，我打開電子郵件。看來，艾力克凌晨兩點半吐了。「對啊，整個下午都不大舒服，」他說，「大概七點左右醒來，感覺大致還好，頭有點痛，不過正在消退。我覺得這跟我平常偶爾喝多了之後的情況差不多，過去五年中發生過幾次。醒來後我又吃了片你給的藥，不過無法肯定它是不是發揮了藥效。」不過，他說昨晚似乎睡得比以前宿醉後要好一些。

羅伯回報的情況稍微令人欣慰。「我吃的那個藥，我得說似乎發揮了點作用。如果形容得具體些，它讓我比以前宿醉時多了些體力，所以即便我感覺一塌糊塗，還是有辦法定下心來平靜面對，」他說。他的症狀包括腸胃不適、暈眩，還有虛弱及意識模糊。「這次跟以前宿醉時一樣悲慘，但是比較清醒，所以我認為它略有助益。如果是輕微一點的宿醉，可能功效會明顯許多。但這回的宿醉力道可是強到能把地球炸離軌道，所以實在無藥可救。」

我猜我策劃的這次研究有點過頭了，以致後果遠比我想像中嚴重。為了體驗藥效，我們刻意喝下大量的酒，而且已經超出過量飲酒的界限——那是場豪飲，近乎研究者們所關注的大學生酗酒行為。事實上，也正是我曾不斷強調我不想在書裡涉及的話題。實在太不健康了。當我們醒來時，體內的乙醇可能還沒完全代謝掉。

另一方面，我又想自圓其說。儘管我的實驗對象才不過三人（N值＝3），也沒有對照組，但不至於比學術界做過的大多數實驗差到哪裡。就連某些關鍵文獻所依據的實驗，例如梨果仙人掌及Clotam，也沒有太多受測者參與。為了某些理由，製藥公司不太願意觸及這些藥物的療效——即使這麼做有可能讓那些藥變成搖錢樹。伯克發現他的宿醉天堂巴士對賭城經濟大有幫助，因為他可以讓遊客健康地待在賭場或上館子，不致因宿醉而蜷縮在旅館床上。他說，有一次他的工作小組在拉斯維加斯永利酒店（Wynn）的高層景觀房對一群遊客進行治療，本來這群人已經醉得不像話，打算退房離去，但接受了靜脈注射後，他們便打電話通知私人專機的駕駛找個房間再留一晚。聽來的確是拉斯維加斯的寫實場景。在我做了那場愚蠢實驗的隔天早上，不得不承認伯克的方法確實有他過人之處。當你處於生不如死的宿醉時，看到有根稻草，基本上你會想著：「噢，感謝老天，這兒有根稻草呢！我要抓住它！」

為什麼這門科學沒能發揚光大成為一個炙手可熱的市場呢？難道一種可以改善人們生活形態並造成轟動的藥品應該埋沒於此嗎？「我認為它無法引起廣泛認同的原因，是它可能對公眾健康帶來無法預期的後果。」郝蘭德說。主要的問題，可能在於製藥公司和政府憂心，有了治療宿醉的藥，等於是唆使人們過度飲酒。「我常常聽人嘮叨。這反映出不少國民看待酒精飲料的態度，多少帶有道德價值觀點，」郝蘭德說，「就好比大家認為廢止刑罰後，多少會引起更多的罪行。」反觀，郝蘭德自己也沒能從事宿醉治療的研究。就在幾年前，他曾打算啟動一個專案，開發一種可以商業化的宿醉療方，卻受到研究機構的監管單位阻撓。由於這項產品未能獲得食物藥物管理局許可，製造商也因此失去了興趣。除此之外，他說：「我不知道還能從哪裡著手。」

伯克表示，他會利用他在宿醉天堂業務上賺得的利潤來創辦一個機構——他說，他有位朋友是生物化學家——研究人體脫水後再補水，是否真能加速新陳代謝，以及維生素B是否的確有助於血液中抗氧化劑的生成。在此同時，看來他的行動式宿醉SPA療程發展成連鎖模式也商機無限，對吧？例如，大齋期（Mardi Gras）的前一天？德州奧斯汀舉行的音樂、媒體藝術狂歡節「西南偏南」（South by Southwest）？還有週日上午舊金山的嬉皮藝術區（Mission district）？「我們正在和幾個州負責交通和衛生的主管機關進行交涉，」伯克說，「要做這個生意最難的地方就是取得政府許可。再來是運籌調度，因為宿醉者總是在相同時段要求治療。週六早上十點鐘，電話接到手軟。」這或許是未來飲酒文化的極簡寫照：先和你的宿醉治療師預約時間。

尾聲

談到版圖遍及所有城市的咖啡帝國星巴克崛起的傳奇，執行長霍華德・舒爾茨（Howard Schultz）說，他是在一趟義大利之旅（行程中造訪了許多家蒸餾咖啡館）獲得啟發，返回美國後形成了創造「第三空間」的願景。這是介於辦公室和居家之間的第三空間，待在裡面，讓人感覺舒適又溫馨，放鬆、做事兩相宜。於是，大家樂於在此消費和消磨時間。他的成就璀燦耀眼。現今，星巴克幾乎無所不在。

星巴克成功的關鍵來自舒爾茨的理念；事實上，無論身處任何一家星巴克，你會發現裡頭正在發生的事情幾乎大同小異（或是畢茲咖啡〔Peet's〕，或在你家社區裡唯一的手沖咖啡店）。不分晝夜，每當你走進星巴克，總會見到人們或進行交誼、休閒閱讀，或對著筆記型電腦奮力敲打，埋首於程式開發、劇本寫作，也許某些人正細細品味著一本關於酒的科學演繹。其實，人們應該不會對這種「第三空間」的概念感到驚訝。因為早在星巴克誕生前，酒吧就是這第三空間。

說到酒吧，或是酒店、酒坊也好，乃至小酒館或客棧裡的飲酒區——它們的歷史可遠比你想像中古老。回顧過往，凡是提供酒精飲料的地方（當然也包括在不同時期與場景中，嫖娼及聚賭的飲酒場所），不論在私人恩怨或公共事務上，往往都自外於世俗的制約。我們看到學者們對酒吧貼的標籤，如「中介空間」（liminal space）、「隔離」（time-out）、「另類現實」（alternative reality）等，在意義上其實和一般人談起酒精飲料及喝酒時的用詞相去不遠。英國社會事務研究中心（Social Issues Research Center）的一項報告指出：「飲酒場所便是酒精飲料在文化意涵與角色上的具體表徵。」

相較於其他比較開明的地區，研究美國人民飲酒習慣的社會學家，常把美國描述成對於飲酒行為觀感頗為矛盾的地方。比方說，在臨近地中海的歐洲南部，大家都曉得喝杯葡萄酒是每個人日常生活的一部分，尤其在法國，孩子們在早餐時喝杯葡萄酒，沒有人會大驚小怪。起碼，世上還存在著理想國度。若要進一步據理引申，酒精飲料就會變成另一種消遣性毒品，管制起來也不該有雙重標準，必須比照所有其他列管藥物——大麻、鴉片、甲基安非他命、迷幻劑——前提是它可被證實足以造成特定傷害。大衛．努特（David Nutt）曾擔任英國政府藥物危害防治的首席顧問，他因為碰觸了此一敏感議題而被迫去職；根據他的研究，酒精造成的傷害其實更甚大麻。除了宿醉影響工作帶來的經濟損失，光是二〇一〇年，美國酒駕致死人數就超過一萬三千人，相關費用高達三百七十億美元。為了治療飲酒導致的疾病，包括酒癮問題，每年付出的社會成本也超過二百億美元。另外，根據一項針對急診室接收患者紀錄的統計，基本上，人們只要喝了兩杯酒，發生各種身體傷害的機率就高出了一倍。那麼，為什麼大麻的管制如此嚴格，對酒精飲料的限制卻微乎其微？於是努特表示，現行法律中對酒精飲料與其他消遣性毒品的管制條文簡直荒謬無比。英國政府因此整肅了他。

美國文化更傾向於排擠逾矩行為，即使情節輕微者如飲酒也不例外，採用的手段是空間上的禁錮，而非時間。大部分國家都有屬於自己的嘉年華會，全國百姓在每年特定期間恣意縱情地解放自我，但結束後的幾天內一切又回歸常態。麥克安德魯與埃哲頓在《酗酒行為》一書中便提到不少擁有類似習俗的文明。在美國，社會規範對此類沉溺享樂的行為做出了地域性的規範——拉斯維加斯、紐奧良、奧斯汀及喬治亞州雅典市暢飲的社區……以及，幾乎所有城市裡都有的酒吧。在這些地方，人們不分種族出身，也超越時空界限，就是開懷飲酒的場合；更重要的，所有塵世間的俗事都在此暫停。往往，我們飲酒的時機意味著開始與結束：第一次約會、告別時的乾杯、陣前鼓舞士氣、下班後同事間建立默契，或是體驗浪漫的情境——而酒吧則在此發揮了功用。甚至還不只如此。二〇一〇年，俄亥俄州立大學一個三人研究小組根據海外作戰退伍軍人協會對所屬酒吧的酒保們之調查做了結論：為了幫助那些受到創傷後壓力症候群（post-traumatic stress disorder）折磨的退伍官兵，並了解他們的心理健康狀態，協會的酒保們可能是最佳的管道之一。這些酒保多半已在協會工作了很長一段時間，當他們提到自己所服務的退伍官兵時，常以「家人」相稱。

　　這些文化體制存在著演變空間；隨著大麻合法化聲浪持續，最後可能連公共場所也允許使用，以致酒吧生態整個改觀也不難想像——前提是，人們必須樂於群聚在室外的指定地點，就好比室內禁菸後，癮君子們不得不一起站在戶外吸菸，彼此間還會互相討支菸抽。

　　同樣的，酒精飲料的製造過程及我們對酒的認知也可能發生演變。澳洲生物學家伊斯卡・普利托里奧斯所創造、具有特定功效及風味的新種酵母菌株，將有機會在這個啤酒或葡萄酒的商品原料一律依指定規格設計的世界中獨領風騷。法國的酵母研究者希薇・德昆（Sylvie Dequin）正在實驗室裡透過基因改造技術創造另一種酵母菌株，它不但可為葡萄酒帶來絕佳風味，還能大幅降低酒精含量。目前，她已經成功讓葡萄酒減少了百分之二的酒精。當然，歐洲並不允許基改菌株商業化。因此，德昆正在嘗試以傳統方式培育擁有同樣基因的菌株。

還記得西恩・邁爾斯，那位戴爾豪斯大學的遺傳學家，他精心培育的變種葡萄或許永遠無法找到買家；然而，放眼未來數十年可能出現的天候變化，這些不被認可的葡萄品種勢必將取代目前的主流品種——而市場也不得不接受世界上其他地區栽植的葡萄。換言之，納帕、索諾瑪和羅亞爾河谷未來的地位可能不保，新的葡萄酒產區將會出現並取而代之。甚至連整個加州中央谷地，連同索諾瑪與納帕山谷的許多地區，以及大部分的南歐，葡萄酒莊都有可能絕跡。反觀，華盛頓州卻有機會出現為數眾多的葡萄產區。另外，中國中部的山巒地帶看來也頗有機會——當然，中國政府得先設法把那些麻煩的大貓熊遷往他處。

過去二千年來，發酵和蒸餾所仰賴的科學與技術大致相同，因此，我們能合理預期，整個產業演進的步伐也將同樣緩慢，或者出現細微的調整——提高量產規模，並維持品質的一致性。假如精釀蒸餾合法化之後帶動的風潮，也能達到如同精釀啤酒三十年前的榮景，我們自然可以預期更多小型蒸餾廠紛紛成立，建立自己的品酒室。它們甚至會從現有的龐克級蒸氣設備上蛻變出更精湛的生產機制。英國聖靈蒸餾廠（Sacred Spirits）其實就只有伊恩・哈特（Ian Hart）獨自在經營，他將多種植物素材浸漬後，透過自製的減壓蒸餾器分離，再調合出宜人風味。哈特的蒸餾器可說是紐約布克與達克斯酒吧中大衛・阿諾德使用的旋轉蒸發器的加強版，它預示了未來蒸餾業截然不同的風貌。

或許，在更遙遠的未來，乙醇會被某種物質完全取代。大衛・努特幾乎在十年前就發表了一項類乙醇化學物質的實驗結果，一種與酒精有著相同作用的替代品——實際上，這種物質也的確可以對大腦中相同的GABA受體亞單元產生作用，而且還是種可逆轉作用，只要透過解毒劑就能讓人立刻清醒，也能治好宿醉。努特說，他已經能夠提供五種此類化合物，以及相應的解毒劑，萬事俱備。「我試過其中一種，服用後，我感到非常放鬆，進入一種昏昏欲睡的醺醉狀態。持續了大約一小時後，我服下解毒劑，才不過短短幾分鐘，我就能站起來講課，完全沒有喪失半點身體機能。」努特在二〇一三年末的一篇《衛報》（*The Guardians*）評論中如此寫道。他說，現在只要有人提供資金，他就能進行更多測試，進一步精煉化合物。若是飲酒對社會造成的負面影響來到臨界點，製酒業迫於無奈必須想出替代方案時，或許會有意願跟他合作，就好比香菸業者推出的電子菸。然而，他是否真能研製出合成乙醇，一如《星際爭霸戰》裡的噱頭？那種完全沒有副作用的酒精？他的抱負引人遐思。

人們的觀點或許稍有差異，然而沒有任何變化足以切斷古往今來人們與酒精的聯繫。翻開歷史，可以得知酒精飲料實屬人類演進中不可或缺的一部分，伴隨著人類從原始走向文明，成為使用工具、善用技術的物種。

人與酒的不解情緣

聖喬治烈酒廠蒸餾間的樓上，幾乎就位在實驗室上方的寬闊辦公室內，一群坐在皮製扶手沙發上的訪客對藍斯・溫特斯的藏書讚不絕口。陳列在幾瓶日本余市威士忌（Nikka）和古董瓶裝的芬內特苦酒（Fernet）旁的，看來是本一八七一年左右、皮耶・杜普拉斯（Pierre Duplais）所著的《酒精烈酒製造總論》（*Treatise on the Manufacture of Alcoholic Liquors*）原版書，裡頭記載著你會想知道的苦艾酒知識。旁邊還擺了本《亨利的二十世紀配方、用料，與製作程序》（*Henley's Twentieth Century Formula, Recipes, and Processes*），這是套搜錄了幾乎所有物品的商業製造秘密大全，從汽油到汽水無所不包。「如果你帶著這本書漂流到一個島上，」溫特斯叼著沒點燃的帕塔加斯雪茄（Partagas）說著，「你可以重新創造文明。」

訪客之一亞歷山大・羅斯（Alexander Rose），對溫特斯的想法深表同感。羅斯是今日永存基金會（Long Now Foundation）的執行長，以長遠的觀點審視人類文明是這個位於舊金山的組織成立的宗旨——他們提倡人類應以千年、萬年的角度來省思世事，不該拘泥於短短數載的紛擾。此刻，羅斯正打算把基金會辦公室空曠的中央展示區，改造成一個高檔次的交誼廳。羅斯本身是位工程師、機器人專家，他覺得酒吧應該是討論世界末日最好的地方。

羅斯之所以來拜訪溫特斯，是想找點特別的飲品來招待今日永存基金會的往來對象。如此一來當然可以博得訪客歡心，不過羅斯真正想做的，是說動潛在贊助者每人以最高五千美元的代價認購一瓶專屬酒飲，這瓶酒會以特製的護套仔細承托懸掛在天花板上，當認購人走進酒吧時，這瓶酒便會從天而降供他飲用。今日永存基金會的總部位於梅森堡（Fort Mason），海岸邊聚集了不少店家和戲院，不遠處就是漁人碼頭；嚴格來說，這裡是聯邦政府的保留地——州政府及地方政府對蒸餾烈酒的銷售管制法令在此無效。因此，羅斯可以在這裡進行烈酒交易，不須取得執照。

至於葫蘆裡該賣些什麼酒，羅斯還不確定。「它可以是含蓄的市售品牌，或是令人意外的昂貴酒品。」他告訴溫特斯。不過，它必須「同時反映出酒精飲料與人類文明從遠古至今相互纏結的關係，還有那較為艱深又耐人尋味的問題：未來的一萬年將風行哪些飲品？」

溫特斯聽得相當專注。他已有所領悟。「這張酒單在意念上超越了時空，」他說，「從傳統的商品化框架中找瓶現成的酒毫不稀奇……而這回可是千載難逢的機遇。」

他們討論了幾種可能的酒。米酒，召喚人們對中國早期蒸餾器的追思？威士忌呢？這時羅斯開始談起他對一系列聖喬治琴酒的愛好——他正好對杜松子頗有見解。「萬年鐘」是今日永存基金會主辦的大型專案之一，那是即將在德州西部山谷中進行的一件龐大工程計畫。整座機械僅靠重力驅動，將在未來的一萬年裡持續計時，期望延續到下一輪人類社會的誕生，不管那會是什麼形態。起初，他們本打算把鐘建置在內華達州的一座山裡。基金會手中仍然持有該地的產權；據羅斯說，那兒長滿了杜松子——以及芒松（bristlecone pine），一種可以存活五千年的植物。

溫特斯的眼睛睜得大大的。真的。儘管這番談話了無新意，但可能寓意深遠，充滿無限可能。「假如你能送些杜松子果過來，我會試試看能做出些什麼，」他說，「可以的話也弄點松針給我——那麼，或許你可以號稱你擁有樹齡達五千年的松針所製成的酒。」

羅斯樂得笑了。「你需要多少？」

兩個月後，聖喬治收到了羅斯送來的五磅杜松子果，以及大約一磅採集自落地枝葉上的松針。（芒松是受到保護的物種；有關單位不准基金會人員砍倒任何活著的芒松。）杜松子果的數量比溫特斯原本期待的少了一半，倒是那些松針成功的生成了酒度達到一百的烈酒，酒中還保留了植物中萃取的風味。

在那之後又過了兩個月，琴酒做出來了。來到今日永存基金會，在一間展示改建設計模型的小接待室裡，羅斯從一支特製酒瓶倒出第一批樣品酒，這些用來盛裝的酒瓶是由燒瓶改造，底部呈現球狀，頸部則是圓柱形，都是他從愛莫利維爾市一家科學用玻璃器皿店找來的。羅斯在臨時吧台上擺著一盆杜松子果和一盆風乾的橘皮，期望能營造出一些臨場感；那果子我嘗了——口感酸甜，帶點樹脂味。至於琴酒的味道，對我來說，柑橘味和油脂感似乎蓋過了杜松子。

站在即將用來製作萬年鐘的零件，以及上頭擺著超市買來的乳酪和薩拉米香腸的桌子之間，喝下那一小口琴酒，頓時感受到某種更加浩瀚的聯繫——亙古的製酒材料、中國早期的釀酒師、路易・巴斯德、外高加索崇山峻嶺間的野生葡萄園、亞力山卓古城的鍊金術士，還有凱爾特的製桶師和加勒比海的細菌學者，以及蘇格蘭的首席蒸餾師一一浮現。

人類在一千年前便掌握了製作琴酒的技術，但是對於製造原理、口感成因，以及喝下肚後的感受緣由則不明就裡。直到一千年後的今天，我們已擁有史無前例的知識。我們學會了有關酵母的生化機制、糖的化學作用，也懂得如何將平常食用的植物轉變成飲料和酒精。發酵中的生物力學和蒸餾器涉及的物理學也已廣為人知；然而，釀酒師、葡萄酒業者、蒸餾師和研究人員並未因此感到自滿，依然勤勉不懈的在製酒過程中找出問題、努力改良。

或許酒類相關知識的彙集仍顯不足，但是製酒人推陳出新的成果總能令人驚奇。製酒業可說創意十足——時而發揮工業化及商業化的高度動能，一方面又展現出獨有華麗與匠心別具的丰采，而兩者兼具的特色，則是人類在摸索行進中創造前所未見成就的那份毅力。更有甚之，酒的角色正好跨足客觀現實與主觀經驗兩個世界之間。製酒業者的產品對我們生理機能的影響顯而易見，並能以量化方式衡量。正當我們以感官覺察，它也在改變我們的身體。

我們的心智也因酒而改變。每個人從酒裡嘗到的滋味不盡相同，酒後感受的效應也全然各異。人們看待酒的方式除了取決於宏觀文化下對酒的態度，也深受兒時經驗的影響——是否曾與父母親在飲酒中建立親子關係，抑或在心中留下濫用後的瘡痍。這份經驗既可能充滿歡欣，也可能滿是驚恐，又或者介於兩者之間。

人們的意念造就了酒吧的絕美時光，一如進行儀式般在專屬的空間裡享受悸動心靈的化學物質。我們一手做出了酒，一手又構築了飲酒處所。人類到來前，兩者皆不存在；不過，它們的出現亦非偶然，是按照人類的方法打造。為了理解酒中玄妙，人類撬開了酵母與相關微生物，探究生物之謎。對這些微小生靈和它們操弄的基質，人類施展手段巧妙改良；於是，原本粗率難控的馴化農活，進化成為擁有基因工程的精準範式。

若以當代眼光審視古人製酒，當時世上還不存在科學，遑論酒的科學。而今我們具備足夠知識，得以進一步掌控製酒過程。依循而生看似理所當然的製酒產業及規模，伴隨而來的是我們享受飲酒樂趣之餘更深層的省思。洞悉了酒的科學，不論發酵也好，蒸餾也罷，並未抹滅置身其後的魔術。事實上正好相反。正如科幻小說家亞瑟・克拉克（Arthur C. Clarke）所闡釋，先進的技術其實就是魔術。我們透過科學「創造」魔術。

今日永存基金會的琴酒帶來的，不僅是杜松子與柑橘味。那是文明的味道。

謝辭

老愛說「事實上」這句口頭禪，就是人們不願意再跟我一起喝酒的原因。說來也有三年了，每次我跟朋友上酒吧，或是相邀喝杯葡萄酒或啤酒，還是在宴會上閒聊，不時有人會對他或她手中的酒侃侃而談——酒品類別、製作方式、酒中成分，乃至歷史淵源。而輪到我發言時呢，總是用「事實上——」開頭。

所以就變成那樣了。我會忍不住吐出腦袋裡所有關於酒的資訊，變身為在場自以為無所不知、萬般令人嫌惡的自大狂。在此，我要向那些曾經被我得罪的人賠個不是。下一輪酒我請客。

儘管我個人要為自己不合群的行為，以及這本書的誕生負起最大責任，但是仍然必須提到那些提供我寶貴協助與意見的善心人士。事實上，美國科學文壇上最頂尖的三劍客——卡爾．齊默（Carl Zimmer）、比爾．瓦希克（Bill Wasik），和湯馬斯．戈茨（Thomas Goetz）——在一次重要的晚宴上，知道了我正在滔滔不絕地講著一本以「酒的科學」為主題的書。若是他們當晚未曾點破，恐怕至今我仍未醒悟，對此我深表感激。

我的同事們，那些我在《連線》雜誌共事的朋友，對我表現得寬容無比，讓我能夠專心寫書。前總編克里斯・安德森（Chris Anderson）在書籍出版事宜上，給了我許多善意的指導。他和現任總編史考特・達迪奇（Scott Dadich）對我可說仁至義盡，我在為這本書進行採訪及寫作的過程裡，偶爾（我招認）怠忽了日常例行工作，但是他們兩人總能體諒。社裡的朋友們幫我善後打理了許多雜務，在此特別感謝傑森・坦茲（Jason Tanz）、羅伯・卡普斯（Robert Capps）、馬克・羅賓遜（Mark Robinson）、凱特琳・羅貝爾（Caitlin Roper）、彼得・魯賓（Peter Rubin）、強・艾倫伯格（Jon Eilenberg）和莎拉・法隆（Sarah Fallon）。另外，也要感謝幾位讀者拔刀相助，使我得以完成此書：克里斯提安・湯普森（Christian Thompson）、馬克・麥克拉斯基（Mark McClusky）和丹尼爾・麥克吉恩（Daniel McGinn）。

瓊・班尼特對高峰讓吉和清酒麴歷史的研究著墨甚深，為我帶來關鍵助益，而詹姆斯・史考特對威士忌真菌波端氏菌的研究工作，對我同樣至關重要。他們兩位都賜予我寶貴的時間與得來不易的知識。我收到詹姆斯・麥克羅普從他在喬治亞大學酒吧實驗室寄來的照片與錄影——惠賜良多，遠遠超出我的預期。布蘭登・柯納（Brendan Koerner）

在成癮科學上的真知灼見使我對該領域有所領悟。傑佛瑞・奧布萊恩（Jeffrey O'Brien）與凱特・波特瑞爾（Kate Bottrell）為我在葡萄酒釀造天地中提供了最佳的沿途指引。在蒸餾的世界裡，則有馬修・羅利（Matthew Rowley）對我鼎力相助。此外，我某位朋友的朋友慷慨地提供我必要的學術身分，讓我得以遨遊於大學的線上科學期刊文獻資料。回顧沒有電腦的時代，真不知當時人們都是怎麼辦到的？天曉得。

多虧派翠西亞・湯馬斯（Patricia Thomas）和麥特・拜伊（Matt Bai）的耳提面命，我得以恰如其分、不偏不倚地完成全書。在布萊德・史東（Brad Stone）與特倫特・吉格斯（Trent Gegax）大力支持下，這本書得以見到天日。拜大衛・多布斯（David Dobbs）金筆之賜，寫了篇出色的評論報導，為我博得文學經紀人的青睞，以致獲得與威廉莫理斯奮進娛樂公司（William Morris Endeavor）合作的機會，並能見到艾力克・盧普佛（Eric Lupfer）。他可是位實力堅強的大人物。

我在霍夫頓・米夫林・哈考特出版社（Houghton Mifflin Harcourt）的編輯考特尼・楊（Courtney Young）為人慈悲，沒有對我的初版手稿大肆批判，而是輕聲細語地帶著我走向正軌。她在HMH的團隊同樣非比尋常。艾力克・馬凌諾斯基（Erik Malinowski）不但是最優秀的採訪記者兼作家，更擁有我所見過的第一流查證能力，幫我從原稿中抓出了不計其數的大小錯誤。老實說，也許我能數得出來。不過還是不了。

雖然我想把書中可能仍存在的謬誤歸咎在某某人身上，但所有責任我會一肩扛起。

承蒙以上眾人的關照、厚愛與專業協助，最後我要感謝我的妻子梅麗莎・波特瑞爾（Melissa Bottrell），她的洞見與毅力，持續地鼓舞著我寫出趣味的題材，而每當未盡人意時，她會勉勵我再接再厲，地球上沒有任何人比她聽我說過更多的「事實上」，並且還能夠包容我。她是我座上的格言，是照亮方向的明燈。「事實上」，我愛她。

參考書目

Adams, David J. "Fungal Cell Wall Chitinases and Glucanases." *Microbiology* 150, part 7 (2004): 2029–35.

Adams, Douglas. *The Hitchhiker's Guide to the Galaxy.* New York: Harmony Books, 1979.

Akiyama, Hiroichi. *Saké: The Essence of 2000 Years of Japanese Wisdom Gained from Brewing Alcoholic Beverages from Rice.* Translated by Inoue Takashi. Tokyo: Brewing Society of Japan, 2010.

Allchin, F. R. "India: The Ancient Home of Distillation?" *Man* 14, no. 1 (1979): 55–63.

Anderson, Keith A., Jeffrey J. Maile, and Lynette G. Fisher. "The Healing Tonic: A Pilot Study of the Perceived Ability and Potential of Bartenders." *Journal of Military and Veterans' Health* 18, no. 4 (2010): 17–24.

Antonow, David R., and Craig J. McClain. "Nutrition and Alcoholism." In *Alcohol and the Brain: Chronic Effects,* edited by Ralph Tarter and David Van Thiel, 81–120. New York: Plenum Medical Book Company, 1985.

Arnold, Wilfred Niels. "Absinthe." *Scientific American,* June 1989. http://www.scientificamerican.com/article.cfm?id=absinthe-history.

Arroyo, Rafael. *Studies on Rum.* Research Bulletin no. 5. Rio Piedras: University of Puerto Rico Agricultural Experimental Station, December 1945.

Arroyo-García, R., L. Ruiz-García, L. Bolling, R. Ocete, M. A. López, C. Arnold, A. Ergul, et al. "Multiple Origins of Cultivated Grapevine (*Vitis Vinifera* L. Ssp. *Sativa*) Based on Chloroplast DNA Polymorphisms." *Molecular Ecology* 15 (October 2006): 3707–14.

Ashcraft, Brian. "The Mystery of the Green Menace." *Wired,* November 2005.

Atkins, Peter W. *Molecules.* New York: Scientific American Library, 1987.

Atkinson, R. W. *The Chemistry of Sake Brewing.* Tokyo: Tokyo University, 1881.

Attwood, Angela S., Nicholas E. Scott-Samuel, George Stothart, and Marcus R. Munafò. "Glass Shape Influences Consumption Rate for Alcoholic Beverages." *PLoS ONE* 7, no. 8 (January 2012): e43007.

Bachmanov, Alexander A., Stephen W. Kiefer, Juan Carlos Molina, Michael G. Tordoff, Valerie B. Duffy, Linda M. Bartoshuk, and Julie A. Mennella. "Chemosensory Factors Influencing Alcohol Perception, Preferences, and Consumption." *Alcoholism: Clinical and Experimental Research* 27, no. 2 (February 2003): 220–31.

Bamforth, Charles W. *Foam.* St. Paul, MN: American Society of Brewing Chemists, 2012.

———. *Scientific Principles of Malting and Brewing.* St. Paul, MN: American Society of Brewing Chemists, 2006.

Barnett, Brendon. "Fermentation." Pasteur Brewing. Modified December 29, 2011. http://www.pasteurbrewing.com/louis-pasteur-fermenation.html.

Barnett, James A., and Linda Barnett. *Yeast Research: A Historical Overview.* London: ASM Press, 2011.

Begleiter, Henri, and Arthur Platz. "The Effects of Alcohol on the Central Nervous System in Humans." In *The Biology of Alcoholism,* edited by B. Kissin and Henri Begleiter, 293–343. New York: Plenum Publishing Corporation, 1972.

Benedict, Francis G., and Raymond Dodge. *Psychological Effects of Alcohol; an Experimental Investigation of the Effects of Moderate Doses of Ethyl Alcohol on a Related Group of Neuro-muscular Processes in Man.* Washington, DC: Carnegie Institute of Washington, 1915.

Bennett, Joan W. "Adrenalin and Cherry Trees." *Modern Drug Discovery* 4, no. 12 (2001): 47–48. http://pubs.acs.org/subscribe/archive/mdd/v04/i12/html/12timeline.html.

———. Untitled presentation at the 2012 American Society for Microbiology Meeting, San Francisco, June 17, 2012.

Bokulich, Nicholas A., John H. Thorngate, Paul M. Richardson, and David A. Mills. "Microbial Biogeography of Wine Grapes Is Conditioned by Cultivar, Vintage, and Climate." *Proceedings of the National Academies of Science* (published online ahead of print November 25, 2013): 1–10. http://www.pnas.org/content/early/2013/11/20/1317377110.full.pdf+html.

Boothby, William T. *Cocktail Boothby's American Bar-Tender.* San Francisco: H. S. Crocker, 1891. Reprinted with a foreword by David Burkhart. San Francisco: Anchor Distilling, 2008.

Bouby, Laurent, Isabel Figueiral, Anne Bouchette, Nuria Rovira, Sarah Ivorra, Thierry Lacombe, Thierry Pastor, Sandrine Picq, Philippe Marinval, and Jean-Frédéric Terral. "Bioarchaeological Insights into the Process of Domestication of Grapevine (*Vitis vinifera* L.) During Roman Times in Southern France." *PLoS ONE* 8 (May 15, 2013): e63195.

Buemann, Benjamin, and Arne Astrup. "How Does the Body Deal with Energy from Alcohol?" *Nutrition* 17 (2001): 638–41.

Buffalo Trace Distillery. *Warehouse X* (blog). http://www.experimentalwarehouse.com.

Chambers, Matthew, Mindy Liu, and Chip Moore. "Drunk Driving by the Numbers." United States Department of Transportation. http://www.rita.dot.gov/bts/sites/rita.dot.gov.bts/files/publications/by_the_numbers/drunk_driving/index.html.

Chandrashekar, Jayaram, David Yarmolinsky, Lars von Buchholtz, Yuki Oka, William Sly, Nicholas J. P. Ryba, and Charles S. Zuker. "The Taste of Carbonation." *Science* 326, no. 5951 (October 16, 2009): 443–45.

Chemical Heritage Foundation. "Justus von Liebig and Friedrich Wöhler." http://www.chemheritage.org/discover/online-resources/chemistry-in-history/themes/molecular-synthesis-structure-and-bonding/liebig-and-wohler.aspx.

Clarke, Hewson, and John Dougall. *The Cabinet of Arts, or General Instructor in Arts, Science, Trade, Practical Machinery, the Means of Preserving Human Life, and Political Economy, Embracing a Variety of Important Subjects.* London: T. Finnersley, 1817.

Conison, Alexander. "The Organization of Rome's Wine Trade." PhD diss., University of Michigan, 2012. http://deepblue.lib.umich.edu/bitstream/handle/2027.42/91455/conison_1.pdf?sequence=1.

Correa, Mercè, John D. Salamone, Kristen N. Segovia, Marta Pardo, Rosanna Longoni, Liliana Spina, Alessandra T. Peana, Stefania Vinci, and Elio Acquas. "Piecing Together the Puzzle of Acetaldehyde as a Neuroactive Agent." *Neuroscience and Biobehavioral Reviews* 36, no. 1 (January 2012): 404–30.

Court of Master Sommeliers. "Courses & Schedules." http://www.mastersommeliers.org/Pages.aspx/Master-Sommelier-Diploma-Exam.

Cowdery, Charles K. *Bourbon, Straight: The Uncut and Unfiltered Story of American Whiskey.* Chicago: Made and Bottled in Kentucky, 2004.

Debré, Patrice. *Louis Pasteur.* Translated by Elborg Forster. Baltimore: Johns Hopkins University Press, 1994.

De Keersmaecker, Jacques. "The Mystery of Lambic Beer." *Scientific American,* August 1996.

Delwiche, J. F., and Marcia Levin Pelchat. "Influence of Glass Shape on Wine Aroma." *Journal of Sensory Studies* 17, no. 2002 (2002): 19–28.

Dietrich, Oliver, Manfred Heun, Jens Notroff, Klaus Schmidt, and Martin Zarnkow. "The Role of Cult and Feasting in the Emergence of Neolithic Communities. New Evidence from Gobekli Tepe, South-eastern Turkey." *Antiquity* 86 (2012): 674–95.

Dogfish Head Brewing. "Midas Touch." http://www.dogfish.com/brews-spirits/the-brews/year-round-brews/midas-touch.htm.

Dressler, David, and Huntington Porter. *Discovering Enzymes.* New York: Scientific American Library, 1991.

Dudley, Robert. "Evolutionary Origins of Human Alcoholism in Primate Frugivory." *Quarterly Review of Biology* 75, no. 1 (2000): 3–15.

Dunn, Barbara, and Gavin Sherlock. "Reconstruction of the Genome Origins and Evolution of the Hybrid Lager Yeast *Saccharomyces pastorianus.*" *Genome Research* 18, no. 650 (2008): 1610–23.

E. C. "On the Antiquity of Brewing and Distillation in Ireland." *Ulster Journal of Archaeology* 7 (1859): 33–40.

Eng, Mimy Y., Susan E. Luczak, and Tamara L. Wall. "ALDH2, ADH1B, and ADH1C Genotypes in Asians: A Literature Review." *Alcohol Research & Health* 30, no. 1 (2007): 22–27.

Epstein, Murray. "Alcohol's Impact on Kidney Function." *Alcohol Health & Research World* 21, no. 1 (1997): 84–93.

Fay, Justin C., and Joseph A. Benavides. "Evidence for Domesticated and Wild Populations of *Saccharomyces cerevisiae*." *PLoS Genetics* 1 (2005): 66–71.

Forbes, R. J. *Short History of the Art of Distillation.* Leiden, the Netherlands: E. J. Brill, 1948.

Geison, Gerald L. *The Private Science of Louis Pasteur.* Princeton: Princeton University Press, 1995.

Gergaud, Olivier, and Victor Ginsburgh. "Natural Endowments, Production Technologies and the Quality of Wines in Bordeaux. Does Terroir Matter?" *Journal of Wine Economics* 5 (2010): 3–21.

Gevins, Alan, Cynthia S. Chan, and Lita Sam-Vargas. "Towards Measuring Brain Function on Groups of People in the Real World." *PLoS ONE* 7, no. 9 (September 5, 2012): e44676.

Gibbons, John G., Leonidas Salichos, Jason C. Slot, David C. Rinker, Kriston L. McGary, Jonas G. King, Maren A. Klich, David L. Tabb, W. Hayes McDonald, and Antonis Rokas. "The Evolutionary Imprint of Domestication on Genome Variation and Function of the Filamentous Fungus *Aspergillus oryzae*." *Current Biology* 22 (2012): 1–7.

Goffeau, A., B. G. Barrell, H. Bussey, R. W. Davis, B. Dujon, H. Feldmann, F. Galibert, et al. "Life with 6000 Genes." *Science* 274 (1996): 546–67.

Goldman, Jason G. "Dogs, but Not Wolves, Use Humans as Tools." *The Thoughtful Animal* (blog), *Scientific American*, April 30, 2012. http://blogs.scientificamerican.com/thoughtful-animal/2012/04/30/dogs-but-not-wolves-use-humans-as-tools/.

Goode, Jaime. *The Science of Wine.* Berkeley: University of California Press, 2005.

Granados, J. Quesada, J. J. Merelos Guervós, M. J. Olveras López, J. Gonzales Peñalver, M. Olalla Herrera, R. Blanca Herrera, and M. C. Lopez Martinez. "Application of Artificial Aging Techniques to Samples of Rum and Comparison with Traditionally Aged Rums by Analysis with Artificial Neural Nets." *Journal of Agricultural and Food Chemistry* 50, no. 6 (March 13, 2002): 1470–77.

Gray, W. Blake. "Bacardi, and Its Yeast, Await a Return to Cuba." *Los Angeles Times,* October 6, 2011. http://latimes.com/features/food/la-fo-bacardi-20111006,0,1042.story.

Gross, Leonard. *How Much Is Too Much? The Effects of Social Drinking.* New York: Magilla, 1983.

Haag, H. B., J. K. Finnegan, P. S. Larson, and R. B. Smith. "Studies on the Acute Toxicity and Irritating Properties of the Congeners in Whisky." *Toxicology and Applied Pharmacology* 627, no. 6 (1959): 618–27.

Hackbarth, James J. "Multivariate Analyses of Beer Foam Stand." *Journal of the Institute of Brewing* 112, no. 1 (2006): 17–24.

Hannah, Lee, Patrick R. Roehrdanz, Makihiko Ikegami, Anderson V. Shepard, M. Rebecca Shaw, Gary Tabor, Lu Zhi, Pablo A. Marquet, and Robert J. Hijmans. "Climate Change, Wine, and Conservation." *Proceedings of the National Academy of Sciences* (2013): 2–7.

Harrison, Barry, Olivier Fagnen, Frances Jack, and James Brosnan. "The Impact of Copper in Different Parts of Malt Whisky Pot Stills on New Make Spirit Composition and Aroma." *Journal of the Institute of Brewing* 117, no. 1 (2011): 106–12.

Harrison, Mark A. "Beer/Brewing." In *Encyclopedia of Microbiology,* 3rd ed., edited by Moselio Schaechter, 23–33. San Diego: Academic Press, 2009.

Hevesi, Dennis. "G. A. Marlatt, Advocate of Shift in Treating Addicts, Dies at 69." *New York Times,* March 21, 2011. http://www.nytimes.com/2011/03/22/us/22marlatt.html?_r=0.

Hilgard, E. R. *Walter Richard Miles, 1885–1978.* Washington DC: National Academy of Sciences, 1985. http://www.nasonline.org/publications/biographical-memoirs/memoir-pdfs/miles-walter.pdf.

Himwich, Harold E. "The Physiology of Alcohol." *Journal of the American Medical Association* 1446, no. 7 (1957): 545–49.

Hornsey, Ian. *Alcohol and Its Role in the Evolution of Human Society.* Cambridge: Royal Society of Chemistry, 2012.

———. *The Chemistry and Biology of Winemaking.* Cambridge: Royal Society of Chemistry, 2007.

———. *A History of Beer and Brewing.* Cambridge: Royal Society of Chemistry, 2004.

Hough, James S. *The Biotechnology of Malting and Brewing.* Cambridge: Cambridge University Press, 1985.

Howland, Jonathan, Damaris J. Rohsenow, John E. McGeary, Chris Streeter, and Joris C. Verster. "Proceedings of the 2010 Symposium on Hangover and Other Residual Alcohol Effects: Predictors and Consequences." *Open Addiction Journal* 3 (2010): 131–32.

Hu, Naiping, Dan Wu, Kelly Cross, Sergey Burikov, Tatiana Dolenko, Svetlana Patsaeva, and Dale W. Schaefer. "Structurability: A Collective Measure of the Structural Differences in Vodkas." *Journal of Agricultural and Food Chemistry* 58 (2010): 7394–401.

Huang, H. T. *Science and Civilisation in China.* Vol. 6, pt. 5, *Biology and Biological Technology: Fermentations and Food.* Cambridge: Cambridge University Press, 2000.

Hummel, T., J. F. Delwiche, C. Schmidt, and K.-B. Hüttenbrink. "Effects of the Form of Glasses on the Perception of Wine Flavors: A Study in Untrained Subjects." *Appetite* 41, no. 2 (October 2003): 197–202.

Independent Stave Company. *International Barrel Symposium: Research Results and Highlights from the 5th, 6th, and 7th Symposiums.* Lebanon, MO: Independent Stave Company, 2008.

Ingham, Richard. "Champagne Physicist Reveals the Secrets of Bubbly." *Phys.org.* Last modified September 18, 2012. http://phys.org/news/2012-09-champagne-physicist-reveals-secrets.html.

Isaacson, Walter. *Benjamin Franklin: An American Life.* New York: Simon & Schuster, 2003.

Jayarajah, Christine N., Alison M. Skelley, Angela D. Fortner, and Richard A. Mathies. "Analysis of Neuroactive Amines in Fermented Beverages Using a Portable Microchip Capillary Electrophoresis System." *Analytical Chemistry* 79, no. 21 (November 2007): 8162–69.

Johnson, Keith, David B. Pisoni, and Robert H. Bernacki. "Do Voice Recordings Reveal Whether a Person Is Intoxicated? A Case Study." *Phonetica* 47 (1990): 215–37.

Kaivola, S., J. Parantainen, T. Osterman, and H. Timonen. "Hangover Headache and Prostaglandins: Prophylactic Treatment with Tolfenamic Acid." *Cephalalgia* 3, no. 1 (March 1983): 31–36.

Katz, Sandor. *The Art of Fermentation.* White River Junction, VT: Chelsea Green Publishing, 2012.

Kawakami, K. K. *Jokichi Takamine: A Record of His American Achievements.* New York: William Edwin Rudge, 1928.

Kaye, Joseph N. "Symbolic Olfactory Display." PhD diss., Massachusetts Institute of Technology, 2001.

Kim, Dai-Jin, Won Kim, Su-Jung Yoon, Bo-Moon Choi, Jung-Soo Kim, Hyo Jin Go, Yong-Ku Kim, and Jaeseung Jeong. "Effects of Alcohol Hangover on Cytokine Production in Healthy Subjects." *Alcohol* 31, no. 3 (November 2003): 167–70.

King, Ellena S., Randall L. Dunn, and Hildegarde Heymann. "The Influence of Alcohol on the Sensory Perception of Red Wines." *Food Quality and Preference* 28, no. 1 (April 2013): 235–43.

Kintslick, Michael. *The U.S. Craft Distilling Market: 2011 and Beyond.* New York: Coppersea Distillery, 2011.

Kitamoto, Katsuhiko. "Molecular Biology of the Koji Molds." *Advances in Applied Microbiology* 51 (January 2002): 129–53.

Lachenmeier, D. W., David Nathan-Maister, Theodore A. Breaux, Jean-Pierre Luauté, and Emmert Joachim. "Absinthe, Absinthism and Thujone — New Insight into the Spirit's Impact on Public Health." *Open Addiction Journal* 3 (2010): 32–38.

Lagi, Marco, and R. S. Chase. "Distillation: Integration of a Historical Perspective." *Australian Journal of Education in Chemistry* 70 (2009): 5–10.

Leffingwell, John. "Update No. 5: Olfaction." *Leffingwell Reports* 2 (May 2002).

Lehrer, Adrienne. *Wine & Conversation.* 2nd ed. New York: Oxford University Press, 2009.

Libkind, D., C. T. Hittinger, E. Valerio, C. Goncalves, J. Dover, M. Johnston, P. Goncalves, and J. P. Sampaio. "Microbe Domestication and the Identification of the Wild Genetic Stock of Lager-brewing Yeast." *Proceedings of the National Academy of Sciences* 108, no. 34 (August 22, 2011).

Liger-Belair, Gérard. *Uncorked: The Science of Champagne.* Princeton: Princeton University Press, 2004.

Liger-Belair, Gérard, Clara Cilindre, Régis D. Gougeon, Marianna Lucio, Istvan Gebefügi, Philippe Jeandet, and Philippe Schmitt-Kopplin. "Unraveling Different Chemical Fingerprints Between a Champagne Wine and Its Aerosols." *Proceedings of the National Academies of Science* 106, no. 39 (2009): 16545–49.

Liger-Belair, Gérard, Guillaume Polidori, and Philippe Jeandet. "Recent Advances in the Science of Champagne Bubbles." *Chemical Society Reviews* 37, no. 11 (November 2008): 2490–511.

Liu, KeShun. "Chemical Composition of Distillers Grains, a Review." *Journal of Agricultural and Food Chemistry* 59 (March 9, 2011): 1508–26.

Livermore, Andrew, and David G. Laing. "The Influence of Chemical Complexity on the Perception of Multicomponent Odor Mixtures." *Perception & Psychophysics* 60, no. 4 (May 1998): 650–61.

Lund, Steven T., and Joerg Bohlmann. "The Molecular Basis for Wine Grape Quality — A Volatile Subject." *Science* 311 (February 10, 2006): 804–5.

MacAndrew, Craig, and Robert Edgerton. *Drunken Comportment: A Social Explanation.* Hawthorn, NY: Aldine, 1969. Reprinted with a foreword by Dwight B. Heath. Clinton Corners, NY: Elliot Werner, 2003.

Macatelli, Melina, John R. Piggott, and Alistair Paterson. "Structure of Ethanol-Water Systems and Its Consequences for Flavour." In *New Horizons: Energy, Environment, and Enlightenment: Proceedings of the Worldwide Distilled Spirits Conference,* edited by G. M. Walker and P. S. Hughes, 235–42. Nottingham: Nottingham University Press, 2010.

Machida, Masayuki, Kiyoshi Asai, Motoaki Sano, Toshihiro Tanaka, Toshitaka Kumagai, Goro Terai, Ken-Ichi Kusumoto, et al. "Genome Sequencing and Analysis of *Aspergillus oryzae.*" *Nature* 438, no. 7071 (December 22, 2005): 1157–61.

Machida, Masayuki, Osamu Yamada, and Katsuya Gomi. "Genomics of *Aspergillus oryzae*: Learning from the History of Koji Mold and Exploration of Its Future." *DNA Research* 15 (August 2008): 173–83.

Maisto, Stephen A., Gerard J. Connors, and Paul R. Sachs. "Expectation as a Mediator in Alcohol Intoxication: A Reference Level Model." *Cognitive Therapy and Research* 5, no. 1 (1981): 1–18.

Malnic, Bettina, Daniela C. Gonzalez-Kristeller, and Luciana M. Gutiyama. "Odorant Receptors." In *The Neurobiology of Olfaction,* edited by Anna Menini, 181–202. Boca Raton, FL: CRC Press, 2010.

Marlatt, G. Alan, Barbara Demming, and John B. Reid. "Loss of Control Drinking in Alcoholics: An Experimental Analogue." *Journal of Abnormal Psychology* 81, no. 3 (1973): 233–41.

———. "This Week's Citation Classic." *ISI Current Contents: Social and Behavioral Sciences* 18 (1985): 18.

Marshall, K., David G. Laing, A. L. Jinks, and I. Hutchinson. "The Capacity of Humans to Identify Components in Complex Odor-Taste Mixtures." *Chemical Senses* 31, no. 6 (July 2006): 539–45.

McGovern, Patrick E. *Ancient Wine: The Search for the Origins of Viniculture.* Princeton: Princeton University Press, 2007.

McGovern, Patrick E., Juzhong Zhang, Jigen Tang, Zhiqing Zhang, Gretchen R. Hall, Robert A. Moreau, Alberto Nunez, et al. "Fermented Beverages of Pre- and Proto-historic China." *Proceedings of the National Academy of Sciences* 101, no. 51 (December 2004): 17593–98.

McKenzie, Judith. *The Architecture of Alexandria and Egypt 300 BC–AD 700.* New Haven: Yale University Press, 2007.

Meier, Sebastian, Magnus Karlsson, Pernille R. Jensen, Mathilde H. Lerche, and Jens Ø. Duus. "Metabolic Pathway Visualization in Living Yeast by DNP-NMR." *Molecular bioSystems* 7 (October 2011): 2834–36.

Menz, Garry, Christian Andrighetto, Angiolella Lombardi, Viviana Corich, Peter Aldred, and Frank Vriesekoop. "Isolation, Identification, and Characterisation of Beer-spoilage Lactic Acid Bacteria from Microbrewed Beer from Victoria, Australia." *Journal of the Institute of Brewing* 116 (2010): 14–22.

Michel, Rudolph H., Patrick E. McGovern, and Virginia R. Badler. "The First Wine & Beer: Chemical Detection of Ancient Fermented Beverages." *Analytical Chemistry* 65, no. 8 (April 1993): 408A–13A.

Miles, W. R. *Alcohol and Human Efficiency.* Washington, DC: Carnegie Institute of Washington, 1924.

Mitchell, Jennifer M., James P. O'Neil, Mustafa Janabi, Shawn M. Marks, William J. Jagust, and Howard L. Fields. "Alcohol Consumption Induces Endogenous Opioid Release in the Human Orbitofrontal Cortex and Nucleus Accumbens." *Science Translational Medicine* 4, no. 116 (January 11, 2012): 116ra6.

Moran, Bruce. *Distilling Knowledge: Alchemy, Chemistry, and the Scientific Revolution.* Cambridge: Harvard University Press, 2005.

Morrot, Gil, Frédéric Brochet, and Denis Dubourdieu. "The Color of Odors." *Brain and Language* 79, no. 2 (2001): 309–20.

Mosedale, J. R., and Jean-Louis Puech. "Barrels: Wines, Spirits, and Other Beverages." In *Encyclopedia of Food Sciences and Nutrition,* edited by Benjamin Caballero, Luiz C. Trugo, and Paul M. Finglass, 393–403. San Diego: Academic Press, 2003.

———. "Wood Maturation of Distilled Beverages." *Trends in Food Science & Technology* 9, no. 3 (March 1998): 95–101.

Murray, Jim. "Tomorrow's Malt." *Whisky* 1 (1999): 56.

Murtagh, John E. "Feedstocks, Fermentation and Distillation for Production of Heavy and Light Rums." In *The Alcohol Textbook: A Reference for the Beverage, Fuel and Industrial Alcohol Industries,* edited by K. A. Jacques, T. P. Lyons, and D. R. Kelsall, 243–55. Nottingham: Nottingham University Press, 1999.

National Library of Medicine. "Aspergillosis." Last modified May 19, 2013. http://www.ncbi.nlm.nih.gov/pubmedhealth/PMH0002302/.

Negrul, A. M. "Method and Apparatus for Harvesting Grapes." US Patent 3,564,827. Washington, DC: US Patent and Trademark Office, 1971.

Nicol, D. "Batch Distillation." In *The Science and Technology of Whiskies,* edited by J. R. Piggott, R. Sharp, and R. E. B. Duncan, 118–49. London: Longman Group, 1989.

Nie, Hong, Mridula Rewal, T. Michael Gill, Dorit Ron, and Patricia H. Janak. "Extrasynaptic Delta-containing $GABA_A$ Receptors in the Nucleus Accumbens Dorsomedial Shell Contribute to Alcohol Intake." *Proceedings of the National Academy of Sciences of the United States of America* 108, no. 11 (March 15, 2011): 4459–64.

Noll, Roger G. "The Wines of West Africa: History, Technology and Tasting Notes." *Journal of Wine Economics* 3 (2008): 85–94.

Nutt, David J. "Alcohol Alternatives — A Goal for Psychopharmacology?" *Journal of Psychopharmacology* 20, no. 3 (May 2006): 318–20.

———. "Alcohol Without the Hangover? It's Closer than You Think." *Shortcuts* (blog), *Guardian,* November 11, 2013. http://www.theguardian.com/commentisfree/2013/nov/11/alcohol-benefits-no-dangers-closer-think.

Nutt, David J., Leslie A. King, and Lawrence D. Phillips. "Drug Harms in the UK: A Multicriteria Decision Analysis." *Lancet* 376, no. 9752 (November 6, 2010): 1558–65.

Oakes, Elizabeth H. *Encyclopedia of World Scientists.* New York: Infobase Learning, 2007.

Our Knowledge Box: Or, Old Secrets and New Discoveries. New York: Geo. Blackie and Co., 1875.

Palmer, Geoff H. "Beverages: Distilled." In *Encyclopedia of Grain Science,* edited by Colin Wrigley, Harold Corke, and Charles E. Walker, 96–108. San Diego: Academic Press, 2004.

Panconesi, Alessandro. "Alcohol and Migraine: Trigger Factor, Consumption, Mechanisms: A Review." *Journal of Headache and Pain* 9, no. 1 (2008): 19–27.

Panek, Richard J., and Armond R. Boucher. "Continuous Distillation." In *The Science and Technology of Whiskies,* edited by J. R. Piggott, R. Sharp, and R. E. B. Duncan, 150–81. London: Longman Group, 1989.

Patai, Raphael. *The Jewish Alchemists.* Princeton: Princeton University Press, 1994.

"Peat and Its Products." *Illustrated Magazine of Art* 1 (1953): 374–75.

Pelchat, Marcia Levin, and Fritz Blank. "A Scientific Approach to Flavours and Olfactory Memory." In *Food and the Memory: Proceedings of the Oxford Symposium on Food and Cookery,* edited by Harlan Walker, 185–91. Devon: Prospect Books, 2001.

Penning, Renske, Merel van Nuland, Lies A. L. Fliervoet, Berend Olivier, and Joris C. Verster. "The Pathology of Alcohol Hangover." *Current Drug Abuse Reviews* 3, no. 2 (2010): 68–75.

Phaff, Herman Jan, Martin W. Miller, and Emil M. Mrak. *The Life of Yeasts: Second Revised and Enlarged Edition.* Cambridge: Harvard University Press, 1966.

Philp, J. M. "Cask Quality and Warehouse Conditions." In *The Science and Technology of Whiskies,* edited by J. R. Piggott, R. Sharp, and R. E. B. Duncan, 273–74. London: Longman Group, 1989.

Piggot, Robert. "Beverage Alcohol Distillation." In *The Alcohol Textbook,* 5th ed., edited by W. M. Ingeldew, D. R. Kelsall, G. D. Austin, and C. Kluhspies, 431–43. Nottingham: Nottingham University Press, 2009.

———. "Rum: Fermentation and Distillation." In *The Alcohol Textbook,* 5th ed., edited by W. M. Ingeldew, D. R. Kelsall, G. D. Austin, and C. Kluhspies, 473–80. Nottingham: Nottingham University Press, 2009.

———. "Vodka, Gin and Liqueurs." In *The Alcohol Textbook,* 5th ed., edited by W. M. Ingeldew, D. R. Kelsall, G. D. Austin, and C. Kluhspies, 465–72. Nottingham: Nottingham University Press, 2009.

Pollard, Justin, and Howard Reid. *The Rise and Fall of Alexandria: Birthplace of the Modern Mind.* New York: Viking, 2006.

Prat, Gemma, Ana Adan, and Miquel Sa. "Alcohol Hangover: A Critical Review of Explanatory Factors." *Human Psychopharmacology* 24 (April 2009): 259–67.

Pretorius, Isak S., Christopher D. Curtin, and Paul J. Chambers. "The Winemaker's Bug: From Ancient Wisdom to Opening New Vistas with Frontier Yeast Science." *Bioengineered Bugs* 3, no. 3 (2012): 147–56.

Pritchard, J. D. *Methanol Toxicological Overview.* Chilton, Oxfordshire, UK: Health Protection Agency, 2007.

Quandt, R. E. "On Wine Bullshit: Some New Software?" *Journal of Wine Economics* 2, no. 2 (2007): 129–35.

Ratliff, Evan. "Taming the Wild." *National Geographic,* March 2011. http://ngm.nationalgeographic.com/2011/03/taming-wild-animals/ratliff-text.

Reardon, Sara. "Zebra Finches Sing Sloppily When Drunk." *New Scientist,* October 17, 2012. http://www.newscientist.com/article/dn22389-zebra-finches-sing-sloppily-when-drunk.html.

Reddy, Nischita K., Ashwani Singal, and Don W. Powell. "Alcohol-Related Diarrhea." In *Diarrhea: Diagnostic and Therapeutic Advances,* edited by Stefano Guandalini and Haleh Vaziri, 379–92. New York: Springer, 2011.

Richter, Chandra L., Barbara Dunn, Gavin Sherlock, and Tom Pugh. "Comparative Metabolic Footprinting of a Large Number of Commercial Wine Yeast Strains in Chardonnay Fermentations." *FEMS Yeast Research* 13, no. 4 (2013): 394–410.

Risen, Clay. "Whiskey Myth No. 2." *Mash Notes* (blog). Last modified July 27, 2012. http://clayrisen.com/?p=126.

Robinson, A. L., D. O. Adams, Paul K. Boss, H. Heymann, P. S. Solomon, and R. D. Trengove. "Influence of Geographic Origin on the Sensory Characteristics and Wine Composition of *Vitis vinifera* Cv. Cabernet Sauvignon Wines from Australia." *American Journal of Enology and Viticulture* 63, no. 4 (2012): 467–76.

Rodda, Luke N., Jochen Beyer, Dimitri Gerostamoulos, and Olaf H. Drummer. "Alcohol Congener Analysis and the Source of Alcohol: A Review." *Forensic Science, Medicine, and Pathology* 9, no. 2 (June 2013): 194–207.

Rodicio, Rosaura, and J. J. Heinisch. "Sugar Metabolism by Saccharomyces and Non-Saccharomyces Yeasts." In *Biology of Microorganisms on Grapes, in Must, and in Wine,* edited by H. König et al., 113–34. Berlin: Springer-Verlag, 2009.

Rohsenow, Damaris J., and Jonathan Howland. "The Role of Beverage Congeners in Hangover and Other Residual Effects of Alcohol Intoxication: A Review." *Current Drug Abuse Reviews* 3, no. 2 (2010): 76–79.

Roskrow, Dominic. "Is It the Age? Or the Mileage?" *Whisky Advocate* (Winter 2011): 77–80.

Rowley, Matthew. "Replacing That Worn Out Still—Every Ding and Dent?" *Rowley's Whiskey Forge* (blog). Last modified January 17, 2013. http://matthew-rowley.blogspot.com/2013/01/replacing-that-worn-out-still-every.html.

Scinska, Anna, Eliza Koros, Boguslaw Habrat, Andrzej Kukwa, Wojciech Kostowski, and Przemyslaw Bienkowski. "Bitter and Sweet Components of Ethanol Taste in Humans." *Drug and Alcohol Dependence* 60, no. 2 (August 1, 2000): 199–206.

Sharpe, James A., Michael Hostovsky, Juan M. Bilbao, and N. Barry Rewcastle. "Methanol Optic Neuropathy: A Histopathological Study." *Neurology* 32, no. 10 (October 1, 1982): 1093–1100.

Shen, Yi, A. Kerstin Lindemeyer, Claudia Gonzalez, Xuesi M. Shao, Igor Spigelman, Richard W. Olsen, and Jing Liang. "Dihydromyricetin as a Novel Anti-alcohol Intoxication Medication." *Journal of Neuroscience* 32, no. 1 (January 4, 2012): 390–401.

Shurtleff, William, and Akiko Aoyagi. *History of Koji—Grains and/or Soybeans Enrobed with a Mold Culture (300 BCE to 2012): Extensively Annotated Bibliography and Sourcebook.* Lafayette, CA: Soyinfo Center, 2012. http://www.soyinfocenter.com/pdf/154/Koji.pdf.

"The Singleton Distilleries: Glen Ord." *Whisky Advocate* (Spring 2013): 97.

"Singleton of Glen Ord," *Whisky News* (blog). http://malthead.blogspot.com/2006/12/singleton-of-glen-ord_10.html.

Sitnikova, N. L., Rudolf Sprik, Gerard Wegdam, and Erika Eiser. "Spontaneously Formed Trans-Anethol/Water/Alcohol Emulsions: Mechanism of Formation and Stability." *Langmuir* 21, no. 8 (2005): 7083–89.

Social Issues Research Centre. *Social and Cultural Aspects of Drinking.* Oxford, UK: Social Issues Research Centre, 1998.

Speers, R. Alex. "A Review of Yeast Flocculation." In *Yeast Flocculation, Vitality, and Viability: Proceedings of the 2nd International Brewers Symposium,* edited by R. Alex Speers, 1–16. St. Paul, MN: Master Brewers Association of the Americas, 2012.

Stajich, Jason E., Mary L. Berbee, Meredith Blackwell, David S. Hibbett, Timothy Y. James, Joseph W. Spatafora, and John W. Taylor. "The Fungi." *Current Biology* 19 (2009): R840–45.

Takamine, Jokichi. "Enzymes of Aspergillus Oryzae and the Application of Its Amyloclastic Enzyme to the Fermentation Industry." *Industrial & Engineering Chemistry* 6, no. 12 (1914): 824–28.

Taylor, B., H. M. Irving, F. Kanteres, Robin Room, G. Borges, C. J. Cherpitel, J. Bond, T. Greenfield, and J. Rehm. "The More You Drink, the Harder You Fall: A Systematic Review and Meta-analysis of How Acute Alcohol Consumption and Injury or Collision Risk Increase Together." *Drug and Alcohol Dependence* 110 (July 1, 2010): 108–16.

Taylor, Benjamin, and Jürgen Rehm. "Moderate Alcohol Consumption and Diseases of the Gastrointestinal System: A Review of Pathophysiological Processes." In *Alcohol and the Gastrointestinal Tract,* edited by Manfred Singer and David Brenner, 27–34. Basel: Karger Publishers, 2006.

Thompson, Derek. "The Economic Cost of Hangovers." *The Atlantic,* July 5, 2013. http://www.theatlantic.com/business/archive/2013/07/the-economic-cost-of-hangovers/277546/.

Thomson, J. Michael, Eric A. Gaucher, Michelle F. Burgan, Danny W. De Kee, Tang Li, John P. Aris, and Steven A. Benner. "Resurrecting Ancestral Alcohol Dehydrogenases from Yeast." *Nature Genetics* 37, no. 6 (June 2005): 630–35.

Tucker, Abigail. "The Beer Archaeologist." *Smithsonian,* July–August 2011. http://www.smithsonianmag.com/history-archaeology/The-Beer-Archaeologist.html?c=y&story=fullstory.

Vanderhaegen, B., H. Neven, H. Verachtert, and G. Derdelinckx. "The Chemistry of Beer Aging—A Critical Review." *Food Chemistry* 95, no. 3 (April 2006): 357–81.

Van Mulders, Sebastiaan, Luk Daenen, Pieter Verbelen, Sofie M. G. Saerens, Kevin J. Verstrepen, and Freddy R. Delvaux. "The Genetics Behind Yeast Flocculation: A Brewer's Perspective." In *Yeast Flocculation, Vitality, and Viability: Proceedings of the 2nd International Brewers Symposium,* edited by R. Alex Speers, 35–48. St. Paul, MN: Master Brewers Association of the Americas, 2012.

Verster, Joris C. "The Alcohol Hangover—A Puzzling Phenomenon." *Alcohol and Alcoholism* 43, no. 2 (2008): 124–26.

Verster, Joris C., and Renske Penning. "Treatment and Prevention of Alcohol Hangover." *Current Drug Abuse Reviews* 3, no. 2 (2010): 103–9.

Verster, Joris C., and Richard Stephens. "Editorial: The Importance of Raising the Profile of Alcohol Hangover Research." *Current Drug Abuse Reviews* 3, no. 2 (2010): 64–67.

Vrettos, Theodore. *Alexandria: City of the Western Mind.* New York: The Free Press, 2001.

"A Wake for Morten Christian Meilgaard." *Flower Parties through the Ages* (blog) http://goodfelloweb.com/flowerparty/fp_2009/Morten_Meilgaard_1928-2009.htm.

Wang, William Yang, Fadi Biadsy, Andrew Rosenberg, and Julia Hirschberg. "Automatic Detection of Speaker State: Lexical, Prosodic, and Phonetic Approaches to Level-of-interest and Intoxication Classification." *Computer Speech & Language* 27 (April 2012): 168–89.

Weiss, Tali, Kobi Snitz, Adi Yablonka, Rehan M. Khan, Danyel Gafsou, Elad Schneidman, and Noam Sobel. "Perceptual Convergence of Multi-Component Mixtures in Olfaction Implies an Olfactory White." *Proceedings of the National Academy of Sciences* 109, no. 49 (2012): 19959–64.

White, Chris, and Jamil Zainasheff. *Yeast: The Practical Guide to Beer Fermentation.* Boulder, CO: Brewers Publications, 2010.

White Labs. "About White Labs." Posted July 31, 2013. http://www.whitelabs.com/about_us.html.

White Labs. "Professional Yeast Bank." Posted July 31, 2013. http://www.whitelabs.com/beer/craft_strains.html.

Wiese, Jeffrey G., and S. McPherson. "Effect of *Opuntia ficus indica* on Symptoms of the Alcohol Hangover." *Archives of Internal Medicine* 164 (2004): 1334–40.

Wiese, Jeffrey G., Michael G. Shlipak, and Warren S. Browner. "The Alcohol Hangover." *Annals of Internal Medicine* 132, no. 11 (2000): 897–902.

Wilson, C. Anne. *Water of Life: A History of Wine-Distilling and Spirits 500 BC to AD 2000.* Devon, UK: Prospect Books, 2006.

Wilson, Donald A., and Robert L. Rennaker. "Cortical Activity Evoked by Odors." In *The Neurobiology of Olfaction,* edited by Anna Menini, 353–66. Boca Raton, FL: CRC Press, 2010.

Wilson, Donald A., and Richard J. Stevenson. *Learning to Smell: Olfactory Perception from Neurobiology to Behavior.* Baltimore: Johns Hopkins University Press, 2006.

Wood, Daniel. "Bar Lab Challenges the Alcohol Mystique." *Chicago Tribune,* February 24, 1991. http://articles.chicagotribune.com/1991-02-24/features/9101170848_1_addictive-behaviors-research-center-alcohol-free-alcoholism-and-alcohol-abuse.

Young, Emma. "Silent Song." *New Scientist,* October 27, 2000. http://www.newscientist.com/article/dn110-silent-song.html.

Zakhari, Samir. "Overview: How Is Alcohol Metabolized by the Body?" *Alcohol Research & Health* 29, no. 4 (January 2006): 245–54.

Zielinski, Sarah. "Hypatia, Ancient Alexandria's Great Female Scholar." *Smithson-*

ian.com. Last modified March 15, 2010. http://www.smithsonianmag.com/history-archaeology/Hypatia-Ancient-Alexandrias-Great-Female-Scholar.html.

Zucco, Gesualdo M., Aurelio Carassai, Maria Rosa Baroni, and Richard J. Stevenson. "Labeling, Identification, and Recognition of Wine-relevant Odorants in Expert Sommeliers, Intermediates, and Untrained Wine Drinkers." *Perception* 40, no. 5 (2011): 598–607.